绿色发展

赋能新质生产力的
盐城实践与探索

蔡云晨／著

西南财经大学出版社

中国·成都

图书在版编目(CIP)数据

绿色发展赋能新质生产力的盐城实践与探索/蔡云晨著.--成都:
西南财经大学出版社,2025.5.
ISBN 978-7-5504-6570-1

Ⅰ.X321.253.3

中国国家版本馆 CIP 数据核字第 2025P9N421 号

绿色发展赋能新质生产力的盐城实践与探索
LÜSE FAZHAN FUNENG XINZHI SHENGCHANLI DE YANCHENG SHIJIAN YU TANSUO

蔡云晨　著

策划编辑:雷　静
责任编辑:雷　静
责任校对:周晓琬
封面设计:墨创文化
责任印制:朱曼丽

出版发行	西南财经大学出版社(四川省成都市光华村街55号)
网　　址	http://cbs.swufe.edu.cn
电子邮件	bookcj@swufe.edu.cn
邮政编码	610074
电　　话	028-87353785
照　　排	四川胜翔数码印务设计有限公司
印　　刷	四川煤田地质制图印务有限责任公司
成品尺寸	170 mm×240 mm
印　　张	15.75
字　　数	283 千字
版　　次	2025 年 5 月第 1 版
印　　次	2025 年 5 月第 1 次印刷
书　　号	ISBN 978-7-5504-6570-1
定　　价	98.00 元

前言

当我们站在时代的潮头，审视全球发展的脉络，一个清晰的主题逐渐凸显——绿色发展正以前所未有的力量重塑着世界经济格局。新质生产力的培育与崛起，更是为经济的转型升级和创新发展注入了强大动力。盐城，这座充满活力与希望的城市，以其独特的实践探索，在绿色发展赋能新质生产力方面走出了一条具有示范意义的道路。笔者作为一名盐城工学院马克思主义学院的思政课教师，同时也正在攻读南京航空航天大学马克思主义基本原理博士研究生，深感有责任深入研究盐城的这一实践，为推动绿色发展与新质生产力的融合贡献自己的一份力量。

随着全球气候变化的挑战日益严峻，人类对可持续发展的追求愈发迫切。传统的发展模式已难以为继，绿色发展成了必然选择。绿色发展不仅仅是对环境的保护，更是一种全新的发展理念和模式，它强调经济、社会和环境的协调共进，通过创新驱动、资源高效利用和生态保护，实现可持续的经济增长和社会进步。新质生产力代表着未来经济发展的方向，它以科技创新为核心，融合了数字化、智能化、绿色化等先进技术和理念，具有高效、智能、可持续等特点。绿色发展与新质生产力的结合，为我们开辟了一条充满希望的发展道路，既能够满足人类对美好生活的向往，又能够实现地球生态系统的平衡与稳定。

盐城作为中国东部沿海地区的一座重要城市，拥有丰富的自然资源和独特的区位优势。盐城地处黄海之滨，拥有广袤的滩涂湿地、丰富的海洋资源和优越的生态环境，这些自然资源为盐城的绿色发展提供了坚实的基础。首先，盐城的滩涂湿地是世界上最大的海岸型湿地之一，具有极高的生态价值。湿地不仅为众多珍稀濒危物种提供了栖息地，还具有调节气候、净化水质、防洪抗旱等重要生态功能。盐城充分认识到湿地的价值，积极开展湿地保护和修复工作，将湿地生态优势转化为绿色发展优势。其次，盐城的海洋资源丰富，海洋经济发展潜力巨大。盐城拥有漫长的海岸线和广阔的海域，海洋渔业、海洋能源、海洋旅游等产业发展前景广阔。盐城积极推进海洋经济强市建设，加快发展海洋新兴产业，为绿色发展注入了新的活力。此外，盐城的生态环境优美，空气质量优良，水资源丰富。这些优越的生态环境条件为盐城发展生态农业、生态旅游等绿色产业提供了有力支撑。

除了自然资源优势，盐城还具有以下几个方面的发展优势。一是区位优势明显。盐城位于中国东部沿海地区，地处长三角城市群北翼，是连接南北、沟通内陆和海洋的重要交通枢纽。盐城交通便利，拥有高速公路、铁路、港口、机场等多种交通方式，为绿色发展提供了良好的交通条件。二是产业基础雄厚。盐城是中国重要的汽车制造基地、新能源产业基地和农业大市。盐城的汽车产业、新能源产业和农业产业在全国具有重要地位，为绿色发展奠定了坚实的产业基础。三是科技创新能力不断提升。盐城高度重视科技创新，加大科技投入，培育创新主体，建设创新平台，科技创新能力不断提升。科技创新为盐城的绿色发展提供了强大的技术支撑。四是政策支持有力。盐城积极响应国家绿色发展战略，出台了一系列支持绿色发展的政策措施，为绿色发展提供了有力的政策保障。

在这一宏大的历史进程中，盐城以其独特而卓越的实践，为我们呈现了一幅绿色发展与新质生产力深度融合的壮丽画卷。盐城坚持以习近平新时代中国特色社会主义思想为指导，全面贯彻党的二十大精神，完整、准确、全面贯彻新发展理念，全面落实"四个走在前""四个新"重大任务，深入推进"四个三"工作布局，以经济社会发展全面绿色转型为引领，以能源绿色低碳发展为关键，以改革创新为根本动力，以（近）零碳产业园区建设为载体推进生产方式绿色转型，以新型电力系统为依托推动能源生产消费方式变革，以重点产业链碳标识认证管理为抓手积极应对国际绿色贸易规则，高质量建设绿色低碳发展示范区，在推动长三角地区乃至全国能源转型和促进绿色发展方面争做表率，为实现"30·60目标"贡献盐城方案。

勇为先锋做好风光文章，建设绿色能源之城。盐城是长三角地区首个千万千瓦新能源发电城市，获批全国首批新能源示范城市，建成了全球单体规模最大的滩涂风光电产业基地。盐城要以构建清洁低碳、安全高效能源体系为方向，推动能源生产消费方式绿色低碳变革，加快能源系统向适应新能源大规模发展方向演变，依托风光资源优势和产业基础，以"风光氢储"一体化融合发展为重点，持续做强风电、光伏两大地标产业，聚力布局氢能、储能两大未来产业，加快建设世界级新能源产业集群，打造世界新能源产业城市名片。

先行先试迈向（近）零碳未来，建设绿色制造之城。瞄准高端化、绿色化、智能化发展方向，坚持产业绿色化、绿色产业化，借助数字技术赋能，推进减污降碳协同增效，加快构建绿色制造体系，促进制造业质量变革、效率变革、动力变革。集聚绿色低碳创新要素，提升产业绿色竞争力，将盐城风光资源优势转化为绿色产业竞争优势，积极探索具有盐城特色的（近）零碳产业园区建设路径，努力在省内作示范、国内走在前、国际有影响。

厚植基底挖掘蓝绿碳汇，建设绿色生态之城。盐城坐拥长三角中心区唯一的世界自然遗产，创成国际湿地城市、国家森林城市、国家生态文明建设示范区，海洋碳汇、森林碳汇、湿地碳汇优势叠加。盐城要牢牢抓住生态系统碳汇巩固和提升两个关键，加强自然生态全要素保护，强化国土空间规划引领和管制，提升湿地碳汇能力，推进森林生态抚育，挖掘海洋碳汇潜力，优化城乡绿地生态系统格局，促进碳汇价值实现，有效发挥生态系统固碳作用。

品质引领推进城乡降碳，建设绿色宜居之城。以优化空间布局为基础，以改善生态环境为重点，以绿色低碳发展为支撑，推动人与自然和谐共生，创造高品质绿色幸福生活。加快推动城乡建设绿色低碳发展，推动绿色建筑高质量发展，提升建筑能效水平，优化建筑用能结构；整体谋划、系统推进绿色交通体系建设，构建绿色高效交通运输系统，聚焦重点领域和关键环节，推广节能低碳型交通工具，引导低碳出行，加快形成交通领域绿色发展方式和生活方式。

近年来，在绿色发展的浪潮中，盐城积极探索、勇于实践，走出了一条具有自身特色的绿色发展之路，为新质生产力的培育和发展提供了肥沃的土壤。深入研究盐城的实践，对于我们理解绿色发展与新质生产力的关系，探索可持续发展的路径，具有重要的理论和现实意义。首先，盐城的实践为绿色发展理论提供了丰富的实证案例。通过对盐城绿色发展的过程、机制和成效进行深入分析，我们可以进一步完善绿色发展的理论体系，为其他地区的绿色发展提供理论指导。其次，盐城的实践为新质生产力的培育和发展提供了宝贵的经验。盐城在绿色产业发展、科技创新、生态保护等方面的成功经验，对于其他地区培育新质生产力具有重要的借鉴意义。最后，盐城的实践为全球可持续发展做出了积极贡献。作为一个发展中的城市，盐城在绿色发展方面的努力和成就，为全球其他城市树立了榜样，为推动全球可持续发展注入了新的动力。

总之，盐城的绿色发展实践为我们提供了宝贵的经验和启示，也为未来的发展指明了方向。我们相信，在绿色发展理念的引领下，盐城将不断开拓创新，奋力前行，为实现经济、社会和环境的可持续发展做出更大的贡献。本书旨在深入研究盐城绿色发展赋能新质生产力的实践经验，为其他地区的绿色发展提供参考和借鉴。笔者在写作过程中，得到了众多专家学者、政府部门和企业界人士的支持和帮助，在此表示衷心的感谢。由于时间和水平有限，书中难免存在不足之处，欢迎广大读者批评指正。

蔡云晨

2024 年 11 月

目录

第一章 绿色发展的理论概述

高质量发展是全面建设社会主义现代化国家的首要任务。高质量发展，就是能够很好满足人民日益增长的美好生活需要的发展，是体现新发展理念的发展，就是从"有没有"转向"好不好"。绿色发展是实现高质量发展的关键环节，也是高质量发展的鲜明底色。2024 年 2 月 19 日，习近平总书记在中央全面深化改革委员会第四次会议上的讲话进一步强调：促进经济社会发展全面绿色转型是解决资源环境生态问题的基础之策，要坚持全面转型、协同转型、创新转型、安全转型，以"双碳"工作为引领，协同推进降碳、减污、扩绿、增长，把绿色发展理念贯穿于经济社会发展全过程各方面。

第一节 马克思主义理论视域中的绿色发展

发展的实质是事物的前进和上升，是新事物的产生和旧事物的灭亡。马克思主义认为世界是永恒发展的。从自然界到人类社会再到人的思维，一切事物都处在不停的运动、变化和发展之中。在人类社会领域，生产力与生产关系、经济基础与上层建筑的矛盾运动推动社会形态从低级向高级发展，例如，从原始社会、奴隶社会、封建社会、资本主义社会向社会主义社会和共产主义社会的演进。

一、绿色发展的基础：人与自然的辩证统一关系

人与自然是辩证统一的。首先，人与自然是相互依存的关系。一方面，人类依赖自然而生存，自然是人类生存和发展的基础；另一方面，自

然也在人类的活动中不断地被改变和塑造。人类的活动对自然环境产生影响，而自然环境的变化又反过来影响人类的生存和发展。其次，人与自然之间存在着相互作用。人类的活动可以引起自然环境的变化，如过度开发自然资源会导致生态破坏、环境污染等问题；而自然环境的变化也会对人类产生反馈作用，如自然灾害会给人类造成巨大的损失和伤害。马克思主义主张人与自然应实现和谐共生，人类在认识和改造自然的过程中，必须尊重自然规律，不能过度开发和破坏自然，只有实现人与自然的和谐共生，才能保证人类的可持续发展。

马克思和恩格斯强调，自然界先于人类而存在。"我们连同我们的肉、血和头脑都是属于自然界和存在于自然界之中的。"人是自然界发展到一定阶段的产物，自然为人类的生存和发展提供了物质基础。自然界为人类提供了空气、水、食物、能源等各种生活和生产所必需的物质资料，没有自然界，人类就无法维持生命和进行任何活动。换句话说，自然是人的无机的身体，人类的身体和生理机能也是在与自然的相互作用中形成和发展的。人类通过新陈代谢与自然进行物质交换，从自然中获取生命活动所需的物质和能量。这意味着自然对人类来说具有至关重要的意义，如同人的身体器官一样不可或缺。人类的生产和生活活动都依赖于自然环境，自然的状况直接影响着人类的生存质量和发展前景。如果自然环境遭到破坏，人类的生存和发展也将面临严重威胁。

人类的劳动必须以自然界为对象，人类通过对自然的改造和利用，将自然界中的物质转化为满足自身需要的产品。人类不是被动地适应自然，而是具有主观能动性，能够认识和改造自然。一方面，人类通过科学技术等手段不断地认识自然的规律和本质，这种认识使人类能够更好地利用自然、改造自然，以满足自身的发展需求。另一方面，人类通过劳动实践对自然进行改造。人类的生产活动、工程建设等都是对自然的改造行为，这种改造可以改善人类的生存环境，推动社会的进步。人类的生产活动是人与自然之间最基本的实践活动，通过劳动，人类将自然物质转化为生活资料和生产资料。同时，人类在改造自然的过程中也受到自然的制约。自然规律是客观存在的，人类的实践活动必须遵循自然规律，否则就会受到自然的惩罚。例如，过度开发自然资源、破坏生态平衡会导致环境污染、生态危机等问题。

二、绿色发展的提出原因：资本主义制度下人与自然的异化关系

在资本主义制度下，劳动发生了异化。劳动者被迫在恶劣的条件下进行高强度的劳动，他们与劳动产品相分离，也与劳动过程中的自然要素相分离。工人在工厂中往往只是机器的附属品，无法与自然进行直接联系和互动，他们的劳动仅仅是为了换取生存所需的工资，而不是出于对自然的热爱和尊重。资本主义生产过程中，自然被当作纯粹的生产要素和工具，失去了其自身的价值和意义。自然不再被视为人类生活的有机组成部分，而是被简化为可以被量化和商品化的资源。例如，农业生产在资本主义模式下逐渐走向工业化，大量使用化肥、农药，使得土地、水源等自然资源遭受严重破坏，农产品也失去了原本的自然品质。

资本主义生产方式是以社会化的机器大生产为物质条件、以生产资料的资本家私有制为基础的社会经济制度。在这一制度下，资本家拥有生产资料，并通过雇佣劳动来榨取剩余价值，实现资本的增殖。资本主义生产的目的不是满足人们的实际需要，而是追求剩余价值。资本家为了追求利润最大化，对自然资源进行掠夺式开发。在这种逻辑下，自然被视为一种可以无限开发和利用以获取财富的资源。资本家为了降低生产成本、获取高额利润，会尽可能地大量开采自然资源，如煤炭、石油、金属矿产等。这种无节制的资源掠夺往往不考虑资源的可持续性，导致许多不可再生资源面临枯竭的危险。例如，在一些发展中国家的矿区，跨国公司为了获取矿产资源，进行大规模的露天开采，不仅破坏了当地的生态环境，还使周边居民的生活受到严重影响。同时，资本主义工业生产往往伴随着大量的污染物排放。工厂为了追求利润，可能会忽视环境保护措施，将废气、废水、废渣直接排放到自然环境中。例如，19世纪英国的工业革命时期，大量工厂排放的黑烟和污水使得伦敦等城市的空气和河流遭受严重污染，对生态系统和居民的健康造成了长期的危害。

因此，在资本主义制度下，消费主义文化进一步加剧人与自然的矛盾，人与自然的关系发生了异化。资本主义社会鼓励消费主义文化，通过广告和媒体不断刺激人们的消费欲望。这种消费主义观念导致人们过度追求物质享受，大量购买不必要的商品，从而造成了资源的巨大浪费。例如，许多电子产品追求快速更新换代，消费者为了追求时尚和潮流，频繁更换手机、电脑等设备，而这些被淘汰的电子产品往往难以得到有效的回

收和处理，对环境造成了严重污染，对资源造成了巨大的浪费。此外，消费主义文化制造了许多虚假需求，使人们误以为通过不断消费可以获得幸福和满足感，这些虚假需求的满足往往是以牺牲自然环境为代价的。很长一段时间里，人类对奢侈品的过度追求导致了珍稀动物的非法捕猎和自然资源的过度开采，如象牙制品、皮草等奢侈品的消费，给野生动物和生态平衡造成了不可挽回的破坏。这种异化关系使得人类对自然的破坏越来越严重，同时也使人类自身陷入了生存危机。当今全球气候变化无常、生物多样性减少、资源短缺等问题，都是人与自然关系异化的表现。

三、绿色发展的途径：实现人与自然的和谐发展

人与自然的关系是人类社会发展中一个永恒的主题。随着工业化和现代化的进程不断加快，人类对自然的开发和利用达到了前所未有的程度，同时也引发了一系列严重的生态环境问题，如资源短缺、环境污染、生态破坏等。马克思主义对人与自然的关系进行了深刻的分析和阐述，为我们寻找实现人与自然和谐的途径提供了重要的理论指导。

首先是树立正确的自然观。人类必须树立正确的自然观，认识到自然是人类的朋友和伙伴，而不是被征服和剥削的对象。人类应该尊重自然、爱护自然，与自然和谐相处。自然具有自身的价值和权利，人类应该尊重自然的价值和权利，不能将自然仅仅视为人类的工具和资源。自然的价值不仅包括经济价值，还包括生态价值、文化价值和审美价值等。人类应该认识到自然的这些价值，保护自然的生态环境，维护自然的生态平衡。人类应该实现人与自然的和谐共生，而不是将自然与人类对立起来。人类应该将自己视为自然的一部分，与自然相互依存、相互影响。人类在认识和改造自然的过程中，应该遵循自然规律，实现人与自然的和谐统一。

其次是变革制度。马克思主义认为，资本主义制度是人与自然关系异化的根本原因。要实现人与自然的和谐共生，必须变革资本主义制度，建立社会主义和共产主义制度。在社会主义和共产主义制度下，生产资料归全体人民所有，社会生产的目的是满足人民的物质文化需要，而不是追求利润最大化，这样可以避免资本对自然的过度开发和破坏，实现人与自然的和谐共生。社会主义制度下的生产方式以满足人民的需要为目的，而不以追求利润为目的。这种生产方式可以避免资本主义生产方式下的无节制的资源掠夺和环境污染，实现资源的合理利用和环境保护。例如，在社会

主义国家，人们可以通过宏观调控的手段，合理安排生产和资源分配，避免资源的浪费和环境的破坏。社会主义制度下的分配方式是按劳分配，而不是按资分配。这种分配方式可以避免资本主义制度下的贫富差距过大和社会不公平，实现社会的公平正义。同时，按劳分配也可以鼓励人们通过劳动创造财富，而不是通过剥削和掠夺自然来获取财富。

最后是发展科学技术。科学技术是人类认识和改造自然的重要手段，马克思主义主张发展科学技术，提升人类认识自然和改造自然的能力，但也强调科学技术的发展必须遵循自然规律，不能成为破坏自然的工具。科学技术可以为环境保护提供有力的支持，例如，通过发展清洁能源技术，可以减少对化石能源的依赖，减轻环境污染；通过发展资源回收和再利用技术，可以提高资源的利用率，减少资源的浪费；通过发展生态农业技术，可以实现农业的可持续发展，保护生态环境。同时，科学技术的发展必须受到伦理的约束。科学家在进行科学研究和技术开发时，必须考虑到技术的社会影响和环境影响，遵循伦理原则，确保技术的发展符合人类的利益和自然的规律。例如，在进行基因编辑技术的研究和应用时，必须考虑到技术的安全性和伦理合理性，避免对人类和自然造成不可逆转的伤害。

第二节 中国绿色发展理念的提出与形成

习近平总书记指出："理念是行动的先导，一定的发展实践都是由一定的发展理念来引领的。"党的十八大以来，以习近平同志为核心的党中央把握世界发展大势、着眼我国发展全局，创造性提出创新、协调、绿色、开放、共享的新发展理念。在这些发展理念中，绿色发展是解决人与自然和谐共生问题的关键，也是建设人与自然和谐共生现代化的内在要求。绿色发展是一种和谐性、系统性的发展方式，它以资源节约、生态保护和环境治理相统一为目标，通过推动产业结构转型升级、持续探索生态产品价值实现机制、强化生态文明体制建设等多种途径，实现人与自然和谐共生，为建设美丽中国、推动全球可持续发展贡献力量。

一、绿色发展理念提出的国际背景

自 18 世纪中叶工业革命以来，全球范围内的环境问题日益凸显。工业革命虽极大地提高了生产力水平，但也带来了严重的环境污染。工业革命标志着人类从传统手工业经济向机械化、大规模生产的时代迈进。蒸汽机、纺织机械、煤炭和铁路的广泛应用加速了生产力的提高，推动了城市化和全球贸易的发展，然而这些技术和产业革命也给环境带来了巨大的负面影响。首先，工业革命导致了大规模的环境污染。工厂和机械化生产释放出大量的废气、废水和固体废物，使空气、水源和土壤受到了严重的污染。烟囱中排放的烟尘和废气使城市变得阴霾，不仅对植被和动物生存环境造成了破坏，也影响人们的健康。废水排放到河流和湖泊中，使水质变差，生物多样性减少。此外，大规模的采矿活动导致土地破坏和水土流失，进一步加剧了环境的恶化。其次，工业革命引发了能源需求的急剧增长。煤炭的广泛使用成为工业发展的推动力，但煤炭的燃烧产生了大量的二氧化碳，加剧了全球气候变化。工业革命也促进了石油和天然气的开采和使用，导致了更多的温室气体排放。这些排放不仅造成了大气污染，还引发了全球变暖、海平面上升和极端天气事件等环境灾难。最后，工业革命对生物多样性产生了巨大的冲击。为满足工业化生产的需求，大量的森林被砍伐，许多动植物的栖息地遭到破坏。工业化农业的兴起带来了大规模的化肥和农药使用，对生态系统造成了严重影响。许多物种因失去栖息地和环境污染而面临灭绝的威胁，生物多样性正在迅速减少。

从 18 世纪末到 20 世纪初，环境污染发生了质的变化并演变成一种威胁人类生存与发展的全球性危机。首先是英国，而后是欧洲其他国家、美国和日本相继经历和实现了工业革命，最终建立以煤炭、冶金、化工等为基础的工业生产体系。这是一场技术与经济的革命，它以蒸汽机的改良和广泛应用为基本动力。而蒸汽机的使用需要以煤炭作为燃料，因此，随着工业革命的推进，地下蕴藏的煤炭资源便有了空前的价值，煤成为主要能源。但同时，环境污染也日益严重，从 18 世纪末起，经过整个 19 世纪到20 世纪初，环境污染不断加剧，污染物也越来越多，依靠大自然的自净能力，已无法承受如此严重的污染。20 世纪 70 年代美国的环境问题也十分突出。空气污染方面，美国从轻工业转向以钢铁工业和石油工业为主的重工业后，工厂向空中喷出的浓烟含有大量有害成分，同时汽车尾气排放的有害污染物也成为空气污染的主要原因。水污染方面，大量兴建工厂导致工业废水排入江河湖海，污染水源，同时人们乱扔垃圾也加剧了水污染。化学污染方面，化学工业为民众创造了很多新颖的产品，但由此产生的垃圾问题也不容忽视，大量的化合物被生产、被使用，对生态系统和人类健康造成重大危害。在这样的背景下，20世纪70年代美国发生了一场规模空前的环境运动。1970年开展的"地球日"活动是美国最有影响力的环境保护运动之一，它改变了整个社会对环境的看法，人们开始思考如何更好地保护环境。在"地球日"活动的推动和民众对环境保护的呼吁下，尼克松总统于1970年12月发布"政府改组第三号令"，建立环境保护局。

科技革命使人类工业化进程不断加快，为了获取更多的利益以满足自身的发展需求，人们不惜以破坏环境为代价。经济发展需要与生态环境的承载能力相适应，过去我们为了寻求经济的快速发展，一度忽视了对生态环境的保护。从工业革命至今，人们一直在深入自然了解自然，从恐惧自然再到征服自然，人们误以为自己是地球的主宰，一步步地试探，一步步地将自己推向深渊。这样的后果是地球对人类的报复以及使全球发展进程受阻。尽管人们已经意识到生态环境的重要性，但以破坏环境为代价谋求发展的行为仍在一些国家或地区以不同的形式发生着。生态环境问题影响的不是一个或几个国家和地区，它所带来的影响是全球性的。然而，正是因为工业革命对环境的破坏，人们开始意识到环境保护的重要性，并采取了一系列的措施来减轻生态环境问题的影响。环境法规的出台、清洁能源的开发、环境教育的普及等都是为了应对工业革命所带来的环境问题。人们逐渐意识到，经济发展和环境保护并不是对立的关系，而是可以相互促进的。

工业发展所导致的资源匮乏、环境污染、生态破坏等问题对人类而言是不可逆的危机，人类若想继续发展生产力，谋求经济发展，就务必要寻找出路应对这些危机。在21世纪的今天，人类社会正面临着前所未有的生态环境问题如全球气候变暖、资源枯竭、环境污染等，不仅威胁着人类的生存和发展，更对地球生态系统的稳定构成了严峻挑战。例如，2023年8月24日，日本政府无视国际社会的强烈质疑和反对，单方面强行启动福岛核污染水排海。日方此举是公然向全世界转嫁核污染风险，将一己私利凌驾于地区和世界各国民众的长远福祉之上。如今，全球气候变暖、传染性疾病肆虐和环境灾难频发，无一不反映着世界发展面临着的巨大挑战，全人类应更为深入反思人与自然、发展与生态之间的关系，世界各国也理应携手共同寻求解决方案。

随着人们对环境问题的关注度不断提高，绿色发展已经成为全球发展的必然趋势。绿色发展也是各国政府和企业的共同目标，越来越多的西方国家开始反思传统的发展模式，并积极探索新的、更加环保和可持续的发展道路。绿色发展强调在保护环境、合理利用资源的基础上，推动经济社会的健康发展，实现人与自然和谐共生。2015 年，全世界 178 个缔约方共同签署《巴黎协定》，提出将全球平均气温较前工业化时期的上升幅度控制在 2 摄氏度以内，并努力将上升幅度限制在 1.5 摄氏度以内的长期目标。这一目标是国际社会的高度共识，成为绿色发展国际合作的重要转折点。然而，绿色发展国际合作依然面临许多挑战，最突出的挑战是气候治理的正义和公平还难以实现。基于历史和现实因素，根据共同但有区别的责任原则，发达国家应该迅速减少碳排放，并向发展中国家提供应对气候变化的资金和技术支持，但实际情况并非如此。一些发达国家未能履行其率先减排义务，未兑现其向发展中国家提供资金和技术支持的承诺。此外，保护主义和孤立主义、各国政策执行不力以及资金、技术运营方面的困难等也给绿色发展国际合作带来了挑战。

综上所述，工业革命带来的环境问题是全球性的，对人类的生存和发展构成了严重威胁。发达资本主义国家"先污染后治理"的发展道路对后起发展中国家起到警示作用，中国绿色发展理念正是在这样的国际背景下，为实现人与自然和谐共生、保护地球家园而提出的。

二、绿色发展理念提出的国内背景

改革开放以来，中国部分地区和企业片面追求经济增长，采用粗放型经济发展方式，这种发展方式带来了诸多弊端，严重制约了经济社会的可持续发展。粗放型经济发展方式表现出明显的低效性，主要体现在管理效率和经济效率低下两个方面。例如部分企业以量取胜的观念根深蒂固，产量是考核企业的唯一标准，这导致管理效率不高；同时，经济效率也较低，如上海在改革前，其工业产值增长的同时，能源和钢材消耗也大幅增长，工业产值每增长 1，能源消耗就需增长 0.96，钢材消耗需增长 2.96，经济增长对能源与原材料的依赖十分严重。由于低效，增加产量必然以消耗大量资源为代价，从而使资源利用率低，浪费严重。从本轮中国经济发展的轨迹看，高耗能、高投入、高污染的产业投资增长过快，但符合新型工业化道路要求的产业投资增长缓慢。

快速工业化进程中，我国以经济建设为中心推动现代化进程，创造了举世瞩目的发展奇迹，虽然经历了一段以资源高消耗、污染高排放为特征的粗放发展阶段，生态环境保护与经济发展的矛盾一度成为社会主要矛盾的突出体现。面对发展困境，我国从战略层面开启系统性治理转型。2003年"科学发展观"首次将统筹人与自然和谐发展纳入执政理念，推动节能减排成为宏观调控重要手段；"十一五"期间单位 GDP 能耗下降 19.1%，二氧化硫排放总量减少 14.29%。2012 年党的十八大将生态文明建设纳入"五位一体"总体布局，污染防治攻坚战全面打响：实施史上最严环保法，建立"按日计罚"制度；推进能源革命，非化石能源消费占比从 2012 年的 9.8% 提升至 2020 年的 15.8%，光伏、风电装机容量跃居全球第一；建立河湖长制、林长制，全国划定生态保护红线面积约 315 万平方公里，长江"十年禁渔"拯救濒危水生生物。一系列硬举措推动环境质量拐点到来：2020 年全国 $PM_{2.5}$ 未达标城市浓度较 2015 年下降 48%，地表水优良断面比例达 83.4%，森林覆盖率提升至 23.04%。

治理实践中，我国逐渐认识到生态环境保护与经济发展并非对立关系，而是辩证统一的整体。浙江"千村示范、万村整治"工程通过整治农村环境催生"美丽经济"，安吉县白茶产业带动农民人均收入增长近 10倍；塞罕坝从荒原变林海，森林碳汇交易年收益超千万元，印证"绿水青山就是金山银山"的科学论断。在此基础上，2015 年党的十八届五中全会首次将"绿色发展"确立为五大发展理念之一，强调"必须坚持节约资源和保护环境的基本国策，坚持可持续发展"。这一理念的提出，既是对传统发展模式弊端的深刻反思，也是对生态治理与经济转型协同路径的战略升华——它打破了"先污染后治理"的惯性思维，将绿色化纳入新型工业化、城镇化、信息化、农业现代化全过程，标志着我国经济社会发展全面向人与自然和谐共生的现代化目标迈进。从"环境换取增长"到"环境优化增长"的转变，不仅是解决国内资源环境约束的必然选择，更孕育着以绿色技术创新、生态产业升级为核心的新发展动能，为高质量发展开辟了新境界。

进入经济新常态，经济增速放缓，粗放型经济发展方式面临挑战，转变经济发展方式迫在眉睫。同时，国内市场对产品和服务质量要求提高，绿色发展滞后引发的生态环境问题迫切需要解决。绿色发展是新时代我们党推动我国发展的重要理念之一，对中国的经济、社会和环境发展具有深远的指导意义，其提出有着深刻的国内背景，是中国在面对一系列发展挑战和机遇时的必然选择。可见，中国绿色发展理念的提出是基于国内资源环境压力日益加剧、经济发展转型的迫切需求、公众环保意识觉醒以及国家可持续发展战略布局等多方面的背景。绿色发展理念的提出，为中国的经济、社会和环境发展指明了方向，是中国实现可持续发展的必然选择。在绿色发展理念的指导下，中国将继续加强生态环境保护，推进经济结构调整和转型升级，培育绿色产业，提高资源利用效率，努力实现经济、社会和环境的协调发展，为建设美丽中国、实现中华民族伟大复兴的中国梦而不懈奋斗。

三、绿色发展理念的形成过程

随着全球工业化进程的加速，资源短缺、环境污染、生态破坏等问题日益严峻，成为人类社会可持续发展的瓶颈。中国作为世界上最大的发展中国家，在经济快速崛起的过程中，也不可避免地面临着一系列环境与生态问题。然而，中国积极应对，逐步形成了具有中国特色的绿色发展理念，这一理念不仅深刻影响着中国自身的发展模式，也为全球绿色发展提供了宝贵经验与借鉴范例。

（一）20 世纪 60 年代初至 70 年代末：绿色发展理念形成的早期探索阶段

20 世纪 60 年代初，全球范围内兴起了一场以环境保护为核心的社会运动，如 1962 年美国蕾切尔·卡逊出版的《寂静的春天》引发了人们对化学污染危害的广泛关注。1972 年联合国人类环境会议在斯德哥尔摩召开，提出了"只有一个地球"的著名口号，这一会议使环境保护成为国际社会广泛关注的议题。在这样的国际背景下，中国也开始意识到环境问题的严重性。当时，中国正处于大规模工业化建设初期，一些工业污染问题逐渐显现，如部分城市的河流污染、工业废气排放导致的空气质量下降等。1973 年，中国召开了第一次全国环境保护会议，制定了《关于保护和改善环境的若干规定（试行草案）》，提出了"全面规划、合理布局、综合利用、化害为利、依靠群众、大家动手、保护环境、造福人民"的 32 字环境保护工作方针。这是中国环境保护工作的开端，初步确立了中国在环境治理方面的基本思路和原则。

在这一时期，一些地区开始进行环保实践探索并尝试建立相关制度。例如，在工业污染防治方面，一些大城市如北京、上海等开始对污染严重的企业进行整治，要求企业采取治理污染的措施，如安装废气净化设备、建设污水处理设施等。同时，在自然资源保护方面，开始建立自然保护区，如1975年建立的四川卧龙自然保护区，主要保护大熊猫等珍稀野生动物及其栖息地。在制度建设上，开始制定一些环境标准和法规。1979年，《中华人民共和国环境保护法（试行）》颁布，这是中国第一部环境保护的综合性法律，明确了环境保护的基本任务、方针、政策等，为中国环境保护工作提供了法律依据，使中国的环境保护工作开始走上法治化轨道。

（二）20世纪80年代初至90年代末：可持续发展战略的引入与践行阶段

20世纪80年代初，可持续发展理念在国际上逐渐兴起。1987年，世界环境与发展委员会发布了《我们共同的未来》报告，系统阐述了可持续发展的概念，即"既满足当代人的需求，又不损害子孙后代满足其需求能力的发展"。这一理念得到了国际社会的广泛认可，并在1992年联合国环境与发展大会（里约热内卢会议）上成为全球共识。中国积极践行国际可持续发展理念，参加了联合国环境与发展大会，并承诺履行大会通过的《里约环境与发展宣言》《21世纪议程》等文件。会后，中国政府制定了《中国21世纪议程——中国21世纪人口、环境与发展白皮书》，提出了中国可持续发展的总体战略、对策以及行动方案，涵盖了人口、经济、社会、资源、环境等多个领域，标志着中国可持续发展战略的正式确立。

在经济领域，我国开始注重调整产业结构，推动清洁生产和循环经济发展。鼓励企业采用先进的生产技术和工艺，降低资源消耗和污染物排放。例如，在一些传统工业行业如钢铁、化工等，推广余热余压利用、废弃物综合利用等技术，提高资源利用效率。同时，开始发展新兴的环保产业，如污水处理设备制造、环境监测仪器生产等，为环境保护提供产业支撑。在资源管理方面，加强了对土地、水、森林等自然资源的保护和合理利用。实行严格的耕地保护制度，控制建设用地扩张，确保基本农田数量和质量。在水资源管理上，推行节水型社会建设，加强水资源的统一调配和管理，提高水资源利用效率。在森林资源保护方面，实施大规模的植树造林工程，如"三北"防护林工程等，增加森林覆盖率，改善生态环境。在社会发展方面，重视环境保护教育和宣传，增强公众的环保意识。将环境保护知识纳入学校教育体系，培养青少年的环保理念和责任感。同时，通过各种媒体渠道，如电视、报纸、网络等，开展环保宣传活动，普及环保知识，倡导绿色生活方式，如绿色消费、垃圾分类等，引导公众积极参与环境保护行动。

（三）21世纪初至2012年：科学发展观中的绿色发展内涵丰富阶段

2003年，中国共产党提出了科学发展观，其基本内涵是"坚持以人为本，树立全面、协调、可持续的发展观，促进经济社会和人的全面发展"。科学发展观将可持续发展理念进一步深化和拓展，将绿色发展的重要内涵融入其中。以人为本要求在发展过程中充分考虑人民群众的环境权益，让人民群众能够享受到良好的生态环境。全面发展强调经济、政治、文化、社会和生态文明建设的协同推进，不能以牺牲环境为代价来换取经济的单一增长。协调发展注重城乡之间、区域之间以及人与自然之间的协调平衡，解决发展不平衡带来的环境问题。可持续发展则突出了资源环境对发展的长期支撑能力，确保发展的持久性和稳定性。

在科学发展观的指导下，中国在绿色发展实践方面进一步深化。在区域发展战略中，更加注重生态环境保护与区域协调发展的结合。例如，在西部大开发战略中，强调生态建设优先，实施了一系列生态保护和修复工程，如退耕还林还草、退牧还草等，改善了西部地区的生态环境，同时促进了当地经济的可持续发展，如发展生态农业、生态旅游等绿色产业。在节能减排方面加大力度，制定了严格的节能减排目标，并将其分解到各地区、各行业。通过技术创新、产业结构调整、加强监管等措施，推动企业降低能源消耗和减少污染物排放。例如，对高耗能、高污染企业实行关停并转，推广节能灯具、节能家电等产品，提高能源利用效率，减少温室气体排放。在生态城市建设方面积极探索，许多城市开始制定生态城市规划，加强城市环境基础设施建设，如污水处理厂、垃圾填埋场等的建设和升级改造。推广绿色建筑，提高城市绿化覆盖率，打造宜居的城市生态环境。同时，加强城市生态系统的保护和修复，如保护城市湿地、河流等生态廊道，提高城市生态系统的稳定性和服务功能。

（四）2013年至今：新时代绿色发展理念的正式确立与全面深化拓展阶段

党的十八大以来，以习近平同志为核心的党中央高度重视生态文明建设，将绿色发展理念提升到了新的高度。习近平总书记发表了一系列关于绿色发展的重要论述，如"绿水青山就是金山银山""像保护眼睛一样保护生态环境，像对待生命一样对待生态环境"等，深刻揭示了生态环境保护与经济发展之间的辩证统一关系。绿色发展理念强调绿色是发展的底色，要将绿色贯穿于经济、政治、文化、社会建设的全过程和各方面。在经济上，推动绿色产业发展，构建绿色低碳循环发展的经济体系；在政治上，加强生态文明制度建设，建立健全生态环境保护的法律法规和政策体系，强化生态环境监管；在文化上，弘扬绿色文化，倡导绿色价值观和生活方式，提高全社会的生态文明意识；在社会上，建设绿色社会，推动绿色消费、绿色出行等绿色生活方式的普及，促进人与自然和谐共生。

在产业转型方面，大力发展战略性新兴产业，如新能源、新材料、节能环保等产业，培育新的经济增长点。同时，对传统产业进行绿色化改造，推动传统产业向高端化、智能化、绿色化方向发展。例如，在汽车产业，加快新能源汽车的研发、生产和推广应用，减少传统燃油汽车的尾气排放；在制造业，推广智能制造技术，提高生产效率，降低资源消耗和污染物排放。在生态环境修复方面，实施了一系列重大生态工程，如京津冀协同发展生态环境保护规划、长江经济带生态保护修复等。加大对重点生态功能区的保护力度，建立国家公园体制，如三江源国家公园等，对具有代表性的自然生态系统进行整体保护。加强对海洋生态环境的保护，推进海洋生态文明建设，如实施蓝色海湾整治行动等，改善海洋生态环境质量。在全球环境治理方面，积极参与全球气候变化谈判，承诺实现碳达峰、碳中和目标。中国提出力争 2030 年前实现碳达峰，2060 年前实现碳中和，这一承诺体现了中国作为大国的责任担当，也为全球应对气候变化提供了积极的示范。同时，在共建"一带一路"倡议中，倡导绿色"一带一路"的建设，推动相关国家和地区在基础设施建设、能源开发等方面采用绿色技术和标准，促进区域绿色合作与发展。

第三节 中国绿色发展方案的内涵和时代价值

随着全球环境问题的日益严峻和人们对可持续发展的迫切需求，绿色发展成为世界各国共同关注的重要议题。当前中国在全球中所处的地位发生了根本性变化，迅速崛起成为世界发展必不可少的中坚力量。中国作为世界上发展最快、变化最大的国家之一，其发展与世界发展息息相关。为破除当前世界发展困境，中国创新地提出绿色发展，明晰了中国方案和行动，为世界提供了一条绿色生态发展道路。

一、中国绿色发展方案的理论内涵

绿色发展是一个内涵丰富的有机系统，包含绿色经济理念、绿色政治生态理念、绿色文化发展理念、绿色社会发展理念等多方面内容，是从绿色生态保护到绿色文化创新，再到绿色价值升华的有机统一。具体来说，绿色发展是指在经济发展过程中，充分考虑环境资源的承载能力和生态系统的可持续性，通过节约资源、减少污染、保护生态、促进循环经济等手段，实现经济增长与环境保护的协调统一。其核心要素包括资源节约、污染减少、生态保护和经济循环。资源节约即提高资源利用效率，降低能源消耗，减少资源浪费；污染减少是采取有效措施减少工业生产、交通运输等领域的污染物排放；生态保护要保护生物多样性，维护生态平衡，防止生态系统退化；经济循环则通过废弃物的再利用、资源化等途径实现经济活动的循环。

第一，在经济维度上，实现绿色经济增长与可持续发展。绿色发展要求大力发展绿色产业，包括节能环保产业、新能源产业、生态农业、绿色制造业等。这些产业以资源高效利用和环境友好为特点，能够在创造经济价值的同时，减少对环境的负面影响。发展绿色产业，可以推动经济结构的调整和转型升级，降低对传统高污染、高能耗产业的依赖。例如，中国的新能源汽车产业近年来发展迅速，不仅带动了电池、电机、电控等相关产业的发展，还减少了传统燃油汽车对石油资源的依赖和尾气排放对环境的污染。同时，生态农业的发展也为人们提供了更加安全、健康的农产品，促进了农业的可持续发展。绿色发展强调资源的高效利用和循环经济模式。资源高效利用要求在生产和消费过程中，最大限度地减少资源的浪费，提高资源的利用效率。循环经济则是通过对资源的循环利用，实现资源的"减量化、再利用、资源化"，减少对自然资源的开采和消耗。例如，在工业领域，可以通过推广清洁生产技术、加强资源回收利用等措施，实现资源的高效利用和经济循环。在城市建设中，可以发展绿色建筑，提高建筑的能源利用效率和资源循环利用水平。同时，推广垃圾分类和回收利用，也是实现循环经济的重要举措。

第二，在社会维度上，实现绿色生活方式与社会公平正义。绿色发展要求人们树立绿色消费观念，倡导简约适度、绿色低碳的生活方式。绿色消费包括购买环保产品、减少一次性用品的使用、选择公共交通出行等。

倡导绿色消费，可以引导企业生产更加环保的产品，推动经济的绿色转型。例如，越来越多的消费者开始关注产品的环保性能，选择购买绿色食品、环保家电等。同时，共享单车、新能源公交车等绿色出行方式也受到了人们的广泛欢迎。此外，绿色生活方式还包括节约能源、节约用水、爱护自然等方面，需要全社会的共同参与和努力。绿色发展不仅关注经济增长和环境保护，还注重社会公平正义。绿色发展要求在资源分配、环境治理等方面，充分考虑不同地区、不同群体的利益，确保发展的成果惠及全体人民。例如，在生态补偿机制的建立中，要对生态保护地区给予合理的经济补偿，以保障当地居民的生活水平。同时，在环境治理中，要加强对弱势群体的关注，确保他们的权益不会因为环境问题而受到更大的损害。此外，绿色发展还可以通过创造绿色就业机会，促进就业公平，提高人民群众的生活水平。

第三，在生态维度上，实现生态保护与修复。绿色发展强调对生态系统的保护。生态系统是人类生存和发展的基础，保护生态系统就是保护人类自己。加强生态保护，需要建立健全生态保护机制，加强对自然保护区、生态功能区等重要生态区域的保护，严格控制开发建设活动，防止对生态环境的破坏。例如，中国建立了众多的自然保护区，对珍稀濒危物种和重要生态系统进行保护。同时，加强对森林、草原、河流、湖泊等生态系统的保护，实施退耕还林、退牧还草、河湖长制等政策措施，有效保护了生态环境。对于已经受到破坏的生态系统，需要进行生态修复。生态修复是通过人工干预的方式，恢复生态系统的结构和功能，提高生态系统的稳定性和服务价值。生态修复包括水土流失治理、矿山生态修复、湿地恢复等方面。例如，在一些水土流失严重的地区，通过植树造林、坡改梯等措施，有效控制了水土流失，改善了生态环境。在矿山开采后，进行矿山生态修复，恢复生态系统功能。同时，加强湿地保护和恢复，增强湿地的生态服务功能，对于维护生态平衡具有重要意义。

第四，在文化维度上，推进绿色文化建设与价值观塑造。绿色发展需要培育绿色文化，将绿色理念融入人们的思想观念、行为方式和社会风尚中。绿色文化包括生态意识、环保观念、可持续发展理念等方面，是推动绿色发展的重要精神动力。例如，可以通过开展环保宣传教育活动、举办生态文化节等方式，传播绿色文化，提升人们的环保意识和生态素养。同时，在学校教育中加强环境教育，培养学生的绿色价值观和环保行为习惯。绿色发展要求塑造绿色价值观，引导人们树立尊重自然、顺应自然、保护自然的价值观念。绿色价值观强调人与自然的和谐共生，反对人类中心主义和对自然的过度开发和破坏。例如，在社会舆论中，要弘扬绿色价值观，批评和抵制破坏环境的行为。同时，通过表彰环保先进人物和事迹，树立榜样，引导人们积极践行绿色价值观。

第五，在国际合作维度上，推动全球绿色发展。中国作为一个负责任的大国，积极参与全球环境治理，为推动全球绿色发展贡献中国智慧和中国方案。中国认真履行国际环境公约，加强与世界各国在气候变化、生物多样性保护、海洋环境保护等领域的合作。例如，中国积极推动《巴黎协定》的实施，提出了国家自主贡献目标，采取了一系列强有力的减排措施。同时，中国还积极参与全球生物多样性保护行动，为保护地球生态系统做出了积极贡献。中国积极开展绿色发展国际合作，与世界各国分享绿色发展经验和技术，共同推动全球绿色发展。中国通过"一带一路"倡议等加强与共建国家在绿色基础设施建设、清洁能源开发、生态环境保护等方面的合作。例如，中国与东盟国家在跨境生态保护、清洁能源合作等方面取得了积极成果。同时，中国还积极开展南南合作，为发展中国家提供绿色发展援助和技术支持，帮助它们实现可持续发展。

二、中国绿色发展方案的时代价值

进入 21 世纪，全球面临着资源短缺、环境污染和生态破坏等多重挑战。中国作为世界上最大的发展中国家，在经历了长期高速经济增长后，也面临着资源环境约束趋紧的严峻形势。传统的发展模式已难以为继，绿色发展成为中国实现可持续发展的关键路径。中国积极探索并实施了一系列绿色发展方案，旨在协调经济发展与环境保护之间的关系，推动经济社会向绿色、低碳、循环方向转型。

（一）是对马克思主义基本原理的传承和发展

在资本主义制度下，资本家为了追求利润最大化，对自然资源进行过度开采和破坏，导致人与自然关系的异化。马克思主义批判了资本主义制度下对自然的掠夺式开发。中国绿色发展理念致力于摆脱传统发展模式的弊端，走可持续发展之路，正是继承发展了马克思主义对资本主义制度下人与自然关系异化的批判，深刻认识到传统发展模式的不可持续性。中国通过推动生态文明建设，加强生态环境保护制度建设，转变经济发展方式，积极探索绿色发展新模式。例如，大力发展清洁能源、循环经济等，努力实现经济、社会和环境的协调发展，这些都为解决全球生态问题提供了中国智慧和中国方案。马克思主义自然观强调人与自然的辩证关系，人是自然界的一部分，自然界是人类生存和发展的基础。人类通过劳动实践与自然进行物质交换，同时也受到自然规律的制约。中国绿色发展理念充分认识到人与自然是生命共同体，强调尊重自然、顺应自然、保护自然，正是继承了马克思主义的人是自然存在物、自然是人的无机身体等观点，深刻认识到人类不能脱离自然而存在，必须与自然和谐相处。例如，"绿水青山就是金山银山"这一观点就是将生态环境保护与经济发展有机统一起来，超越了传统发展模式中将经济增长与环境保护对立起来的观念。这一理念既强调了自然的生态价值，又注重了自然的经济价值，实现了对马克思主义自然观的创新发展。

马克思主义社会发展观强调生产力与生产关系、经济基础与上层建筑的矛盾运动推动社会发展。中国绿色发展理念注重通过科技创新、制度创新等推动经济社会发展，同时强调生态环境保护对社会发展的重要性，这也正是继承发展了马克思主义关于社会发展动力的观点，认识到科技创新、制度创新等是推动社会发展的重要力量。中国将绿色发展作为新时代中国特色社会主义发展的重要理念之一，将生态环境保护纳入经济社会发展的总体布局，强调经济发展与生态环境保护的辩证统一，通过推动绿色技术创新、发展绿色产业等，实现经济发展与生态环境保护的良性互动，为社会发展注入新的动力。同时，生态文明建设是一个长期的历史过程，需要根据不同发展阶段的特点和要求，制定相应的发展战略和政策措施。中国根据不同发展阶段的实际情况，提出了一系列生态文明建设的目标和任务。例如，在社会主义初级阶段，中国提出建设资源节约型、环境友好型社会的目标；在新时代，中国提出建设美丽中国的目标，并根据不同地区的自然条件和经济发展水平，制定了差异化的生态文明建设政策措施，推动全国生态文明建设协调发展。

马克思主义历史观强调历史是人民群众创造的，中国绿色发展理念继承了马克思主义关于历史主体的观点，认识到人民群众是历史的创造者，是推动社会发展的根本力量，强调依靠人民群众推动生态文明建设，充分发挥人民群众的主体作用。通过加强生态文明宣传教育，增强人民群众的生态意识和环保观念，激发人民群众参与生态文明建设的积极性、主动性和创造性。同时通过建立健全生态环境保护公众参与机制，保障人民群众的环境权益，让人民群众在生态文明建设中发挥更大的作用。此外，中国绿色发展理念继承了马克思主义关于人的自由全面发展的目标，认识到社会发展的最终目的是实现人的自由全面发展。中国强调以人民为中心的发展思想，将良好的生态环境作为最普惠的民生福祉，通过加强生态环境保护，提升生态产品供给能力，注重满足人民群众对优美生态环境的需要。

（二）是实现人与自然和谐共生的中国式现代化必然选择

发展是解决一切问题的总钥匙，是一个包括经济发展、社会发展、文化发展等诸多方面的动态过程。一个国家和民族要走得长远就必须重视发展的问题，习近平总书记也指出："我们党领导人民治国理政，很重要的一个方面就是要回答好实现什么样的发展、怎样实现发展这个重大问题。"中国绿色发展方案的指导思想是习近平生态文明思想，为我国做好生态环境保护工作和推进美丽中国建设提供了根本遵循和行动指南。党的十八大以来，以习近平同志为核心的党中央把生态文明建设放置在新高度，在推动生态文明建设和经济社会高质量发展的实践中，逐渐形成了习近平生态文明思想，并于 2018 年召开的全国生态环境保护大会上正式确立[1]。习近平生态文明思想是先进的、科学的、发展的新思想，蕴含了丰富内涵，系统地阐述了人与自然和谐共生的新生态自然观、保护环境就是保护生产力的新经济发展观、良好环境就是民生福祉的新民生政绩观，为中国式现代化生态文明建设指明了方向、路径和责任。

现代化是人类社会发展的必然趋势，而中国式现代化是中国共产党领导的社会主义现代化，既有各国现代化的共同特征，更有基于自己国情的中国特色，其中人与自然和谐共生是中国式现代化的重要特征之一。在中国式现代化进程中，强调人与自然和谐共生具有重大意义。一方面，这体现了对自然生态环境的尊重和保护。中国认识到良好的生态环境是最普惠的民生福祉，坚持山水林田湖草沙一体化保护和系统治理，推进生态优先、节约集约、绿色低碳发展，不断加强生态保护修复，加大环境污染防治力度，推动形成绿色发展方式和生活方式，让美丽中国建设迈出重大步伐。另一方面，人与自然和谐共生也为经济社会可持续发展提供了坚实基础。通过发展绿色产业、推动科技创新，实现经济发展与生态环境保护的良性互动，既满足当代人的需求，又不损害后代人的利益，确保现代化建设的长期稳定和可持续。在当今全球生态环境面临严峻挑战的背景下，中国绿色发展方案成为实现人与自然和谐共生的中国式现代化的必然选择。

人与自然和谐共生的中国式现代化，强调的是人与自然的和谐关系以及可持续发展理念。这种现代化模式与传统西方工业化模式下的"先污染后治理"有着显著的区别。在中国式现代化的进程中，我们坚持尊重自然、顺应自然、保护自然的原则，将生态文明建设放在突出位置。我们认识到，自然是生命共同体，对自然的无止境索取甚至破坏必然会遭到大自然的反噬。因此，我们坚持节约优先、保护优先、自然恢复为主的方针，像保护眼睛一样保护自然和生态环境。此外，人与自然和谐共生的中国式现代化也体现了中国共产党始终坚持人民至上的根本立场。只有保护好绿水青山，才能让百姓拥有良好的生产生活环境，从而切实增强人民群众的获得感、幸福感、安全感。这也是中国式现代化的鲜明特点和内在要求。在具体实践中，人与自然和谐共生的中国式现代化需要走生态优先、绿色发展之路。这意味着在推动经济社会发展的过程中，要充分考虑生态环境的承载能力，加强生态环境保护，实现高质量发展。同时，也需要加强国际合作，共同应对全球性环境问题，为构建人类命运共同体作出贡献。总的来说，人与自然和谐共生的中国式现代化是一种追求可持续发展、注重生态文明建设的现代化模式。

（三）为全球可持续发展提供了中国方案

绿色发展与可持续发展在思想上一脉相承。1987年世界环境与发展委员会出版《我们共同的未来》报告，提出可持续发展概念；2000年联合国千年首脑会议上世界各国领导人共同签署《联合国千年宣言》，商定可持续发展目标和指标。绿色发展是可持续发展在当今语境下的中国表述，是对发展模式的有益探索。绿色发展深刻体现了人与自然和谐共生、融合发展的鲜明价值取向，否定了传统的线性经济生产方式，共同致力于可持续性发展目标，是通过循环发展、低碳发展等形态表现出来的可持续发展。在全球环境问题日益严峻的今天，中国以其独特的绿色发展方案，为全球可持续发展贡献了重要力量。中国的绿色发展理念不仅在国内得到了有效实施，也为国际社会提供了宝贵的经验和借鉴。

一方面，中国政府高度重视环境保护和可持续发展。中国作为世界上最大的能源生产国和消费国，面临诸多挑战，推进能源革命，构建绿色低碳循环发展的能源体系，能从根本上减少碳排放，以应对"碳中和"目标下能源供需格局新变化、国际能源发展新趋势，保障国家能源安全，这既体现了绿色发展，也符合可持续发展的要求。近年来，中国出台了一系列环保政策和法规，如《大气污染防治行动计划》《水污染防治行动计划》等，这些政策的实施有效改善了环境质量。此外，中国还积极参与国际环保合作，承诺在2030年前实现碳排放达到峰值，并在2060年前实现碳中和，这一目标展示了中国作为负责任大国的决心。中国在可再生能源领域也取得了显著进展。作为全球最大的风电和太阳能发电国，中国通过大力发展清洁能源，减少了对化石燃料的依赖，降低了温室气体排放，其中光伏产业不仅满足了国内需求，还大量出口，推动了全球绿色能源的发展。此外，中国在生态文明建设方面进行了积极探索，从国家到地方，各级政府都在推进生态修复工程，如退耕还林、湿地保护、沙漠治理等，这些措施不仅改善了生态环境，也提高了人民的生活质量。

另一方面，中国的绿色发展方案不仅在国内取得了显著成效，也为全球可持续发展提供了宝贵经验。中国愿意与世界各国分享绿色发展的技术和经验，共同应对气候变化和环境挑战，通过国际合作，推动全球绿色转型，实现人与自然和谐共生的美好愿景。绿色发展以习近平生态文明思想与绿色发展理念为指导，坚持资源节约和环境友好原则，将生态治理融入经济发展的全方面、全过程、全链条，旨在让绿色发展成果惠及各国人民，共建清洁美丽世界。例如，共建"一带一路"倡议将绿色发展理念融入顶层设计，从在加强生态环境、生物多样性和应对气候变化等方面的合作，到设立生态环保大数据服务平台、倡议建立"一带一路"绿色发展国际联盟，再到加快低碳转型，推动实现更加强劲、绿色、健康的全球发展，明确了共建"一带一路"绿色发展的科学内涵、建设目标和实践路径。这一先进思想不仅指引中国经济社会全面绿色转型，走好生态优先、绿色发展的道路，还为其他国家改善生态环境、处理发展问题贡献了中国智慧。

随着经济社会和科学技术的快速发展，自然资源的开发与利用产生了一系列的环境问题，环境与发展之间的矛盾日益突出，促进人与自然和谐共生是世界人民的迫切追求，走共同发展的道路是人类发展的必然选择，实现全体人类可持续发展是国际社会的共同目标。在全球面临环境与发展困境、寻求新的解决之道时，中国提出了促进人类与自然协调发展的绿色发展方案，积极践行生态优先、绿色发展的道路，解决中国自身发展与环境之间的矛盾，同时为具有相同发展需求和环境困境的世界各国提供了中国方案。

第二章　新质生产力理论探讨

2023年9月，习近平总书记在黑龙江考察调研期间创造性地提出了"新质生产力"这一崭新概念，提出要"积极培育新能源、新材料、先进制造业、电子信息等战略性新兴产业，积极培育未来产业，加快形成新质生产力，增强发展新动能"。习近平总书记指出："新质生产力本身就是绿色生产力。我们必须加快发展方式绿色转型，助力碳达峰碳中和。"绿色科技创新和先进绿色技术的推广应用是发展新质生产力的重要内容。在因地制宜发展新质生产力的过程中，我们必须坚持绿色发展这一重大原则和根本导向，将是否有利于绿色转型作为评判和检验新质生产力的重要标准，在全生命周期和全要素维度上综合评判能源资源消耗和生态环境影响，通过健全绿色低碳发展机制，推动发展方式创新和发展动能变革，加快构建绿色低碳循环发展经济体系。

第一节　新质生产力的提出与形成

任何思想理论的产生都有其特定的时代背景，正如马克思所说："权利决不能超出社会的经济结构以及由经济结构制约的社会的文化发展。"思想理论也是如此。习近平总书记关于新质生产力的重要论述同样如此，它的孕育和产生都受到时代的影响。

一、新质生产力形成的历史逻辑

新质生产力的形成有着深刻的历史逻辑。从工业革命以来的科技演进历程来看，每一次重大科技突破都为生产力变革奠定基础。在人工智能、量子计算、生物技术等前沿科技迅猛发展的当下，这些技术的深度融合与创新应用促使生产要素以全新方式组合，劳动主体、劳动工具、劳动对象都发生了根本性变革，新质生产力应运而生。它是历史上科技进步积累的必然结果，也是应对新时代全球竞争与满足人类社会发展需求的关键所在，沿着科技发展的历史脉络不断演进并塑造着未来经济社会的崭新面貌。

（一）历次产业革命与生产力演进

人类社会的发展历程与产业革命紧密相连，每一次产业革命都带来了生产力的巨大飞跃，推动着人类社会不断向前发展。第一次产业革命以珍妮纺纱机的发明和蒸汽机的广泛使用为标志，机械力全面取代动物力，推动生产效率极大提升。这一时期，传统的手工生产方式逐渐被机器大生产所取代。蒸汽机的出现，为工厂提供了强大的动力源，使得生产规模迅速扩大。随着机器的广泛应用，劳动分工更加细化，生产效率大幅提高，人类社会由此步入工业化时代。第二次产业革命以电力的发明和使用、内燃机的大范围应用为标志，大规模集中生产使社会生产力水平跃上新台阶。电力的广泛应用，使得工厂的生产不再受限于传统的动力来源，生产效率进一步提高。内燃机的出现，为交通运输工具的发展提供了强大动力，使得货物和人员的运输更加便捷高效。这一时期，大规模集中生产成为主流，企业的规模不断扩大，社会生产力水平得到了极大提升，人类社会进入电气化时代。第三次产业革命以电子计算机、原子能、空间技术和生物工程的发明和应用为标志，信息技术革命推动形成更先进的生产力。电子计算机的出现，使得信息处理和存储的能力得到了极大提升，为信息技术的发展奠定了基础。原子能的应用，为人类提供了强大的能源，推动了工业和科技的快速发展。生物工程的发展，为人类的健康和生活带来了新的希望。这一时期，信息技术革命蓬勃发展，人类社会进入信息化时代。

历次产业革命不仅带来了生产力的巨大飞跃，还深刻重塑了生产力的基本要素，催生了新产业新业态，推动生产力向更高级、更先进的质态演进。从工业化历史看，历次产业革命都有一些共同特点：一是有新的科学理论作为基础，如第一次产业革命的牛顿力学，第二次产业革命的电磁学，第三次产业革命的量子力学等；二是有相应的新生产工具出现，如第一次产业革命的蒸汽机，第二次产业革命的发电机和内燃机，第三次产业革命的电子计算机等；三是经济结构和发展方式发生重大调整，如从农业经济向工业经济的转变，从传统工业向高新技术产业的转变等；四是社会生产生活方式有新的重要变革，如城市化进程的加速，人们的生活方式和消费观念的改变等。

当前，全球新一轮科技革命和产业变革深入发展。与前三次产业革命不同的是，这一轮科技革命和产业变革以大数据、新材料和新能源等新型生产要素的产生和应用为重要标志，以包括算力、算法、网络通信、脑机接口在内的数字技术、人工智能为核心技术，以数字化、智能化、绿色化为发展方向，以高科技、高效能和高质量为主要特征，以全要素生产率大幅度提升为核心标志，具有多领域技术交叉融合、群体性技术突破等特征。群体性技术的整体突破，势必推动生产要素配置方式的深刻变化，给产业形态、产业结构、产业组织方式带来深刻影响，进而推动产业深度转型升级，最终形成新的生产力质态。当前，新一轮科技革命和产业变革呈现源头创新、跨界融合、多点突破的新趋势，对生产资源的配置模式、创新要素的流通机制、技术研发的组织构架、创新主体的管理方式都提出新的要求，发展新质生产力必须不断提高劳动者素质，广泛采用数字化智能化的生产工具，不断扩大新能源和新材料的使用范围。同时，通过对各种要素资源的优化整合，催生新产业、新业态、新模式，推动生产力水平的整体跃升[2]。

（二）当前科技革命的特点与新质生产力的催生

当前，全球新一轮科技革命呈现多点突破、群体性突破的态势。中国科学院院士白春礼指出，这次科技革命并不是单一技术主导，而是在信息科技、生命科学、能源、新材料、深空深海深地探测等几乎所有科技领域呈现出群发性的突破态势。例如，在信息科技领域，以芯片和元器件、计算能力、通信技术为核心的新一代信息技术正处于重要突破关口；在生命科学领域，基因组学、合成生物学、脑科学、干细胞等领域的突破性进展正全面提升人类对生命的认知、调控和改造能力；在能源领域，可再生能源、大规模储能、动力电池、智慧电网等成为重要发展方向；新材料领域正在向个性化、复合化和多功能化方向发展。这种多点突破、多领域群发的科技革命态势，为新质生产力的形成提供了强大的创新动能。

两次科技革命叠加形成强大推力，放宽硬资源限制门槛，数据等轻资产成为重要生产要素。当前，我们正处于新一轮科技革命和产业变革深入发展的时期，与前三次产业革命不同的是，这一轮科技革命和产业变革以大数据、新材料和新能源等新型生产要素的产生和应用为重要标志。一方面，随着科技的不断进步，数据等轻资产的重要性日益凸显。数据作为新的生产要素被引入生产函数，极大拓展了生产的可能性边界，深度赋能实体经济转型升级。另一方面，两次科技革命的叠加效应正在形成强大的推力，放宽了硬资源的限制门槛。例如，在新能源领域，可再生能源的发展使得我们对传统化石能源的依赖程度逐渐降低；在数字技术领域，大数据、人工智能等技术的应用使得生产过程更加高效、精准。

新科技发展迅速，发明专利和论文数激增，知识加速更替。当前，新科技发展迅速，发明专利和论文数量激增。这表明科技研发投入不断增加，科技创新活力持续释放。知识的加速更替也为新质生产力的形成提供了有力支撑。随着科技的快速发展，新的科学理论和技术不断涌现，旧的知识和技术不断被更新和淘汰。例如，在量子技术、生物科技和人工智能等领域，新知识和新技术的出现速度之快令人瞩目。这些新兴技术的发展不仅推动了相关学科的进步，也为新质生产力的形成提供了技术保障。

科技的融合集成以融合、综合等方式呈现，产生奇妙效果，孕育重大科学突破。科技的融合集成是当前科技革命的一个重要特点，不同学科领域间的深度交叉融合，广泛扩散渗透，使得科技以融合、综合等方式呈现，产生奇妙效果，孕育重大科学突破。例如，在新一轮科技革命中，基础研究、应用研究和产业化的边界进一步模糊，各国都建立起高效的产业整合体制，通过产学研的融合高速推动科技革命的发展。这种方式能使技术创新迅速转化为生产力，并进一步转化为国家实力。同时，化学、生物等传统依赖实验数据的学科，正逐渐开始利用大数据和计算机仿真模拟进行研究，依据数据驱动的第四范式兴起。科技的融合集成不仅为新质生产力的形成提供了技术支持，也为产业的深度转型升级创造了条件。

科技迭代进化不断改进性能，完善功能，为新质生产力的形成提供技术支撑和创新源泉。科技的迭代进化是新质生产力形成的重要动力。随着科技的不断进步，新技术不断改进性能，完善功能，为新质生产力的形成提供了技术支撑和创新源泉。例如，基因测序成本以超过信息领域摩尔定律的速度下降，这使得人类对生命的认知和调控能力不断提升。同时，其他各学科领域也呈现出技术迭代进化的态势，如能源领域的可再生能源技术、新材料领域的个性化复合化多功能化技术、信息科技领域的人工智能技术等。这些技术的不断进步，为新质生产力的形成提供了强大的动力。

二、新质生产力提出的时代背景

进入新时代以来，世界百年未有之大变局加速演变，国际国内发展环境发生了深刻变化，面临的严峻性、复杂性局面前所未有，这一变化趋势与现象既给战略性新兴产业和未来产业的发展提出新问题、带来新挑战，同时也迎来新机遇、指明新方向。新质生产力理念是习近平总书记基于中国当前正处于推进中国式现代化这一伟大实践中，以及当前国际国内复杂发展环境的背景，根据中国当前发展阶段与发展条件转变所作出的具有现实性、全局性以及长远性的重大战略判断。

（一）新时代新征程中国内经济发展的内生需要

进入新发展阶段是中国经济发展的历史方位。在中国这样一个人口规模巨大、经济总量庞大的国家，实现社会主义现代化建设迫切需要更为先进的生产力作为经济高质量发展的坚实支撑。中国特色社会主义进入了新时代，步入了新征程，中国式现代化建设也进入了新发展阶段，在这一新的历史起点上，推动经济发展和深化改革的复杂程度前所未有。当下，中国人口问题总和生育率降低，年轻劳动力减少，人口老龄化问题加重，劳动岗位供需失衡。随着我国总和生育率的下降，低于人口更替水平，年轻劳动力数量逐渐减少，人口老龄化程度不断加深。这使得劳动岗位的供需出现失衡，一方面，老年人口的增加对养老、医疗等服务性岗位需求上升，但适合老年服务的劳动力相对不足；另一方面，在生产领域，由于机器替代人力成为趋势，劳动成本比较优势逐渐减弱，对从业者的技能要求不断升高，传统劳动力难以满足新的岗位需求。因此，人口结构的变化对我国经济发展带来了巨大挑战，也促使新质生产力的形成成为必然选择。

科技水平虽在某些技术领域取得进展，但尚未形成完善的系统体系。我国在某些技术领域已取得显著进展，如数字经济领域，2022 年中国数字经济规模达 50.2 万亿元，总量稳居世界第二。在若干新兴和未来产业领域，如新能源汽车、电池、光伏、量子技术等也持续发力，技术上实现了从跟随到并行竞争，再到领先的转变。然而，我国科技水平尚未形成完善的系统体系，若创新研发能力的提升未能与时代发展同步，可能会面临在部分领域与发达国家之间差距扩大或受制于人的风险。在当前国际竞争激烈的背景下，科技创新已成为国家发展的核心竞争力之一，我国必须加快发展新质生产力，以实现技术革命性突破、生产要素创新性配置和产业深度转型升级。在这一过程中，需要以科技创新引领产业结构升级，带动新经济增长点不断涌现，其中核心关键就在于如何更好地积极培育和大力发展新质生产力。新质生产力体现了创新驱动发展战略的核心要义，追求的是经济发展过程中由量到质的提升，实现的是经济高质量发展的创新性、再生性、生态性、精细性、高效益，既是对可持续发展增长方式的坚定贯彻，也是构建现代化经济体系所需的生产力。因此，新质生产力的提出和积极培育本身就体现了对新发展阶段经济高质量发展的深刻认识。

收入水平和收入分配不均衡，需持续优化调整。改革开放后，我国人民的收入水平不断提高，2020 年年底，我国消除了绝对贫困现象。但当前收入分配领域仍面临着不均衡的挑战，全面优化与调整收入分配是一个长期且复杂的过程。收入分配不均衡不仅影响社会公平正义，也会制约消费需求的释放，进而影响经济的可持续发展。新质生产力的发展可以通过提高全要素生产率，推动产业升级和创新，创造更多高质量的就业机会和经济增长动力，从而为解决收入分配不均衡问题提供有力支撑。新质生产力的培养和发展正体现了对人的全面发展的重视，能够更好地满足人民群众对美好生活的需要。随着人工智能、机器学习等技术的运用，劳动者可以从简单重复的劳动中解放出来，更多地投身于创意与创新活动，实现自我价值。新质生产力的发展理论完美诠释了新发展理念，即以创新发展解决发展动力问题，以协调发展解决发展不平衡问题，以绿色发展解决人与自然和谐共处问题，以开放发展解决发展内外联动问题，以共享发展解决社会公平正义问题。

（二）国际新一轮科技革命和产业变革机遇期

在政治方面，一些西方国家大搞地缘政治、零和博弈，增加地区不稳定性和不确定性风险。

在当今国际局势下，一些西方国家为维护自身霸权地位，频繁大搞地缘政治，推行零和博弈策略。这种行为使得地区局势紧张，不稳定性和不确定性风险显著增加。例如，在一些地区冲突中，西方国家的干预往往加剧了矛盾的复杂性，破坏了地区的和平与稳定。这种地缘政治的操弄不仅影响了国际关系的和谐发展，也给全球经济带来了诸多不稳定因素。新质生产力的发展需要稳定的国际政治环境，而西方国家的这些行为无疑给新质生产力的培育和发展带来了巨大挑战。

在经济方面，一些西方国家提倡保护主义、设置贸易壁垒、施行技术封锁，企图重建基于意识形态的全球供应链、产业链、资金链。

近年来，部分西方国家出于自身利益考虑，大力提倡保护主义，设置贸易壁垒，施行技术封锁。其目的在于保护本国产业，限制他国发展，企图重建基于意识形态的全球供应链、产业链和资金链。这种做法严重阻碍了全球经济的正常交流和合作。以技术封锁为例，在一些关键技术领域，西方国家对我国进行严格限制，使得我国在科技创新和产业升级方面面临更大困难。例如，在半导体芯片等高科技领域，我国企业面临着技术引进困难、研发成本高等问题，这对我国新质生产力的发展形成了巨大压力。同时，贸易壁垒的设置也使得我国企业的出口受到限制，影响了我国经济的增长和新质生产力的培育。

因此，构建新发展格局是中国经济发展的路径选择。新质生产力的提出和积极培育，反映了我国对未来经济发展模式转变的深刻洞察。我们必须看到，当前国际循环动能减弱而国内循环活力日益强劲，在国际政治经济形势日趋紧张、摩擦不断的同时，各种不确定性因素迅速增加。在这一背景下，我们必须牢牢立足全国统一大市场这一制度性优势，打通国内经济循环体系中的难点、堵点和痛点，进而确保国民经济循环畅通，不断增强国内大循环内生动力和稳定性，不断增强对国际大循环的吸引力与推动力[3]。加快培育新质生产力能够在极大程度上补足技术短板，快速构建较为完备的产业配套支持体系，促进有竞争力的战略性新兴产业发展，进而发挥对加快构建新发展格局的积极作用。

当前，世界正迎来百年未有之大变局，数字化浪潮席卷全球，传统产业数字化智能化升级势不可当。历次工业革命中，科学技术领域的重大突破总会带来产业变革，进而深刻改变人类的生产方式和生活方式。当前，以人工智能、新材料技术、分子工程、虚拟现实、量子信息技术、可控核聚变、清洁能源以及生物技术等为技术突破口的新科技革命和全球产业变革正在孕育兴起。新质生产力是在这一全球化背景下，以及科技革命和产业变革加速推进的大环境下所提出的。信息化、网络化、数字化、智能化已成为当下时代发展的显著特征，传统的生产方式正在被新型的、更高效的生产方式所取代。这些新质生产力具有强大的动能，能够促进社会生产力的飞跃式发展。

新一轮科技革命为新质生产力的产生奠定了基础。科技革命通过形成先进生产力，为经济发展提供新的增长点，推动经济结构向更加高效、环保、智能的方向转变。当前科技革命中涌现出的一系列创新技术，为生产力实现质的飞跃提供了充分的可能。数字产业化过程中，不断迭代演进的人工智能、云计算、物联网、大数据分析、5G 通信等前沿科技不仅在极大程度上提高了生产效率，还创造了全新的服务和产品，从而构建了新型的生产关系和商业模式。同时伴随数字技术与其他高精特新技术的产生，信息不对称问题及其带来的负面影响正不断减少，使得市场经济在资源配置方面更加高效，这将推动整个社会生产力发生质变。这正是新质生产力诞生的必要技术基础。科技革命提供了关键的技术支撑和创新源泉，新质生产力则是科技成果转化为经济力量的必要载体。

产业变革机遇期意味着传统行业将面临重构，新兴产业则迎来快速发展的窗口期，而新质生产力在这一过程中扮演着核心角色。以产业数字化为例，传统的资源导向型的产业势必通过引入先进新兴数字技术实现产业结构的转型升级，从而改变经济增长方式，实现经济增长方式的转型。新质生产力正在不断促进产业结构的优化升级，为新兴产业如绿色能源、数字经济、生命科学等的发展提供了强大的动力；也推动着传统产业的数字化、网络化和智能化转型，为产业发展注入新的活力。同时，产业变革机遇期本身也会释放出可供战略性新兴产业和未来产业快速发展的市场空间，从而保障相关产业实现健康平稳发展。

三、新质生产力的重大战略意义

新质生产力是马克思主义中国化时代化的重大理论成果和实践创新，是对马克思主义生产力理论的生动诠释和创新表达。新质生产力的提出，有利于推进中国经济的高质量发展，促进中国式现代化纵深演进。

首先，发展新质生产力能够更好地满足人民群众对美好生活的需要。新质生产力的发展是实现经济社会可持续发展、创造更高质量和更多数量的物质和精神财富的关键动力，对于满足人民群众对美好生活的需要具有决定性作用，能够推动当前中国社会主要矛盾的解决。人民对美好生活的需要不仅表现为对物质生活提出了更高要求，还在文化生活和生态文明上都提出了新要求。在技术迅猛发展的当下，生产力的先进性主要表现为智能化、信息化、网络化等，在这些领域的突破与应用推动了传统生产方式的根本改变，极大地提升了生产效率和产品品质。这将打通供给体系原有的卡点、堵点和难点，为人民群众提供更丰富、更高品质的产品和服务，进而更好地满足人民群众对美好生活的需要。新质生产力有利于促进消费升级，激发经济发展的内在活力。新质生产力绝不是停留在国家层面的官方表达，而是真实地再现于广大人民群众的视野中。随着新质生产力的发展，大量科学技术被应用于产品研发，企业根据市场的需求，紧紧瞄准消费者，精准按需生产，满足了消费者的个性化需求，为消费者提供了更多更优质的产品和服务，并利用科学技术打造沉浸式仿真体验，线上线下消费双向驱动，企业优化产品供给，极大地增加了消费需求，提升了人们的消费信心和消费体验，进一步激发了经济发展的内在活力，推动我国经济向高质量发展迈进。

其次，发展新质生产力是建设现代化强国的关键所在。在全球化和信息化发展日益深入的21世纪，国家之间的竞争是综合国力的竞争，而决定综合国力的核心关键则是生产力的发展水平。新质生产力的兴起，不仅是现代先进技术革命的产物，也是适应新时代经济社会发展需要的必然选择。发展新质生产力，对于全方位提升国家竞争力、坚实保障国家安全以及促进人民生活水平的提高具有重要意义。新质生产力的提出既是塑造发展新动能、新优势的必然要求，更是中国式现代化的关键以及核心所在。事实上，发展新质生产力是夯实全面建设社会主义现代化国家物质技术基础的重要举措。因此，新质生产力的提出是提纲挈领、凝聚中国式现代化经济建设工作共识的必要步骤。随着新质生产力的发展，我国将会加大科技研发力度，未来的科技发展将会迎来更加光明的前景。2024年《政府工作报告》提出，"要适度超前建设数字基础设施，加快形成全国一体化算力体系，培育算力产业生态"，这一内容深刻体现了党中央对建设超前数字基础设施的重视。要加快基础设施的建设，就必须大力发展作为第一生产力的科学技术。推动新质生产力发展的过程，就是不断吸取经验教训，充分抓住科技革命的机遇期，提早布局，解决"卡脖子"难题，打赢科学技术攻坚战的过程。根据统计，当前我国的科研人员数量、科学论文产出以及专利申请量和授权量位居世界前列。这也就表明，新质生产力的发展将会为科学技术的进一步突破奠定坚实的基础，进而为提升经济发展的核心竞争力提供更多可能性。

最后，发展新质生产力是提升国际竞争力的重要支撑。新质生产力的提出体现了中国拥抱世界、参与国际竞争和合作的责任担当。与部分国家倡导的逆全球化浪潮和正在推行的以邻为壑的道路不同，中国始终是全球化最坚定的支持者，致力于维护国际社会共同利益，坚持走互利共赢的中国式经济发展道路。无论外部环境如何变化，中国开放的大门不会关闭，只会越开越大。中国在全球经济治理中的作用日益重要，如何塑造具有国际竞争力的新产业、新模式、新业态成为摆在面前的紧迫任务[4]。新质生产力的发展策略，有助于中国产业升级和全球经济链条的价值提升，也有助于增强中国在国际舞台上的话语权。生产力水平的竞争本身就是国际产业链分工话语权的竞争。是否在新兴产业占据领先地位，事关一国能否成为世界性强国。生产力的发展水平体现了一个国家或地区在全球产业链中的技术创新水平和生产效率水平，它直接关联到该国或该地区的产品和服务的市场竞争力水平。随着科技进步和生产方式的革新，掌握了新质生产力的经济体能够在国际分工中占据更有利的位置，从而拥有更大的话语权。事实上，这种话语权决定着全球价值链中资源、资本和信息的流动方式，进而塑造全球产业结构和国际经济关系。

第二节　新质生产力的内涵与特征

科技革命和产业变革蓬勃兴起，全球经济格局正在进行深刻调整。新质生产力作为一种新兴的生产力形态，正逐渐成为推动经济社会发展的核心力量。这种生产力的发展，不仅能够提高生产效率，减少资源消耗，还能有效减轻环境污染，促进经济的可持续发展。

一、新质生产力的内涵

传统生产力通常被定义为人类在生产过程中改造自然、获取物质资料的能力，主要包括劳动者、劳动工具和劳动对象三个基本要素。在传统工业经济时代，生产力的发展主要依赖于资本投入、劳动力增加和资源消耗，这种发展模式在一定历史时期内推动了经济的快速增长，但也带来了资源短缺、环境污染、生态破坏等一系列问题。随着信息技术、生物技术、新能源技术等新兴科技的迅猛发展，人类社会进入了一个新的发展阶段。在这个阶段，传统生产力的发展模式已经难以满足经济社会发展的需求，因此迫切需要一种新的生产力形态来推动经济的可持续发展和社会的全面进步。新质生产力正是在这样的背景下应运而生的。新质生产力有别于传统生产力，是生产力的一种跃迁，是指在新技术革命和产业变革背景下，以科技创新为核心，以绿色发展为导向，以融合发展为特征，有助于实现经济、社会、环境协调发展的生产力形态。

（一）劳动者的"新质"提升：劳动者素质转变即从人口"数量增长"向人才"质量提升"转变

劳动者是生产力的"第一要素"，是具有一定劳动经验，能够熟练使用劳动工具进行物质资料生产的人。首先，劳动者必须是与社会生产过程相联系的，那些具有劳动能力而不从事社会生产的人不能被称为劳动者。其次，劳动者是所有生产要素中最积极、最活跃、最革命的生产要素。因为生产是建立在人与物的关系的基础上的，劳动者能够根据自身的需要有目的地进行生产活动，以人的方式改造物的存在，是其他生产力要素的设计者，也是将生产各要素有机结合和协调起来的关键所在。最后，劳动者是不断变化的。劳动者素质的提升催生生产力的跃迁，而新质生产力的出现又对劳动者的素质提出了更高的要求。

在传统生产力模式下，经济发展往往依赖于人口数量的增长，通过大量的劳动力投入来推动生产规模的扩大，劳动者的劳动水平在很大程度上与劳动者的身体素质相关。然而，随着时代的发展，这种模式逐渐显露出其局限性。传统生产力中的劳动者素质普遍较低，主要从事简单重复的体力劳动，对知识和技能的要求相对不高。与传统的从事简单、重复、机械工作的劳动者相比，新质生产力中的劳动者应该是具备丰富的知识、熟练的技能与极强创造力的高素质劳动者。新质生产力下的劳动者是知识型劳动者，他们具备更高的知识素养，能够掌握以数字化、网络化、智能化为特征的新一代信息技术相关知识，并具备应用与转化这些知识的能力；同时，新质生产力下的劳动者还是技能型劳动者，他们不仅掌握社会生产和社会活动的基本理论知识，还能将专业知识和技能应用于所属的专业领域的生产实践中，促进产业结构的优化；此外，新质生产力下的劳动者更是创新型劳动者，能够在产业升级转型、全新技术应用、工具创造改进等方面彰显出创新能力。

高素质的新型劳动者具有更强的自主性和创新意识，他们能够在日常的生产活动中观察、提出并解决问题，发挥自身创造性进行自主决策与管理。此外，高素质的新型劳动者能够进行劳动工具的改造并熟练操作，自主判断问题症结并加以解决。新型劳动者的高素质还表现为更强的学习能力,他们不仅能够掌握传统的职业技能,更为重要的是他们还能够快速适应数字化、智能化的工作环境。高素质的新型劳动者与自然的关系也不再是征服与被征服的关系,而是人与自然和谐共生的关系。劳动者素质的"新质"提升对于人类社会的可持续发展具有重要的意义。

（二）劳动资料的"新质"改进：劳动资料智能化转变即由设备"机器化"向"数智化"转变

劳动资料也被称作劳动手段,只有通过劳动资料,劳动者才能将生产活动传导到劳动对象上去,从而形成劳动者→劳动资料→劳动对象的完整系统。其中劳动工具在劳动资料中处于核心地位,但其他的劳动条件如以基础设施形式存在的厂房、道路等也不能被忽视,没有劳动条件,就无法形成生产力。劳动工具被称为"生产的骨骼系统和肌肉系统",是人类智慧的结晶,它能够延长与扩大劳动者的物理器官,放大劳动者的能力、加工劳动对象以及创造物质资料。"手推磨产生的是封建主的社会,蒸汽磨产生的是工业资本家的社会",劳动工具能够体现且标志生产力的发展水平,"怎样生产,用什么劳动资料生产"是划分各个经济时代的重要依据。

随着社会的不断进步,手工工具已经不能满足人们的生产需求,机械逐渐取代了传统的手工工具。传统生产力中的劳动资料主要是相对简陋的机械设备,依赖于机械化、人力和传统的生产工艺。这些设备的功能相对单一,生产流程相对固定,需要投入大量人力,并且容易受到人为因素的干扰。传统的劳动资料主要以机械工具和机器设备为主,这些设备需要在劳动者的操作之下运转,在一定程度上受到空间的限制,其精准度与灵活度不高。第三次科技革命以来,我们进入数智化时代,人工智能、物联网、自动化制造设备等相继出现,而新质生产力依托数字技术实现了劳动资料的数智化,其精准性、灵活性以及安全性都得到了很大的提升;并且其能够实现远程连接操控,突破了现实的屏障,将劳动者处理劳动对象的边界拓展到了数字化、虚拟化的空间。另外,新质劳动资料的运行效率更高。传统劳动资料有运行时间的限制,而新质劳动资料可以在劳动者预设的指令下全天候运行。将科学转化为先进生产力,实现了生产自动化运作、数据分析、人机协同等,使得劳动资料更加智能化。数字技术已经成为新一轮科技革命的主导,并赋予劳动资料新的内涵,例如,智能传感设备、工业机器人、云服务等数字化劳动资料,是以往任何技术都无法比拟的。新劳动资料更加绿色化,新质生产力本身就是绿色生产力,在产业深度转型升级的过程中，低污染、低能耗、集约型的发展模式将是主流，从源头上实现了生产资料的绿色化。

（三）劳动对象的"新质"扩张：劳动对象高算力化转变即由物质"有形化"向数据、算力"无形化"转变

劳动对象主要是指劳动者在劳动过程中所加工、改造的对象，主要包括没有经过加工改造的自然物质以及经过加工的原材料。在马克思所处的时代，劳动对象主要是自然界的物质资料，自然界是"一切劳动资料和劳动对象的第一源泉"。劳动对象是某一时代生产力水平的直接体现，生产力发展水平的不同相应的劳动对象也不同。随着科学技术的发展，劳动对象也发生了改变，劳动对象的范围和领域都出现了扩大。在传统生产力中，劳动对象主要是"有形化"的自然资源、农产品、工业品等，未经加工的自然资源或是经过初加工的生产原料，这些劳动对象的范围相对较窄，对其处理和利用的方式也相对简单。而新质劳动对象则是经过复杂加工处理后的新原料，它们具有更高的价值，也具有更高的生产效率。比如中国科学院物理研究所研究的钠离子电池，相比于锂离子电池而言，其所需的原材料就更加丰富且易得，而且材料成本更低。

而在新质生产力下，劳动对象发生了重大变化，向"无形化"的数据、算力转变。科学技术进步使得更多的物质资源和非物质资源被纳入劳动对象的范畴，劳动对象的范围从传统的自然资源、农产品、工业品等扩展到新能源、新材料、生物技术等高新技术领域的产品和服务。在数智化的时代，随着大数据技术及人工智能的快速发展，数据和信息变得更加容易收集和处理，海量的数据成为新质劳动对象。数据作为新质劳动对象具有不同于传统劳动对象的特点，它具有更强的共享性、无限循环使用性、强渗透性、虚拟性以及更广的覆盖性[5]。另外，数据作为虚拟要素，可以建构出虚拟的空间，从而扩大我们的生产和工作领域。随着科技的不断发展，以数据为代表的新质劳动对象，在生产、生活中将变得更加重要。同时，随着数字化、自动化和智能化技术的广泛应用，生产线上的机器人、智能系统以及自动化设备能够迅速和准确地完成各种任务，大大提高了对劳动对象的处理效率，劳动对象的利用率也得到了显著提高。

二、新质生产力的特征

在当今时代，科技进步日新月异，经济社会发展面临着新的机遇和挑

战。新质生产力作为推动经济社会持续发展的关键力量，对其构成要素的研究具有重要的现实意义。明确新质生产力的构成要素，有助于我们更好地把握新质生产力的本质特征，为培育和发展新质生产力找到方向和路径。

科技创新是新质生产力的核心驱动力。科技创新因其对生产力发展的推动作用、对其他相关领域的引领作用以及对高质量发展的支撑作用，成为新质生产力的核心驱动力。在新一轮科技革命和产业变革中，我们必须深刻认识到科技创新的重要性，加大投入和支持力度，以科技创新为新质生产力提供持久且强大的动力。首先，科技创新是推动新质生产力发展的关键要素。新质生产力强调的是生产力的质量和效益，这需要通过科技创新来不断提升。科技创新能够推动产业深度转型升级，促进生产要素的创新性配置，从而催生新质生产力的产生和发展。这种推动力使得生产过程更加高效、节能、环保，提高和增加了产品的质量和附加值，进而提升了整个社会的生产力和经济发展水平。其次，科技创新能够引领和带动其他相关领域的进步。在科技创新的引领下，新材料、新能源、新技术等不断涌现，为新的生产方式提供了可能。这些新技术和新成果的应用，不仅推动了相关产业的发展，也促进了就业结构的优化和生产关系的调整，从而进一步增强了新质生产力的活力和动力。最后，科技创新还是实现高质量发展的必由之路。高质量发展注重发展的可持续性、协调性和共享性，这与科技创新的理念高度契合。通过科技创新，我们可以更好地实现资源的优化配置、环境的保护和社会的可持续发展，从而推动经济社会的全面进步。

新型人才是新质生产力的主体。新型人才指的是那些具备高度专业知识、技能和创新能力的人才，他们能够适应快速变化的社会和经济环境，为企业和社会创造更多的价值。这些人才通常具备以下几个特点：一是具有跨学科的知识背景，能够在不同领域进行创新；二是具备较强的学习能力和适应能力，能够迅速掌握新知识和技能；三是具有创新精神和创业意识，敢于挑战传统观念，勇于实践新的思想和方法。新质生产力是指通过科技创新、管理创新和模式创新等手段，提高生产效率和产品质量，从而实现可持续发展的能力。在这个过程中，新型人才发挥着至关重要的作用。他们通过运用先进的科技手段和管理理念，优化生产流程、提高资源利用效率、降低生产成本，从而为企业创造更多的利润。同时，他们还通过创新产品和服务，满足消费者日益多样化的需求，推动产业升级和转型。为了充分发挥新型人才在新质生产力中的重要作用，我们需要加大对人才培养的投入，完善人才培养体系。具体来说，可以从以下几个方面着手：一是加强基础教育和职业教育，培养具有扎实基础知识和专业技能的人才；二是鼓励高校和企业合作，开展产学研一体化的教育模式，培养具有实践经验和创新能力的人才；三是建立健全人才激励机制，为人才提供良好的发展平台和待遇保障，激发他们的创新热情和创业动力。

数据资源已经成为新质生产力的重要构成要素。随着科技的不断进步和互联网的普及，人们对数据的依赖程度越来越高。无论是企业还是个人，都在不断地产生、收集、处理和分析各种类型的数据，这些数据不仅包含了丰富的信息，还蕴含着巨大的价值。在过去的生产方式中，物质资源如土地、劳动力等是生产的关键要素。然而，在现代社会，数据资源已经成为一种新的生产要素。通过对大量数据的收集、整理和分析，我们可以发现潜在的商机、优化生产流程、提高产品质量等，从而为企业创造更多的价值。在大数据时代，谁掌握了数据，谁就掌握了主动权。企业可以通过对内部和外部的数据进行挖掘，发现新的商业模式、拓展市场空间、提高运营效率等。同时数据资源还可以帮助企业实现个性化定制、精准营销等目标，满足消费者日益多样化的需求。在大数据的推动下，许多传统行业正在发生翻天覆地的变化。例如，互联网金融、智能医疗、智慧城市等领域的发展都离不开海量的数据支持。

第三节 绿色发展与新质生产力的关系

在主持中共中央政治局第十一次集体学习时，习近平总书记指出："绿色发展是高质量发展的底色，新质生产力本身就是绿色生产力。"随着经济全球化浪潮的推进，生态危机在全世界蔓延，以习近平同志为核心的党中央深刻认识到生态环境与经济发展具有密不可分的联系。

一、绿色发展是新质生产力的重要方向

绿色发展是新质生产力的重要方向，深刻体现了当代经济社会与环境协同共进的必然要求。在全球面临资源短缺与环境危机的背景下，传统生

产力模式的弊端日益凸显。新质生产力将绿色理念贯穿始终，从生产要素的绿色化配置开始，无论是新型能源的开发利用，还是环保材料在生产过程中的广泛应用，都旨在降低对自然资源的依赖与破坏。

（一）以绿色生产方式为动力

绿色生产方式是满足经济社会绿色转型需求的新型生产方式，对新质生产力的发展起着至关重要的推动作用。

加快绿色科技创新，整合产学研用一体化资源，壮大绿色技术创新主体。新质生产力的发展离不开绿色科技创新，通过整合产学研用一体化资源，将企业、高校、科研机构等各方力量紧密结合起来，共同致力于绿色技术的研发与创新。推动生产方式绿色转型，要坚持贯彻绿色发展理念，而理念的实现需要从转变思想观念入手，正确处理好经济发展同生态环境保护的关系，这就要求企业、高校和科研机构在绿色科技创新方面加强合作，将绿色发展的思维方式和价值理念贯彻落实到经济社会发展全过程各领域。培育领军企业，形成绿色技术创新联合体；培育绿色技术创新领军企业，发挥其在技术创新、资源整合和产业引领方面的优势，带动整个产业链的绿色发展。同时，坚持区域联动、系统集成，坚持绿色科技创新与绿色低碳产业的良性互动，形成绿色技术创新联合体。在推动新型工业化的进程中，企业要以绿色生产方式驱动新质生产力发展，在加快绿色科技创新的同时大力发展绿色新兴产业，促进绿色新兴产业的发展和传统产业的绿色转型，进而促进新业态的形成和新质生产力的发展。

发展绿色新兴产业，促进传统产业绿色转型，以提升产业智能化、绿色化发展水平为主线，推动数字技术与各产业深度融合。新质生产力作为生产力发展的新阶段必然形成产业的新业态，主要表现为绿色产业、未来产业、战略性新兴产业。这些新业态产业以关键性颠覆性科技创新为支撑，特点是知识密集、能耗减少、潜力巨大。要提升新兴产业的智能化、绿色化发展水平，推动大数据、云计算、物联网、区块链、人工智能等数字技术与各产业的深度融合，推动传统生产要素投入结构的绿色转型。

发展新兴产业，以绿色产业促进新质生产力新业态的形成。一方面，新质生产力的发展推动传统产业绿色化改造升级。新质生产力发展意味着低碳节能、清洁能源和污染处理等为代表的绿色技术得到突破并应用于现实生产过程，从而改变传统产业高耗能高污染的局面，推动传统产业向绿色低碳方向转型升级。同时，大数据、人工智能等数字技术应用于传统产业，使传统产业生产过程实现智能化、精细化控制，推动传统产业向绿色高效方向转型升级。另一方面，新质生产力发展催生绿色新兴产业和未来产业。新质生产力发展加速了生物技术、清洁能源、新材料、新能源汽车、节能环保等绿色技术的突破，催生绿色新兴产业，为形成绿色未来产业发展奠定基础，促进现有经济体系中的产业结构向绿色化快速转变。

（二）以绿色生活方式为牵引

推广绿色低碳消费，让绿色追求成为大众自觉选择。为了推动绿色发展，我们需要积极推广绿色低碳的消费方式，引导大众树立正确的消费观念。绿色低碳消费是一种可持续的消费方式，它强调在满足自身需求的同时，尽可能减少对环境的负面影响。例如，选择环保产品、减少一次性用品的使用、节约能源等。通过宣传教育和政策引导，大众可以认识到绿色低碳消费的重要性，从而自觉选择绿色消费方式。

利用新技术改造基础设施，发挥智慧化、信息化基础设施的引导作用，培育绿色生活风尚。随着科技的不断进步，新技术在基础设施改造中发挥着越来越重要的作用。智慧化、信息化基础设施可以实现对能源、水资源等的高效管理，减少浪费和污染。例如，利用智能电网可以实现电力的优化分配和节能降耗；智能水务系统可以实时监测水资源的使用情况，提高水资源利用效率。此外，新技术还可以为绿色出行提供便利，如智能交通系统可以优化交通流量，减少交通拥堵和尾气排放。利用新技术改造基础设施，可以培育绿色生活风尚，引导人们养成绿色生活习惯。

繁荣和传播绿色文化，激发社会主体绿色生活的意愿，为新质生产力发展营造良好环境。绿色文化是推动绿色发展的重要力量，它蕴含着绿色价值观念和绿色追求，能够激发社会主体绿色生活的意愿。繁荣和传播绿色文化，可以通过多种方式进行。一方面，可以加强绿色教育，将绿色理念融入学校教育、职业培训和社会宣传中，增强人们的环保意识和责任感。另一方面，可以通过文化艺术作品、媒体宣传等形式，传播绿色文化，营造绿色生活的氛围。此外，还可以鼓励社会组织和企业开展绿色公益活动，推动绿色文化的传播和实践。绿色文化的繁荣将为新质生产力的发展营造良好的环境，促进经济社会的可持续发展。

（三）以绿色治理为推动

绿色治理作为推动新质生产力发展的重要力量，能够将政府、社会、企业、科研院所等治理主体联合起来，合理分工、联动协同，为新质生产力的发展保驾护航。

政府的主导作用表现为创新治理手段和方式，提高绿色治理效率，为健全新质生产力体制机制指明方向。政府在绿色治理中发挥着主导作用。首先，政府可以通过创新治理手段和方式，提高绿色治理效率。例如，制定更加严格的环保法规和政策，加强对企业的环保监管，推动产业绿色转型。同时，政府还可以加大对绿色技术研发的投入，支持科研机构和企业开展绿色创新活动。此外，政府还可以通过推广绿色金融、实施绿色税收等政策措施，引导社会资金流向绿色产业，为新质生产力的发展提供资金支持。政府的这些举措为健全新质生产力体制机制指明了方向，有助于推动新质生产力的快速发展。

企业是贯彻绿色治理、推动新质生产力发展不可或缺的力量。企业的关键作用是运用新技术赋能精准绿色治理，将绿色治理目标贯穿于生产经营实践全过程，为发展新质生产力搭建平台，消除壁垒。企业可以运用信息化、数字化、智能化新技术赋能精准绿色治理，将绿色治理目标贯穿于生产经营实践中。例如，企业可以采用先进的环保技术和设备，减少生产过程中的污染物排放；可以加强对原材料和能源的管理，提高资源利用效率；可以开展绿色供应链管理，推动上下游企业共同实现绿色发展。企业的这些举措为发展新质生产力搭建了平台，消除了壁垒，有助于推动新质生产力的快速发展。

社会团体在绿色治理中发挥着重要作用，通过举办绿色公益活动，营造绿色治理氛围，为发展新质生产力打下良好社会基础。社会团体可以通过举办绿色公益活动，营造绿色治理氛围，增强公众的环保意识和参与积极性。例如，环保组织可以开展环保宣传活动，提高公众对环境保护的认识水平；可以组织志愿者参与环保行动，推动环境治理工作的开展。此外，社会团体还可以通过与政府、企业合作，共同推动绿色发展。社会团体的这些举措为发展新质生产力打下了良好的社会基础，有助于推动新质生产力的快速发展。

科研院所为绿色治理实践提供政策建议和决策咨询，发挥其在绿色治理促进新质生产力发展中的智慧支持作用和技术支持作用。科研院所可以通过开展绿色技术研发和创新，为绿色治理提供技术支持；可以通过开展政策研究和咨询，为政府制定绿色发展政策提供建议；可以通过开展教育培训和科普宣传，增强公众的环保意识和参与积极性。科研院所的这些举措为绿色治理实践提供了有力的支持，有助于推动新质生产力的快速发展。

（四）以绿色经济体系为抓手

绿色经济体系作为推动国家实现治理体系和治理能力现代化的重要路径，对新质生产力的发展起着关键作用。

完善绿色财政政策。绿色财政和税收政策是政府履行生态治理职能的"有形之手"，通过公共资源配置和强制性规则塑造绿色发展底色。一方面，政府应制定更加全面的税收优惠方案，激励企业积极参与环保行为。例如，对投资环保项目、进行绿色技术创新的企业给予所得税减免等优惠政策，降低企业的税收负担，提升企业投资环保项目和进行技术创新的积极性。加大财政对环保领域的投入，提高环境补贴和奖励力度。可以设立专项环保资金，用于支持企业的环保技术研发、生态保护项目等。例如，对采用清洁能源技术的企业给予补贴，鼓励企业减少对传统能源的依赖。另一方面，建立健全环境补贴和奖励机制，对在环保方面表现突出的企业进行奖励。比如，对实现节能减排目标的企业给予资金奖励，表彰其在环保方面的贡献，激励更多企业积极参与环保行动。通过这些措施，鼓励企业投资环保项目和技术创新，推动新质生产力的发展。

优化绿色金融政策。绿色金融政策是市场配置资源的"无形之手"，通过价格机制和资本流动激发微观主体活力。建立统一的绿色金融标准和分类体系，明确绿色金融的定义、范围，减少信息不对称风险。金融机构可以根据统一标准对绿色项目进行识别和评估，提升绿色金融市场的透明度和规范性，鼓励金融机构开发创新的绿色金融产品和服务来满足不同企业和项目的融资需求；通过推出绿色债券、绿色信贷、绿色保险等金融产品，为绿色产业提供多元化的融资渠道。加大对绿色产业的信贷支持力度，引导金融资源流向绿色领域，通过降低绿色产业的贷款利率、放宽贷款条件等措施，提高绿色产业的融资可得性。健全绿色金融监管体系，设立专门机构引导和监督绿色金融市场良性发展，加强对绿色金融产品和服务的监管，确保资金真正用于绿色项目，防范金融风险。

推进绿色经济发展领域的立法工作。推进绿色经济发展领域的立法工作，为绿色经济体系的发展提供法律保障，通过制定相关法律法规，明确企业在环保方面的责任和义务，规范绿色产业的发展。在有法可依的前提下，使绿色经济的实际效能充分释放；加强对绿色经济政策的执行和监督，确保各项措施得到有效落实，不断助推新质生产力发展。

综上，通过完善绿色财政和税收政策、优化绿色金融政策、推进绿色经济发展领域立法工作，以绿色经济体系为抓手，为新质生产力的发展提供有力支持。

二、新质生产力推动绿色发展的表现

在全球迈向绿色可持续发展的关键时期，新质生产力作为创新驱动发展的强劲引擎，正深刻重塑着经济与环境协同共进的格局。

（一）打破资源瓶颈

新质生产力产生于中国现代化发展需求迫切与资源环境约束日趋缩紧的现实状况中。在这样的背景下，新质生产力具有重大的意义。它具有促进经济社会可持续发展的资源节约价值，对自然资源的高效利用不仅影响着当前经济发展，更与人类社会的存续息息相关。马克思在《德意志意识形态》中论述了自然资源与人类社会代际发展的关系，强调前一代的生产力、资金以及资源环境条件会预先规定新的一代的生活条件。可见，新质生产力对于实现自然资源的可持续利用和人类社会的永续发展至关重要。

新质生产力的作用一方面体现在以技术成果推动劳动资料迭代升级，减少自然资源消耗，推动传统产业转型升级。积极引导大数据、人工智能、物联网等前沿科技对传统物质生产部门赋能，例如，晋能控股塔山矿通过智能化建设，实现了从"无人"自动化到"类人"智能化的转变，全面感知、实时互联、动态预测、协同控制的煤炭生产体系已初具雏形，在推动"减人、增安、提效"的同时，通过数字化手段重塑生产经营管理方式，降低了对自然资源的消耗。晋控电力长治发电公司通过生产过程智能优化控制，结合大数据分析等技术，建成了智能型电厂，降低机组煤耗，实现了传统产业的转型升级。另一方面，整合科技创新资源，打造"硬科技"，破除资源瓶颈，实现自然资源的可持续利用和人类社会的永续发展。江苏省坚持创新引领，能源产业转型升级不断涌现新亮点新成就，从煤炭绿色开发利用到非常规天然气增储上产，从电力外送到现代煤化工示范、煤基科技创新成果转化，技术创新加速催生新动能、能源革命助力发展新质生产力。晋能控股作为江苏省最大的省属骨干企业，强化技术支撑，持续加大科技研发投入，聚焦共性难题并开展攻关，加快产业转型，煤矿先进产能占比达 90% 以上，加速建设高效煤电、清洁能源项目，构建多元、清洁、低碳、可持续的新型能源体系。潞安化工从技术改造和技术创新上双向发力，不断打破生产技术"瓶颈"，加快节能技术升级，在煤炭清洁利用领域积极进行技术创新，构建清洁低碳、安全高效的能源体系。

（二）促进低碳转型

新质生产力具有促进自然生产力与社会生产力相统一的环境保护价值。习近平总书记强调"绿色发展是高质量发展的底色，新质生产力本身就是绿色生产力"。这一论述深刻揭示了新质生产力与环境保护的紧密联系。新质生产力打破了传统生产力发展观念中人与自然主客二分的思维定式，不再将自然仅仅视为人类索取资源的对象，而是将其视为与人类社会生产力相互依存、相互促进的重要组成部分。传统生产力发展观往往过分强调社会生产力，忽视自然生产力的作用，而新质生产力理论继承和发展了马克思对生产力的科学理解，强调"生态就是资源、生态就是生产力"。保护生态环境就是保护生产力，改善生态环境就是发展生产力。新质生产力对自然资源的高效利用，不仅有助于当前经济发展，更关系到人类社会的存续。

新质生产力以绿色产业推动经济社会全面绿色低碳转型，实现环境保护与人类发展的真正统一，引导绿色低碳的理念、技术、标准贯穿于现代产业发展始终。在全国范围内，新质生产力加快发展，绿色低碳转型提速。2024年前三季度税收数据显示，我国新质生产力加快成长，数实融合日益深化，绿色低碳加快发展，新能源产业增长较快。生态保护和环境治理业销售收入同比增长，新能源、节能、环保等绿色技术服务业销售收入也呈现增长态势，清洁能源产业保持较快增速。

（三）创造绿色消费

新质生产力不仅代表技术进步，还包含生产关系和生产要素的优化配置，通过不断创新，创造新需求，为消费增长带来新动能。在消费领域，新质生产力能够推动新供给与新需求实现高水平动态平衡，以科技创新为主导，为消费者提供更优质的商品和服务。例如，华为技术有限公司展示的全屋智能场景，为消费者带来了智慧、安全、舒适便捷的体验，促进了新型家居消费；科大讯飞展区的多款搭载讯飞星火大模型的产品，满足了消费者对智能办公和生活的需求。

新质生产力以促进人的自由全面发展为终极目标，强调发展的质量导向。随着人类社会文明的不断发展，人民的生活需要也不断展现出更为丰富的内涵，逐步从单一的物质文明需要，发展出精神文明需要、生态文明需要等更高层级的内容。新质生产力引导社会生活方式和消费方式的绿色转型，提升人民群众的生活品质和价值追求。例如，在旅游市场，以科技和文化为代表的新质生产力孕育着旅游业高质量发展的新动能。随着人工智能、先进制造、数字化等在文旅市场的广泛应用，众多旅游新业态也不断涌现。如大唐不夜城的虚拟现实沉浸式体验项目"唐朝诡事录"，通过数字化产品激活了文旅消费新动能，推动新质生产力进一步提质增效，彼此相互促进形成良性循环。在消费市场，新质生产力能推动消费行业朝着绿色低碳、高端化发展。2024 年两会期间，"绿色发展是高质量发展的底色，新质生产力本身就是绿色生产力"这一观点达成了广泛共识，利用高科技、高效能、高质量的新质生产力，企业可以有效解决消费品生产链路中的环境污染和资源约束问题。从消费者端来看，随着环保意识的日益增强，消费者也更加愿意为绿色产品"买单"。如今，从新能源汽车到清洁能源，从环保建材到循环经济，绿色消费让消费市场增加了新成色，也体现了新质生产力带来的消费升级。

第三章 国内外绿色发展的经验借鉴

习近平总书记指出，绿色发展和可持续发展是当今世界的时代潮流，中国经济要适应"新常态"。在全球绿色发展的浪潮中，国内外均积累了丰富且极具价值的经验。国内外这些绿色发展经验表明，政策引导、技术创新、产业转型及理念转变是推动绿色发展的关键要素，为其他地区在制定绿色发展战略、规划绿色发展路径以及构建绿色发展体系时提供了可借鉴的有益参考，有助于全球携手共进，共同应对环境挑战，实现可持续的绿色繁荣。

第一节 德国工业 4.0 与绿色发展

随着信息技术的飞速发展，全球制造业正面临着深刻的变革。德国作为世界制造业强国，率先提出了工业 4.0 战略，旨在通过智能化、网络化和信息化的融合，提升德国制造业的竞争力，实现制造业的转型升级。德国工业 4.0 的提出不仅对德国经济的发展具有重大意义，也对全球制造业的未来走向产生了深远影响。

一、德国工业 4.0 战略概述

德国作为欧洲主要的经济体之一，一直以来都致力于制造业的发展。然而，随着全球化和信息技术的快速发展，传统制造业模式逐渐面临挑战。为了应对这一挑战，德国政府在 2011 年提出了工业 4.0 战略。德国工业 4.0 是指利用信息物理系统（Cyber-Physical Systems，CPS）将生产中的供应、制造、销售信息数据化、智慧化，以实现快速、有效、个人化的产品供应，其主要特点包括高度自动化、智能化、个性化生产，以及实现生产过程的实时监控与优化。德国工业 4.0 的目标是提升德国工业的全球竞争力，保持其在制造业领域的领先地位[6]。

德国在推动工业 4.0 与绿色发展方面采取了一系列政策举措。首先，德国将供应链安全问题上升至国家战略高度。例如，德国出台《国家工业战略 2030》，强调保持一个闭环的工业增值链，这有助于增强基本材料的生产到制造加工等各环节的抗风险能力，也能帮助供应链实现或扩大竞争优势。同时，2023 年德国首次发布的《国家安全战略》明确提出，综合安全政策体现在供应链的安全可靠性等方面，多次提到应维护关键原材料、关键基础设施、能源等领域的供应链安全。为保障能源领域安全，德国更新《国家氢能战略》，认为氢能供应安全有助于帮助德国在 2045 年实现碳中和目标。其次，德国通过经济外交构建多元化供应链网络。早在默克尔政府时期，德国就意识到减少对单一供应链依赖的重要性，默克尔任内多次出访寻求供应链国际合作。朔尔茨执政后，加速推动供应链安全国际合作，签订政府间合作协议，寻求在天然气、氢能、太阳能、锂矿等能源、原材料领域加强合作，不断扩大德国的供应链网络。然后，德国加大政策支持促进供应链本土化。积极采取政策扶持、提供研发资金、购置补贴、税收优惠、政府采购等措施，鼓励制造业回流。例如，加快实施《国家工业战略 2030》，强化先进制造业发展布局，扶持机械、汽车、绿色科技、航空航天等 10 大重点工业领域发展。实施《量子技术行动计划》《人工智能行动计划》，政府提供研发资金，保障量子计算、人工智能等战略性产业发展。实施财政补贴计划，为光伏、半导体制造、电池制造等能源密集行业补贴工业电价。最后，德国支持中小企业安全发展，筑牢供应链根基。出台《中小企业战略》，制定《中小企业促进法》《中小企业研究与技术政策总纲》，成立各级中小企业促进机构，实施"中小企业中心支持计划"，资助企业创新研发，提高中小企业供应链弹性。

从马克思主义的观点来看，任何重大的经济社会现象都可以在生产力与生产关系、经济基础与上层建筑的辩证关系中得到深刻解释。德国工业 4.0 代表了生产力的巨大进步，智能化生产设备、物联网技术、大数据分析等先进技术的应用，极大地提高了生产效率、降低了生产成本、改善了产品质量。这体现了生产力的三个要素——劳动者、劳动工具和劳动对象的深刻变革。劳动者需要具备更高的知识和技能，以适应智能化生产的要求；劳动工具更加先进和智能化，大大提高了生产效率；劳动对象也更加多样化和个性化，满足了消费者的不同需求。随着生产力的发展，生产关系也必然发生相应的调整。德国工业 4.0 推动了企业组织形式的变革，更加注重合作与协同。企业之间的合作更加紧密，形成了供应链的网络化协同，同时企业内部的管理模式也更加扁平化和灵活化，以适应快速变化的市场需求。

德国工业 4.0 对经济基础产生了深远的影响，它推动了制造业的转型升级，提高了制造业的附加值和竞争力，也促进了新兴产业的发展，如工业互联网、智能物流等。这些变化将进一步影响国家的经济结构和经济发展模式。为了适应经济基础的变化，上层建筑也需要进行相应的调整。德国工业 4.0 推动了社会分工的进一步深化，智能化生产设备的应用使得生产过程更加专业化和精细化，企业之间的合作更加紧密，形成了更加复杂的产业链和供应链。这将进一步提高社会生产效率，但也可能导致部分劳动者的技能单一化，增加就业的不稳定性。德国工业 4.0 对人的发展既带来了机遇，也带来了挑战。一方面，智能化生产设备的应用将减轻劳动者的体力劳动强度，改善劳动者的工作环境和生活质量，同时，也为劳动者提供了更多的学习和发展机会，促进人的全面发展。另一方面，智能化生产设备的应用也可能导致劳动者的异化，使劳动者成为机器的附属品，在工作中失去创造性和主动性。

二、德国工业 4.0 与绿色发展的实践分析

科技创新在德国工业 4.0 绿色发展中起着关键作用。随着新一轮技术浪潮的到来以及国际科技竞争的加剧，德国敏锐地察觉到新机遇和新挑战，及时制定并推进工业 4.0 战略。在这个过程中，科技创新成为推动绿色发展的核心动力。一方面，先进的信息技术如物联网、大数据、人工智能等与制造业深度融合，为绿色发展提供了技术支持。例如，通过物联网技术，企业能够实现对设备、产品、原材料等制造领域因素和资源的信息物理系统连接，对现有工业生产目标、内容、流程和范式进行根本性变革，实现高技术、高质量、个性化定制等多维目标，同时提高能源利用效率，降低碳排放。大数据分析技术可以对海量生产数据进行深度挖掘，提取有价值的信息，支持决策优化与智能预测，帮助企业在生产过程中更好

地实现绿色发展。另一方面，科技创新催生了许多新的绿色产品和解决方案。如德国汽车业巨头大众集团推出的 ID.系列电动汽车，采用先进的电池技术和智能充电系统，实现零排放出行，这得益于科技创新在电池技术、智能互联等方面的突破。西门子公司推出的高效智能能源管理系统，通过物联网技术实现对能源的实时监测和优化分配，提高能源利用效率，这也是科技创新的成果。此外，科技创新还加速了创新成果的商业转化。德国企业紧跟新技术，通过建立健全知识和技术转化机制，使创新成果能够快速应用于实际生产中，为工业 4.0 绿色发展提供持续动力。例如，德国的中小企业"隐形冠军"通过广泛应用嵌入式软件，使产品具有记忆、感知、计算等功能，通过产品的智能化，大幅度提升产品附加值，同时实现绿色发展目标。据统计，截至 2018 年年底，德国已经有 300 多个重要项目得到资助并在运行之中，这些项目大多是科技创新与绿色发展的结合，为德国工业 4.0 绿色发展注入了强大动力。

德国在工业 4.0 绿色发展中的人才培养模式具有重要意义。德国工业 4.0 本质上是制造业在互联网基础上实现的智能化生产，这对职业技术从业人员的岗位布局、专业结构以及工作能力等多方面提出了新的要求。在人才培养模式方面，德国的"双元制"发挥了重要作用。"双元制"由职业学校（应用型大学）与企业通过理论与实践的紧密结合，共同培养适合工业 4.0 需求场景的应用型职业人才。它完全模拟工业 4.0 智能生产的具体解决方案，并且已形成了较为标准化的适应现代人才的培养模式。例如，在传统生产流程中，工业技师负责产品设计方案和质量的审核，对一般技术人员有绝对的指挥权，但在实施工业 4.0 之后，工业技师需要更强的协调和领导能力。受此影响，德国技师培训进行了相应变革，重点培养工业技师生产流程优化、新产品研发成本评估、企业人员规划及培训等能力。人才培养团队围绕智能制造趋势，结合自身实践，针对如何建立属于自己的创新体系，重构学校、科研院所、生产企业在交叉融合领域的组织体系和运行机制等进行深入讨论，注重将员工个人发展目标和企业商业目标进行深度融合，切实提升培训的针对性和有效性。这种人才培养模式为德国工业 4.0 绿色发展提供了坚实的人才支撑。此外，德国政府还重视国际创新合作中的人才培养。例如，2017 年 2 月德国政府实施的教育、科学和研究国际化战略把移民运动、数字化、欧洲研究区的继续发展、原有科研基地以外的新的全球创新中心等结合起来，并首次涉及职业教育国际化内容。2017 年，德国教研部为国际合作投入超过 8.5 亿欧元，为人才培养提供了资金支持。

国际合作对德国工业 4.0 绿色发展具有积极影响。顺利推进工业 4.0 战略不仅需要德国自身努力，还应借助和拓展与欧盟及其他国家的教育与科技合作。在政策层面，德国与其他国家签署了一系列合作协议，为工业 4.0 绿色发展提供了支持。例如，德国与中国在政策层面签署了《中德合作行动纲要》，强调了工业 4.0 对两国未来经济发展的重要性，并承诺为参与该进程的企业提供政策支持。两国在智能制造标准化合作、企业开展务实合作等方面取得了显著成效。在技术合作方面，德国与其他国家共同开展项目研发，推动技术创新。例如，德国工业 4.0 应用平台、法国未来工业联盟和意大利国家工业 4.0 计划就生产数字化开展三方合作达成一致。德国政府发布指南，支持德国高校、科研机构和企业设立国际人工智能实验室，并给予每个获批项目为期三年不超过 500 万欧元的资助。国际合作还为德国企业拓展了市场空间。德国企业在环境技术和资源领域的世界市场占有率达 14%。全球对绿色产品、绿色生产过程和绿色服务的需求不断增长，德国供应商凭借其经验和准确定位在全球绿色经济扩张的大形势下获利颇丰。例如，欧洲和中国在当前和未来都是"德国制造绿色技术"最重要的销售市场。然而，国际合作也面临着一些挑战，如不同国家的技术标准和法规差异、知识产权保护等问题。德国需要在国际合作中积极应对这些挑战，加强与其他国家的沟通与协调，共同推动全球制造业的绿色转型。

三、德国工业 4.0 对我国绿色发展的启示

德国工业 4.0 强调绿色制造和可持续发展，通过提高资源利用效率、降低环境污染等措施，实现经济、社会和环境的协调发展，这符合马克思主义关于人与自然和谐共生的理念，也为全球可持续发展提供了有益的借鉴。

技术创新是绿色发展的核心驱动力。德国工业 4.0 的成功离不开先进技术如物联网、云计算、人工智能、大数据分析、机器人技术、3D 打印、数字孪生等的创新与应用。以新能源汽车为例，德国的博世展示了氢燃料电池的应用解决方案，通过全息投影技术分享自身覆盖开发供给端的氢能技术，为汽车行业的绿色发展赋能。同时，智能解耦制动系统可有效提升

续航里程并减少二氧化碳的排放。在中国，新能源汽车产业也在技术创新的推动下迅速崛起。2023 年我国新能源汽车产销量超 1 900 万辆，展现出强大的市场需求和发展动力。中国可以进一步加大对新能源汽车核心技术的研发投入，提高电池性能、续航里程和安全性，推动新能源汽车向更高端、更智能的方向发展。此外，在节能环保产品方面，技术创新也起着关键作用。中国可以加大对环保技术的研发和应用，降低环保技术的成本，推动节能环保产品的大规模应用。例如，发展绿色金融，加大对绿色产业的金融支持力度，构建符合绿色产业发展需求的金融体系，为节能环保产品的研发和生产提供资金支持。

在德国，政府积极支持和推动绿色发展，出台了一系列环保政策，如生态税改革、再生能源法等，大力鼓励企业和民众采用清洁能源，推动节能减排。德国企业在环保技术和清洁能源领域取得了令人瞩目的成就，如在太阳能电池、风力发电、电动车等领域进行了大量研发工作，推动了环保技术的快速发展，并且在国际市场上取得了竞争优势。同时，德国社会对绿色发展的支持也是绿色发展的重要组成部分。德国民众普遍意识到环境保护的重要性，愿意为环保事业做出努力。很多德国家庭都开始使用太阳能发电系统，购买电动车等，积极参与环保行动。德国的教育体系也非常重视环保教育，注重培养学生的环保意识和技能，促使更多的人加入到绿色发展的行列中。在中国，企业也在积极响应国家的绿色发展政策，加大对绿色产业的投入。例如，中国的专精特新中小企业在数字经济领域表现出色，已成为解决产业链中"卡脖子"问题的重要力量。中国可以鼓励中小企业走专精特新发展之路，实现精细化、精品化、特色化、新颖化的目标，成为特定领域的"隐形冠军"。社会公众的参与也对中国绿色发展起到了积极的推动作用。随着环保意识的增强，越来越多的人选择绿色出行、绿色消费，为中国的绿色发展贡献自己的力量。同时，社会组织也在积极开展环保宣传和教育活动，提升公众的环保意识和参与度。

第二节　美国绿色能源政策与绿色发展

绿色能源产业是一个新兴的产业领域，发展绿色能源可以创造大量的就业机会，如太阳能电池板制造、风力涡轮机制造、电动汽车生产、能源储存技术研发等方面的工作岗位。在全球绿色能源产业快速发展的背景下，美国积极实行绿色能源政策以推动本国绿色能源技术的研发，提升美国在绿色能源领域的产业竞争力，占据全球绿色能源市场的更大份额，促进经济的可持续发展。

一、美国绿色能源政策概述

全球气候变化问题日益严峻，极端天气事件频繁发生，给人类社会带来了巨大的挑战。美国作为全球重要的经济体，也深受气候变化的影响。海平面上升、森林火灾、飓风等自然灾害给美国的经济和社会造成了巨大的损失。在这种背景下，推行绿色能源政策成为美国应对气候变化的必然选择。绿色能源如太阳能、风能、水能等具有低碳、清洁的特点，其大规模应用有助于减少温室气体排放，缓解气候变化的影响。从经济角度来看，绿色能源产业具有巨大的发展潜力。一方面，绿色能源产业的发展可以创造大量的就业机会。据"劳工能源伙伴关系"分析，仅《通胀削减法案》的通过就有望在未来 10 年为美国创造 150 多万个就业机会。另一方面，绿色能源产业的发展可以带动相关产业的发展，如新能源装备制造、智能电网、电动汽车等产业。从能源安全角度来看，减少对传统化石能源的依赖，发展绿色能源可以降低能源供应中断的风险，增强国家能源安全保障能力。

拜登政府的绿色能源政策主要包括《2022 年通胀削减法案》等。该法案提出将在未来 10 年内通过对大公司征收 15% 最低企业税、开展处方药医保价格谈判、加大国税局执法力度等措施筹集 7 390 亿美元的联邦收入，用于支付能源安全和气候变化投资的 3 690 亿美元和延长平价医疗法案的 640 亿美元的联邦支出。具体包含五个方面的支出：降低消费者的能源成本、保障美国能源安全和国内制造业发展、实现经济去碳化、维护社区和环境公平、支持农村建设。此外，拜登政府还提出了在 2035 年实现无碳发电，2050 年实现碳中和的目标。美国各地方也在积极探索出台绿色能源政策。例如，加利福尼亚州确立在 2045 年实现 100% 的清洁能源目标，夏威夷州、华盛顿特区等也确定了类似的目标。此外，还有 10 个州的议会正在讨论 100% 清洁（可再生）能源发电目标的议案。这些地方政策的特色与创新在于，它们根据当地的实际情况，制定了具体的目标和措施，推动绿色能源的发展。

美国绿色能源政策的实施已经取得了一些初步成果。例如，2021 年美国太阳能和风能发电量增长了 15.96%，占美国发电量的八分之一以上。随着绿色能源的发展，能源供应的来源更加多样化，降低了对传统化石能源的依赖。同时，绿色能源的发展也推动了相关技术的创新，如光伏技术、风能技术、储能技术等。绿色能源政策对美国经济发展及就业市场产生了积极的影响。一方面，可再生能源产业的发展可以降低消费者支出。例如，安装了太阳能电池板并居住在净计量地区的家庭，电费会大幅减少；驾驶电动汽车每英里的成本不到驾驶燃油车的一半。另一方面，可再生能源产业的发展可以创造大量的就业机会。据国际可再生能源署《2023年可再生能源与就业》年度报告，2022 年全球可再生能源直接和间接就业岗位达到 1 370 万个，未来几年还将增加数百万个工作岗位。

二、美国绿色能源政策的实践分析

美国虽然是化石能源生产大国，但同时也是化石能源的消费大国，对进口石油和天然气的依赖度较高。国际能源市场的波动和地缘政治因素会影响美国的能源供应安全。绿色能源的来源广泛，包括太阳能、风能、水能、地热能等，不受地缘政治因素的影响。发展绿色能源可以减少美国对化石能源的需求，降低对进口能源的依赖，提高美国的能源自给能力和能源安全水平。

首先是海上风电的快速发展。美国海上风电项目虽然起步较晚，但近年来发展迅速。美国东北部沿大西洋近海区域被认为是发展海上风电的"理想区域"，这里拥有便于安装风力涡轮机的浅海大陆架、发达的港口和制造业产业以及靠近沿海人口和经济中心的地理位置。美国政府也推出了不少有利于可再生能源产业发展的利好政策，为海上风能开发提供了税收减免等诸多激励措施。然而，美国海上风电项目也面临着诸多挑战。高通胀和供应链挑战导致成本飙升，项目融资成本大涨，经济可持续性难以维系。劳动力短缺、陆上电网升级、利益团体发布虚假信息等因素也阻碍了美国的海上风电开发。此外，美国的海上风能开发所必需的配套基础设施建设及制造等辅助产业发展缓慢，并且立法要求财政补贴的前提是使用"美国制造"，也给海上风能开发制造了人为阻碍。从市场走势上看，由于美国天然气资源较为丰富，价格远低于欧洲和东亚地区，客观上压缩了海上风电开发的获利空间。正因面临诸多挑战，美国海上风电项目在艰难前行。

绿色氢储能项目建设。美国最大的绿色氢储能项目在加州建设，该项目结合了氢燃料电池和锂离子电池两种清洁能源技术，将成为美国最大的公用事业规模的绿色氢储能项目。这个公用事业规模的系统被称为 BH-ESS，旨在提供 293 MWh 的无碳能源，足以为 PG&E 公司 Calistoga 微电网的约 2 000 名客户供电。EnergyVault 将利用其 VaultOS™ 能源管理系统来监督、管理和优化 BH-ESS 的运营。该系统将氢燃料电池的长期储存与 B-VAULT™ 锂离子电池的特性相结合，在输电中断期间为孤岛微电网提供清洁、可靠和具有成本效益的备用电源。此外，B-VAULT™ 直流电池将提供即时响应和电网形成能力，确保在整个 PSPS 事件中稳定供电。该集成系统在使用时不会产生温室气体，符合加州可再生能源组合标准，并支持 PG&E 在 2040 年实现净零系统的目标。

稀土与煤炭共采的尝试。美国能源部尝试与煤炭一起开采稀土。新的研究表明，在犹他州和科罗拉多州的煤层上方和下方，稀土金属的含量有所上升。这项研究是与犹他州地质调查局和科罗拉多州地质调查局合作进行的，是能源部资助的碳矿石、稀土和关键矿物项目（CORE-CM）的一部分。这些新的发现将成为继续这项研究的额外 940 万美元联邦资金申请的基础。虽然这些金属对美国制造业至关重要，尤其在高端技术领域，但它们主要来自海外。美国能源部的国家能源技术实验室已经推出了三个试点规模的设施，从煤炭产品中生产少量混合稀土氧化物。包括美国大学研究人员团队在内的一些组织在能源部的资助下，正在开展从煤炭及其废物流中提取稀土的项目。能源和环境公司也在推进一些项目，这些项目可以挖掘煤炭和煤炭废料中的宝贵的稀土金属，这对发电商、煤矿运营商和采矿社区来说是一个潜在的福音，并得到了美国政府的支持。

国际合作的绿色之旅。来自美国加利福尼亚州的帕克·萨顿和艾迪逊·萨顿是双胞胎兄弟，两人对能源转型和可持续发展的相关议题兴趣浓厚。他们来到苏州，参观新能源小镇，走进零碳物流园和乡村，在华开启一场绿色低碳之旅。兄弟俩认为，青年交流有助于推动中美两国在环境保护和可持续发展领域深化合作。他们在苏州同里新能源小镇，亲身体验了各种新奇、有趣的新能源高新技术。试乘中国的新能源汽车后，艾迪逊·萨顿尤为兴奋，他在这里看到了解决气候变化问题的可行方案。兄弟俩的绿色之旅为中美两国在绿色发展领域的合作提供了启示，也展示了国际合作在推动全球可持续发展中的重要性。

三、美国绿色能源政策对我国绿色发展的启示

在全球气候变化和环境恶化的背景下，绿色能源的发展已成为世界各国关注的焦点。作为世界上最大的经济体之一，美国的绿色能源政策对其他国家具有重要的借鉴意义。

一是在政策制定上的启示意义。美国在绿色能源政策方面进行了系统谋划和总体部署，将经济安全、气候安全、能源安全统筹考虑。我国可以借鉴这一思路，从国家战略层面制定绿色发展政策，将绿色发展与经济增长、环境保护、能源安全等紧密结合起来。例如，制定长期的绿色发展规划，明确各阶段的目标和任务，为绿色发展提供明确的方向和指导。同时，加强各部门之间的协调与合作，形成政策合力，共同推动绿色发展。美国政策中的量化指标明确了绿色发展的具体目标和要求，具有很强的可操作性。我国可以借鉴这一做法，制定明确的量化指标，如可再生能源在能源消费中的占比、碳排放减少目标等。例如，我国已设定到 2030 年可再生能源在能源消费中的占比达到 30%，到 2050 年达到 50% 的目标；设定到 2030 年碳排放强度比 2005 年下降 65%，到 2050 年实现碳中和的目标。这些量化指标可以为政府、企业和社会公众提供明确的行动指南，促进绿色发展目标的实现。

二是在市场机制上的启示意义。美国的绿电市场分为合规市场和自愿交易市场，两种市场模式相互补充，为绿色电力的发展提供了有力的支持。我国可以借鉴美国的经验，建立健全绿电市场机制。在合规市场方面，制定可再生能源配额制，明确电力供应商的绿电供应比例要求，对不能按时履约的责任主体进行惩罚。同时，建立绿证交易制度，促进可再生能源的开发和利用。在自愿交易市场方面，鼓励企业和居民根据自身需求自愿购买绿色电力，通过公用事业绿色定价、绿色电费、自愿购电协议等

方式，为消费者提供多样的绿电采购渠道。美国建立了两类绿电追踪系统，有效地加强了绿色电力市场的管理与监督。我国可以借鉴美国的经验，建立完善的绿电追踪机制。一方面，建立以绿电交易合同为基础的追踪系统，记录绿电的生产、交易和消费过程，确保绿电的来源和去向清晰可查。另一方面，建立以绿证编号为基础的追踪系统，实现绿证的唯一标识和追踪，防止绿证的重复计算和滥用。通过完善绿电追踪机制，可以提升绿色电力市场的透明度和公信力，促进绿色电力市场的健康发展。

三是在科技创新推动上的启示意义。美国在绿色能源技术研发方面投入巨大，通过提供研发经费、示范补贴、减免税款、贷款等方式激励发电企业利用可再生能源生产绿色电力。我国可以借鉴美国的经验，加大对绿色能源技术研发的投入力度。政府可以设立绿色能源技术研发专项资金，支持企业和科研机构开展绿色能源技术创新。同时，制定优惠政策，鼓励企业加大研发投入，提高绿色能源技术水平。例如，对绿色能源技术研发企业给予税收优惠、贷款贴息等支持；对采用绿色能源技术的项目给予补贴和奖励。美国在绿色能源人才培养方面形成了一套完善的模式，为绿色发展提供了智力支持。我国可以借鉴美国的经验，加强绿色能源人才培养。一方面，加强高校绿色能源相关专业建设，培养一批具有扎实理论基础和实践能力的绿色能源专业人才。例如，开设可再生能源工程、能源管理、环境科学等专业，加强课程体系建设和增设实践教学环节，提高学生的专业素养和实践能力。另一方面，加强企业与高校、科研机构的合作，开展产学研一体化人才培养。企业可以为高校和科研机构提供实践基地和研究课题，高校和科研机构可以为企业培养和输送专业人才，实现人才培养与企业需求的有效对接。

第三节 深圳绿色创新发展模式

深圳，作为中国改革开放的前沿阵地，一直以来都是经济发展的排头兵。为了实现可持续发展，深圳积极推进绿色创新发展模式，旨在构建一个更加和谐、可持续的城市生态系统。

一、深圳绿色创新发展模式概述

随着全球对环境保护和可持续发展的日益重视，深圳作为中国的创新之都和经济特区，积极响应国家战略，致力于探索绿色创新发展之路。同时，深圳面临着资源环境约束、产业转型升级等挑战，也迫切需要通过绿色创新来实现高质量发展。

首先，推进绿色创新发展模式是深圳响应国家生态文明建设号召的具体体现。随着全球气候变化和环境恶化问题的加剧，绿色发展已成为国际社会的共识。作为中国的一线城市，深圳有责任也有义务在绿色发展方面做出表率，通过创新驱动，推动产业结构优化升级，减少环境污染，保护生态环境。其次，绿色创新发展模式有助于深圳提升城市竞争力。在全球新一轮科技革命和产业变革中，绿色低碳技术成为重要的发展方向。深圳通过发展绿色产业，不仅可以减少对传统能源的依赖，降低生产成本，还能开拓新的市场空间，吸引高端人才和先进技术，从而增强城市的核心竞争力。再次，推进绿色创新发展模式有利于改善市民的生活质量。随着生活水平的提高，人们对美好生活的向往不再局限于物质层面，更加注重健康和环境的改善。深圳通过推广绿色建筑、绿色交通、绿色消费等，可以有效改善城市居住环境，提供更加健康、舒适的生活条件，满足市民对美好生活的追求。最后，绿色创新发展模式是深圳实现长远发展的必然选择。面对资源约束趋紧、环境污染严重、生态系统退化等严峻挑战，传统的发展模式已难以为继。深圳必须转变发展方式，走绿色发展之路，才能实现经济社会的全面协调可持续发展。

深圳绿色创新发展模式的推进过程主要经历了以下几个阶段：

从20世纪80年代至90年代末是初步探索阶段。这一时期，深圳开始制定一些初步的环保政策和法规，如对工业企业的排污进行限制和监管，推动企业加强环境管理。在产业发展方面，深圳开始有意识地引导产业向技术含量较高、环境污染较小的方向转型。例如，电子信息产业逐渐崛起，在一定程度上替代了一些高污染、高耗能的传统产业。

从2000年至2010年是稳步推进阶段。深圳政府出台了一系列更加系统的绿色发展政策，涉及节能减排、资源循环利用、生态保护等多个方面。比如，制定了鼓励企业开展清洁生产的政策，对达到清洁生产标准的企业给予奖励和支持；加强了对城市垃圾处理、污水处理等环保基础设施的建设和管理。深圳加大了对绿色技术研发的投入，在新能源、节能环保等领域取得了一些技术突破。例如，太阳能光伏技术、新能源汽车技术等开始逐步应用，一些企业开始尝试建设绿色工厂，采用节能环保的生产工艺和设备。同时，深圳开始推广绿色建筑理念，制定了绿色建筑标准和评价体系，鼓励建设单位在建筑设计、施工和运营过程中采用绿色建筑技术和材料，提升建筑的能源利用效率和环保性能。

2011 年至 2020 年是快速发展阶段。深圳将绿色低碳产业列为重点发展的战略性新兴产业之一，加大了对清洁能源、节能环保、新能源汽车等产业的扶持力度。通过政策引导、资金支持、产业园区建设等方式，吸引了大量的企业和项目落地，绿色产业规模不断扩大。公共交通系统得到进一步优化，地铁网络不断扩展，新能源公交车和出租车的比例逐渐提高，减少了交通领域的碳排放和环境污染。同时，深圳还积极推广智能交通系统，提高交通管理的效率和智能化水平。同时，加强了对河流、湖泊、海洋等生态环境的治理和保护，开展了一系列的生态修复工程，如深圳湾的生态修复、茅洲河的治理等，城市的生态环境质量得到了显著改善。

2021 年至今是全面深化阶段。深圳积极响应国家碳达峰碳中和目标，制定了碳达峰实施方案和减污降碳协同增效实施方案，明确了绿色低碳发展的目标和路径，加强了对碳排放的监测和管理，推动企业开展碳减排行动。此外，深圳在绿色金融领域进行了积极探索和创新，出台了一系列支持绿色金融发展的政策，鼓励金融机构开展绿色信贷、绿色债券、绿色保险等业务，为绿色产业发展提供了有力的金融支持。通过宣传教育、示范项目推广等方式，提升了全社会的绿色发展意识和参与度。企业也更加积极地履行社会责任，开展绿色生产和经营活动，市民的绿色消费意识不断增强，绿色生活方式逐渐普及。

二、深圳绿色创新发展模式的实践分析

第一，绿色产业领军企业。深圳在绿色低碳产业中拥有众多领军企业，如比亚迪。比亚迪以其在新能源汽车领域的卓越表现成为行业翘楚，其核心竞争力在于强大的技术研发能力和完整的产业链布局。比亚迪掌握了电池、电机、电控等核心技术，实现了从原材料到整车制造的全产业链覆盖。在电池技术方面，不断创新突破，推出了高安全性、高能量密度的刀片电池，大大提升了新能源汽车的续航里程和安全性。同时，比亚迪积极拓展海外市场，其新能源汽车在全球多个国家和地区受到广泛欢迎。欣旺达也是深圳绿色低碳产业的领军企业之一。欣旺达在动力电池领域表现突出，其核心竞争力在于先进的生产工艺和严格的质量控制。公司拥有高

度自动化的生产线，能够确保产品的一致性和稳定性。此外，欣旺达注重技术创新，不断投入研发资金，提升电池的性能和寿命。在储能领域，欣旺达也取得了显著成果，为全球能源存储提供了可靠的解决方案。

第二，中小企业的创新活力。中小企业在深圳绿色创新发展中发挥着重要作用。以深圳长石新能源为例，作为中小企业，它始终坚持环保理念，将绿色创新作为企业发展的核心动力。公司汇聚了一批业内顶尖的专家和学者，不断攻克技术难题，在新能源技术方面取得了显著成果，如成功研发出高效的光伏发电技术、风力发电技术以及储能技术等。中小企业的竞争优势在于灵活性和创新能力。它们能够快速响应市场需求，推出个性化的产品和服务。同时，中小企业在技术创新方面更加积极主动，敢于尝试新的技术和商业模式。例如，卫邦科技在配药机器人领域实现了从0到1的突破，目前在国内配药机器人领域的市场占有率第一。亚辉龙专注于体外诊断领域的研发与创新，打破了国外巨头在吖啶酯直接化学发光领域的技术垄断，成长为国产化学发光领导品牌之一。

第三，区域竞争与合作。与国内其他城市相比，深圳在绿色创新发展方面具有明显优势。首先，深圳的绿色低碳产业规模处于全国领先地位。数据显示，2022年深圳市绿色低碳产业增加值为1 731亿元，同比增长16.1%。宝安绿色低碳产业规模处于全市第一梯队，新能源领域具有较大优势，涌现出欣旺达、格林美、古瑞瓦特等一批行业领军企业。新能源、节能环保已形成千亿级产业集群。其次，深圳在绿色技术创新方面走在前列。深圳在节能环保、新能源等领域突破了诸多关键技术，如星汇节能环保科技有限公司的太阳能加热背包和可拆卸太阳能充电背包专利，以及广东省中能环保科技有限公司的"矛盾水"技术。最后，深圳在绿色建筑方面也取得了显著成就，绿色建筑建设规模超过1.6亿平方米，绿色建筑规模和密度位居全国首位。然而，深圳也面临一些挑战。与一些资源丰富的城市相比，深圳在自然资源方面相对匮乏，这在一定程度上限制了某些绿色产业的发展。例如，在可再生能源领域，深圳的太阳能、风能等自然资源相对有限，需要更多地依赖技术创新和外部资源合作[7]。

第四，国际合作与竞争。在国际绿色创新领域，深圳积极开展合作与竞争。一方面，深圳与"一带一路"共建国家建立了绿色低碳发展合作机制，携手推动绿色发展。例如，深圳天源新能源股份有限公司的光伏扬水灌溉系统在孟加拉国安装使用，推动了当地光伏水利工程的应用。台铃科技集团有限公司的电动两轮车试点项目在泰国启动，加速推进当地绿色交通发展。另一方面，深圳在国际市场上面临着激烈的竞争。与欧美等发达国家相比，深圳在绿色技术标准制定、品牌影响力等方面还存在一定差距。例如，在新能源汽车领域，虽然比亚迪等企业在全球市场取得了一定份额，但与特斯拉等国际品牌相比，在品牌知名度和技术创新方面仍有提升空间。为了提升在国际绿色创新领域的竞争力，深圳应继续加强技术创新，提升产品质量和服务水平；同时，积极参与国际标准制定，增强品牌影响力，拓展海外市场。加强与国际组织和其他国家的合作，共同应对全球气候变化挑战，实现可持续发展。

三、绿色发展的启示

首先，科技创新是深圳绿色创新发展的核心驱动力。在深圳，科技创新成果广泛应用于各个领域，为绿色发展提供了强大支撑。例如，在绿色建筑领域，科技创新推动了建筑设计、施工和运营的智能化、绿色化。通过采用先进的建筑信息模型（BIM）技术，实现了建筑全生命周期的数字化管理，提升了建筑的能源利用效率和可持续性。同时，新材料、新技术的研发和应用，如高性能保温材料、太阳能光伏板等，进一步提升了绿色建筑的性能和品质。在新能源领域，科技创新促进了能源结构的优化和转型。深圳的企业不断加大对新能源技术的研发投入，取得了一系列重大突破。如深圳长石新能源公司在石墨烯技术领域的创新，不仅提高了太阳能电池板的转换效率，还实现了废热的回收利用，为新能源的高效利用开辟了新途径。此外，科技创新还推动了智能电网、储能技术等领域的发展，增强了能源的稳定性和可靠性。科技创新不仅带来了技术上的突破，还促进了产业的升级和转型。深圳的绿色低碳产业在科技创新的驱动下，不断向高端化、智能化、绿色化方向发展。例如，新能源汽车产业通过技术创新，优化了产品的性能和品质，降低了生产成本，增强了市场竞争力。同时，科技创新还催生了一批新兴产业，如能源互联网、分布式能源等，为深圳的经济发展注入了新的活力。

其次，深圳在绿色创新领域高度重视人才培养与引进。一方面，深圳积极探索创新型人才培养的路径。在基础教育阶段，深圳通过课程改革、创客教育等方式，培养学生的创新意识和实践能力。例如，中国科学院深圳先进技术研究院实验学校通过博士进课堂等形式，让学生感知科学的神奇与魅力。同时，深圳市教育局印发了一系列文件，从创客课程、环境、学习、教师队伍、文化等多方面协同推进中小学生创新意识的培养。在高等教育阶段，深圳的高校也展开了一系列行之有效的探索与实践。南方科技大学在全国大众创业万众创新活动周上，其毕业生的创业项目入选重点项目，受到关注。另一方面，深圳采取多种措施引进创新人才。深圳突出市场化持久激励，建立健全市场化专业化国际化人才评价机制。坚持"创新成果越多、经济贡献越大、奖励补贴越多"，发挥税收"杠杆"调节作用，优化升级产业发展与创新人才奖。全面落实粤港澳大湾区个税优惠政策，自从启动申报受理以来，全市共补贴境外人才 3 000 余名、金额逾 10 亿元。同时，创新引才引智方式方法，设立人才伯乐奖，对成功引进高层次人才和团队的企事业单位、人才中介组织等，给予最高 300 万元的高层次人才引进奖励。组建国有全资的人才集团和千里马国际猎头公司，帮助 350 家企业猎聘 1 500 多名高级人才。此外，搭建国际交流平台揽才，推动海内外高水平大学、科研机构与深圳合作，举办中国国际人才交流大会、深圳全球创新人才论坛、全球招商大会等，吸引一大批全球优秀人才来深创新创业，形成"活动揽才、赛事聚才"良好局面。

再次，绿色文化氛围营造。深圳通过多种方式营造绿色文化氛围，增强公众环保意识。在政府层面，积极开展节能宣传周等活动。例如，龙岗区机关事务管理局联合区发改局共同举办 2020 年公共机构节能宣传周活动，以达到厉行节约、共享资源和广泛宣传的目的。活动期间，在管辖的 20 栋物业大楼张贴节能宣传主题海报，向各街道、区直各单位共发出宣传海报 310 余份。同时，在区府大院和海关大厦东、西座摆放主题宣传展板，并充分利用食堂、大厅、会议室的 LED 电子屏滚动播放节能宣传主题和宣传短视频。此外，还通过线上答题活动，吸引公众参与，派发宣传小礼品。在社会层面，深圳的企业和社会组织也积极参与绿色文化建设。例如，广东移动在深圳打造"基于 5G 广域专网打造垃圾分类示范城市"项目，通过在生活垃圾分类投放点覆盖 AI 摄像头，实现生活垃圾"大分流细分类"数据在市区街三级的流畅交换、协同共享，助力垃圾分类参与率与准确投放率双提升。同时，深圳还通过举办各种绿色低碳活动，如"一带一路"绿色创新大会、绿色发展科技创新对话—产融对接活动等，进一步提升公众对绿色发展的认知和参与度。

最后，公众参与深圳绿色创新发展的渠道及方式日益多样化。一方面，公众可以通过参与政府组织的活动来表达自己的意见和建议。例如，在新版《深圳市立体绿化实施办法》发布后，虽然自家阳台种花养草目前不纳入补贴范围，但不少市民积极参与绿化工作，体现了公众对城市绿色发展的关注和支持。另一方面，公众可以通过社会组织和企业的平台参与绿色创新发展。例如，广东移动在佛山为佛山市生态环境局提供视频存储和 AI 管理服务，通过科技赋能确保相关数据精准快速传输，有效防止污染排放企业篡改数据，推动视频数据和行政执法信息归集共享和有效利用，实现城乡风险监测预警"一网统管"。公众可以通过关注这些项目，积极参与环境监测和保护工作。同时，公众还可以通过社交媒体等渠道，传播绿色理念，倡导绿色生活方式，为深圳的绿色创新发展贡献自己的力量。

第四节　杭州生态城市建设经验

杭州作为浙江省的省会城市，拥有得天独厚的自然条件和丰富的生态资源。近年来，杭州市委市政府高度重视生态城市建设，秉持"绿水青山就是金山银山"的发展理念，致力于构建人与自然和谐共生的现代化美丽杭州。

一、杭州生态城市建设概述

随着城市化进程的加速，杭州面临着诸多挑战。人口的快速增长带来了交通拥堵、环境污染等问题。数据显示，2019 年年末杭州全市常住人口达 1 036 万人，一年新增 55.4 万人，相当于青田一个县城人口。在这样的背景下，建设生态城市具有重大意义。

第一，建设生态城市是提升杭州城市综合竞争力的战略举措。良好的生态环境是杭州极具魅力和竞争力的独特优势和战略资源，吸引了更多的人才流入杭州，为城市的发展提供了人力资源保障。例如，杭州作为数字经济第一城，为有梦想的人提供了更强的"钞能力"，成了年轻人心中的梦想之城。这里集聚了大量新兴产业，以及先进生产性服务业，城市财力全国第四，平均薪酬也位居全国第四，人均存款位居全国第三，人均消费支出全国第一。同时，人才的聚集又进一步促进了城市的经济发展和创新能力的提升。生态城市建设创造了良好的生态环境，有助于可持续发展，对绿色产业和创新企业具有极大的吸引力。例如，在杭州，随着生态环境的不断改善，越来越多的新能源、节能环保、生物技术等绿色产业企业纷纷入驻。这些企业带来了先进的技术和创新的理念，为杭州的经济发展注入了新的活力。

第二，建设生态城市是实现人与自然和谐发展的必然要求。历史经验表明，当人类与自然关系和谐之时，自然总会为人类提供良好的发展环境。杭州地处江南水乡，拥有西湖、西溪湿地、钱塘江等丰富的自然资源。这些自然资源不仅是杭州的独特景观，也是生态系统的重要组成部分。建设生态城市可以更好地保护这些自然资源，确保其可持续利用。例如，西湖作为杭州的标志性景点，其生态环境的保护对于杭州的城市形象和旅游业发展至关重要。生态城市建设可以加强对西湖水质的治理、周边植被的保护以及生态系统的修复，让西湖更加美丽动人。此外，生态城市建设致力于打造舒适、宜居的生活空间，在生态建设方面采取了一系列措施。杭州通过加强城市绿化、改善空气质量、治理水污染等措施，可以为居民提供更加清洁、优美的生活环境。自 2001 年起，杭州开始实施大气环境综合整治，对市区范围内的污染型工业、施工场所、餐饮酒店等进行整顿治理，重点加强了建筑施工、道路施工、渣土运输等的扬尘污染控制，划定"禁燃区"，开展了机动车尾气污染防治和市区餐饮油烟废气专项整治等大气污染防治行动。当然，生态城市建设需要全社会的共同参与，这就需要传承和弘扬生态文化。杭州有着悠久的历史和丰富的文化底蕴，其中也包含着许多生态文化的元素。建设生态城市可以挖掘和传承这些生态文化，增强居民的生态意识和环保观念。例如，通过举办生态文化活动、开展生态教育等方式，让居民了解生态城市建设的重要性，积极参与到生态城市建设中来。同时，生态文化的传承也可以为杭州的城市发展注入新的活力，提升城市的文化品位。

总之，建设生态城市对于杭州来说至关重要，它不仅能够提升城市综合竞争力，还能实现人与自然的和谐发展，为杭州当代人民乃至子孙后代谋福祉。根据杭州市出台的新一轮《新时代美丽杭州建设三年行动计划（2023—2025 年）》，杭州将继续深化生态城市建设，设立生态保护、环境改善、绿色发展、宜居城乡、美丽人文、美好生活、治理体系 7 个方面 30 项指标，并制定了 9 大行动 35 项任务。未来，杭州将进一步提升生态环境质量，推动绿色发展，打造人与自然和谐共生的现代化美丽杭州。

二、杭州生态城市建设案例解读

第一，余杭区竹产业"碳"索。余杭区百丈镇作为浙江省首批低（零）碳试点乡镇，围绕"科学方法算碳、科技赋能管碳、绿色生活（生产）降碳、竹林经营增汇"的总体思路，积极探索生态产品价值实现路径。百丈镇与国网杭州市余杭供电公司签订战略合作框架协议，携手打造全域电力能源托管新模式，推动既有建筑光伏建设，完成主要道路 490 余盏路灯节能改造，预计可降低政府电费公共支出 10%，减少碳排放 6 780 吨，该做法成功入选"全市十大低碳应用场景"。开展竹林碳汇研究和森林生态系统 GEP 核算，结果显示全镇已提前实现碳中和，且全年碳盈余 3 万余吨，同时 GEP 总值达 22.01 亿元。百丈镇泗溪村完成全区首个整村竹林流转试点工作，流转后的竹林交由区属国有企业统一管护经营，实现抛荒竹林正常经营，不仅增强碳汇能力，还可为农户增收近 20 万元。百丈镇通过校地合作，首创村级尺度碳排放碳汇测算方法，目前碳排放碳汇测算已覆盖全镇 6 个村。对林地面积及森林类型进行区分和测算，不仅有助于摸清当地碳排放结构，还能为减排指明路径。开发完成经公证的全国首个毛竹笋碳足迹碳标签，赋能绿色低碳品牌价值，助力竹产业增收和生产降碳。通过提升竹制品知名度和附加值，竹林经营碳汇项目可实现竹林碳汇增量可持续经营和竹产品碳储量的市场交易，成为百丈共同富裕的重要支点。

第二，桐庐快递包装绿色品牌。桐庐是中国民营快递之乡，2022 年全国快递年业务量超 1 100 亿件，出自桐庐的"三通一达"占据 60% 以上市场份额。桐庐聚焦快递包装废弃物产生量大、检测能力不强、集采渠道不畅、回收利用率低等共性问题，围绕"源头生产绿色化、市场对接无缝化、末端治理规范化"的总体思路，充分利用快递品牌效应和快递配套产业集群优势，打造桐庐快递包装绿色品牌，走出一条绿色、低碳、可持续的共富道路。快递包装绿色品牌的打造贯穿于快递包装生产、销售、使用、末端治理等全产业链。在源头生产方面，实现绿色化，减少资源浪费和环境污染。在市场对接上，做到无缝化，提高资源利用效率。在末端治理方面，实现规范化，提升回收利用率。为高质量发展注入新动能，发展分拣设备、智能仓储、无人机（车）、装备交易等业态，加快行业技术创新试验和应用集聚，打造具有核心竞争力的特色产业集群。为"快递回归"提供新路径，为快递人回归提供新的产业投资平台，拓宽"快递回归"路径。为无废建设赋予新思路，成为桐庐"无废城市"建设的一张新名片。

第三，滨水生态城市公园建设。东湖防洪调蓄湖配套工程一期位于钱塘区江海之城核心区域，东至青六线，南至江东大道，西至国环一路，北至南沙大堤，项目水域面积约34.5万平方米，陆域面积约29.72万平方米，涵盖绿地面积约21.8万平方米，有景观桥梁3座、配套建筑4个。项目以公园城市为发展理念，以生态建设为核心，共分五大功能区块：东南岸为形象门户区，以"集散休闲"为重点，打造开放式、多层次的景观效果，集散广场和亲水水岸空间两大地标性亮点，同时布置城市阳台、树阵广场、草坪空间、体育运动等区域；西南岸为城市生态区，将打造为城市森林，大幅增加"城市绿量"，进一步丰富西岸天际线，设置多功能草坪、艺术花园等；西北岸为都市休闲区，打造沿湖岸而建的木质蜿蜒走廊，连接健身步道，给市民提供观赏自然与城市景观的休憩场所；北岸为湿地科普区，承接北部通惠湖，构建生态滨水系统，打造湿地科普教育基地，营造特色水上森林、成片芦苇地等纯林形式的植物组团；东北岸为社区活力区，紧邻未来社区，打造以邻里交流、儿童活动为主题的活力宜居水岸空间，建设花园长廊与儿童活动区域。滨水空间"样板段"位于北岸的湿地科普区，承接北部的通惠湖，以成林成片的观赏性植物为主，延续湿地风貌的野趣，还具备场地内水质涵养及气候调节等功能。"样板段"的建成，为钱塘区建设东湖景观工程提供了样本空间，将完善湾区门户、活力央区、未来之城的钱塘区形象。原东湖周边植被多样性程度较低，缺乏统筹设计，总体绿化较为粗放，观赏性不足。滨水空间"样板段"建成后，通过植物造景，适当运用留白手法，形成多样性、功能性集聚的生态空间，进一步助推东湖精彩蝶变。

三、杭州生态城市建设案对我国绿色发展的启示

首先是在生态经济发展上的启示。杭州围绕构建现代产业体系，积极推动产业结构优化升级，形成了"三二一"产业结构，为我国产业结构调整提供了明确的范例。我国其他地区可以借鉴杭州经验，加大对技术密集型产业的扶持力度，如电子信息、高端装备制造等。以杭州的长安福特汽车有限公司和浙江盘毂动力科技为例，企业通过持续投入技术改革和研发

创新，实现了产量增长和技术领先。各地可以结合自身优势产业，鼓励企业加大技术研发投入，提高产品附加值，推动产业向高端化、智能化、绿色化发展。同时，要注重培育专精特新企业，发挥其在产业链中的关键作用，提升产业整体竞争力。

杭州在发展生态经济上主要采取的是循环经济推广策略。杭州在循环经济方面的成功实践，如创新推出的"虎哥"模式和浙江虎哥"互联网+回收"模式，为全国推行清洁生产、发展循环经济提供了可借鉴的方法。一是政府应加大对循环经济的政策支持力度，制定相关激励政策，鼓励企业开展清洁生产和资源回收利用。例如，可以通过税收优惠、财政补贴等方式，降低企业开展循环经济的成本。二是要加强对资源回收利用企业的扶持，培育一批像"虎哥"这样的专业化回收企业，建立完善的回收网络和分类体系。三是利用现代信息技术，构建综合性数据平台，实现对回收、运输、分拣、处置等环节的全过程监控，提高资源回收利用效率。此外，还可以通过宣传教育，提升公众对循环经济的认识和参与度，形成全社会共同参与的良好氛围。

其次是在生态环境治理上的启示。杭州在西湖、西溪湿地、运河等自然景观保护与治理方面的成果，为我国其他地区提供了宝贵的经验。其他地区可以学习杭州的科学管理与规划，建立健全自然景观保护机制。例如，在保护自然景观的原真性和完整性方面，可以借鉴西湖的"水下森林"建设，优化水生态系统，改善水质。对于湿地保护，可以学习西溪湿地的成功做法，通过社区参与和教育、建设环保设施和监测系统等措施，达到保护生物多样性和环境教育的目的。同时，在推进大型生态工程建设时，要注重保护历史文化街区和历史建筑，防止对自然生态要素和历史文化要素多样性的破坏。此外，还可以加强与科研机构的合作，开展生态修复技术研究和应用，增强自然景观保护与治理的科学性和有效性。

杭州在进行生态环境治理时主要实施的是人居环境改善策略。杭州在提升人居环境方面的举措，为我国实现城市生态宜居提供了策略参考。一方面，要提高城市森林覆盖率和增加人均公园绿地面积，加强城市绿化建设。可以通过规划建设城市公园、绿道等，为市民提供更多休闲娱乐的好去处。同时，注重绿化的科学性和艺术性，提升绿化的观赏性和生态功能。另一方面，要利用数字赋能，提高生态环境治理水平。像杭州一样，建成空气卫士、秀水卫士等应用场景，加强对环境问题的实时监测和处置，提高环境治理效率。此外，还可以加强城市基础设施建设，提高公共服务水平，改善城市交通、供水、供电等条件，为市民创造更加舒适便捷的生活环境。

最后是在生态文化培育上的启示。杭州深入挖掘良渚文化、南宋文化、西湖文化、运河文化中的生态元素，为我国从传统文化中汲取生态智慧提供了范例。我国拥有丰富的传统文化资源，各地可以结合本地的历史文化特色，挖掘其中的生态思想和价值观念。例如，儒家的"天人合一"思想、道家的"道法自然"理念等，都可以为现代生态文化培育提供深厚的思想基础。通过开展传统文化生态思想的研究和宣传，将传统文化中的生态智慧融入现代生态文明建设中，提升人们对生态文化的认同感和归属感。同时，要注重传统文化与现代科技和管理方法的结合，推动生态文化的传承和创新，为生态文明建设注入新的活力。

杭州在培育生态文化时采取了以下三个措施：

一是推广生态文明创建活动。杭州通过多种方式开展生态文明创建活动，提高人们的生态道德水平，形成生态文明新风尚。其经验可以在全国范围内推广应用。政府应引导生态文化建设，鼓励企业事业单位、社会组织、个人等弘扬生态文化。通过多种渠道进行生态建设相关知识的宣传，如媒体文件刊发、广播电台、官方微信及生态环境宣传教育中心宣传等。组织公众开放日活动，邀请市民亲身体验、实地走访，增强公众对生态建设的参与感和责任感。同时，利用现代信息技术，如市民安装使用"身边的空气站"App，实现公众对环境污染的实时监督和反馈，提高环境治理的透明度和公众参与度。此外，还可以开展生态文明示范创建活动，评选生态文明建设先进单位和个人，树立榜样，推动全社会共同参与生态文明建设。

二是完善生态补偿机制。杭州的市域生态补偿机制切实加大了生态补偿力度，为我国建立健全生态补偿机制提供了借鉴。我国可以从以下几个方面完善生态补偿机制。一方面，明确生态补偿的主体和对象，确定补偿资金的来源和分配方式。政府应加大对生态建设和环境保护的专项资金投入，同时引导社会资本参与生态补偿。另一方面，建立科学的生态补偿标准体系，根据不同地区的生态功能和生态价值，确定合理的补偿标准。例如，可以参考杭州的生态补偿资金分配方法，通过合理设置因素法的因素及相应权重，向生态保护重点地区倾斜。此外，要加强对生态补偿资金的管理和监督，确保资金使用的透明度和有效性。建立生态补偿资金绩效评估机制，对资金的使用效果进行定期评估和调整，提高资金的使用效益。

三是探索多元化投融资体系和渠道。杭州建立了政府主导、社会参与、市场运作的投融资体系，为我国在生态建设中构建多元化投融资体系提供了途径。我国可以借鉴杭州的经验，加大政府对生态建设的投入力度，同时引导社会资本参与。政府可以通过制定优惠政策，如税收减免、土地优惠等，吸引社会资本投资生态建设项目。例如，在湿地公园建设中，可以像杭州钱塘大湾区省级湿地公园一样，成立工作专班，实行清单化管理，创新探索"林长+司法"湿地巡护联动机制，为社会资本参与提供良好的政策环境和保障机制。此外，还可以充分发挥市场机制的作用，推动生态资源的资产化和资本化，通过发行生态债券、设立生态基金等方式，拓宽生态建设的融资渠道。同时，要加强对投融资项目的监管，确保资金的安全和项目的顺利实施。

第四章 盐城绿色发展的背景分析

党的十八大以来，以习近平同志为核心的党中央把握世界发展大势、着眼我国发展全局，创造性提出创新、协调、绿色、开放、共享的新发展理念。在这些发展理念中，绿色发展是解决人与自然和谐共生问题的关键，也是建设人与自然和谐共生现代化的内在要求。国内外实践证明，高消耗、高排放、高污染的粗放发展方式不可持续。着眼于中华民族永续发展和全面建设社会主义现代化国家，必须牢固树立和坚持绿水青山就是金山银山的理念，扎实推进生态优先、节约集约、绿色低碳发展，实现更高质量、更有效率、更加公平、更可持续、更为安全的发展。

第一节 盐城概况

盐城自然生态资源得天独厚，湿地、海洋、气候、生物多样性等方面均表现出独特的优势和价值。这些资源不仅为盐城市的经济发展提供了有力支撑，也为生态保护和环境治理奠定了重要基础。

一、地理位置与地形地貌

盐城市市域全境为平原地貌，西北部和东南部地势较高，中部和东北部处于低洼地带，大部分地区海拔不足 5 米，最大相对高度不足 8 米。全市分为 3 个平原区：黄淮平原区、里下河平原区和滨海平原区。黄淮平原区位于苏北灌溉总渠以北，其地势大致以废黄河为中轴，向东北、东南逐步低落。废黄河海拔最高处 8.5 米，东南侧的射阳河沿岸最低处仅 1 米左右。里下河平原区位于苏北灌溉总渠以南，串场河以西，属里下河平原的一部分，总面积 4 000 余平方千米，该平原区四周高、中间低，海拔最低处仅 0.7 米。滨海平原区位于灌溉总渠以南，串场河以东，总面积为 7 000 余平方千米，约占全市总面积的一半，该平原区大致从东南向西北缓缓倾斜。无山地形对交通、农业等产业既有促进作用，也有一定的限制。在交通方面，无山地形使得盐城的交通建设相对容易，有利于公路、铁路、港口等交通基础设施的建设。盐城拥有便利的交通和发达的经济，海陆空交通便捷，基本形成高速公路、铁路、航空、海运、内河航运"五位一体"的立体化交通运输网络。然而，无山地形也使得盐城在交通发展中面临一些挑战。例如，缺乏山地的地形起伏，使得河流的流速相对较慢，在一定程度上影响了内河航运的效率。在农业方面，无山地形为农业发展提供了广阔的平原地带，有利于大规模的农业种植和机械化作业。盐城是江苏最大的农副产品生产基地，高效农业规模居全省首位。但是，无山地形也使得农业发展面临一些问题。例如，缺乏山地的生态屏障，使得农业容易受到自然灾害的影响，如洪水、台风等。

　　盐城地处北纬 32°34′~34°28′，东经 119°27′~120°54′。这个经纬度位置具有多方面的优势。一是东临黄海，拥有丰富的海洋资源，为海洋渔业、海洋运输、海洋能源等产业的发展提供了得天独厚的条件。二是处于南北过渡地带，气候兼具北亚热带和南暖温带的特点，四季分明，雨量充沛，有利于多种农作物的生长和农业的多元化发展。三是独特的经纬度位置也使得盐城在旅游资源方面独具特色，既有海滨风光，又有平原地貌和丰富的历史文化遗迹，吸引了众多游客前来观光旅游。盐城地处北亚热带向暖温带气候过渡地带，对经济产业有着重要的作用。具体表现为：在农业方面，处于气候过渡带使得盐城可以种植多种农作物，如水稻、小麦、棉花、蔬菜等，丰富了农产品的种类，同时，气候温暖湿润，雨水丰沛，有利于农作物的生长和高产；在工业方面，气候条件对一些产业的发展也有影响，例如，适宜的气候有利于电子信息、新能源等产业的生产和研发，提高了企业的生产效率和改善了产品质量；在旅游业方面，过渡性气候带来了丰富的自然景观和生态资源，如湿地、森林等，为生态旅游的发展提供了良好的条件。此外，处于气候过渡带也使得盐城在应对气候变化方面具有一定的优势，可以通过发展低碳经济、绿色产业等方式，实现可持续发展。

　　盐城是长三角中心区 27 个城市之一，也是苏北唯一被纳入的城市，地位十分重要。在长三角一体化发展中，盐城凭借其独特的地理位置和资源优势，成为承接上海产业转移和资源外溢的"热土"。500 多家上海企业落户盐城，三分之一的规模以上工业企业与上海企业有合作关系。盐城积极打造"北上海临港生态智造城"，努力建设北上海"飞地经济"示范区、上海科创成果转化基地、上海优质农产品供应基地、上海生态旅游康养基地，即"一区三基地"。在长三角一体化进程中，盐城不断拓展合作领域，提升城市能级，为长三角地区的发展贡献力量。盐城与南通、泰州、淮安、扬州、连云港等城市地缘相邻，相互之间有着密切的联系和影响：与南通一衣带水，历史上张謇组织大规模移民垦荒开发盐城沿海，两座城市血脉相连；与泰州、扬州共同处于江苏中部地区，在经济、文化等方面相互交流与合作；与淮安相邻，在农业、交通等方面有着一定的协同发展；北隔灌河与连云港相望，共同拥有丰富的海洋资源，在港口经济、海洋产业等方面可以相互借鉴与合作。这种地缘联系为盐城的发展提供了广阔的空间和机遇，同时也促进了周边城市的共同繁荣。

二、自然生态资源

（一）湿地资源

盐城位于江苏省沿海中部苏北江淮平原东部，地理位置独特。它拥有长达 582 千米的海岸线，是连接海洋与内陆的重要地带。这里的湿地分布广泛，沿海滩涂、河流、湖泊等多种湿地类型相互交织，构成了丰富多样的生态景观。盐城湿地总面积达 76.96 万公顷，占江苏省湿地总面积的27.26%。如此庞大的面积，使得盐城在江苏省乃至全国的湿地保护中都占据着重要地位。盐城的湿地保有量约占江苏省湿地面积的 27.3%，滨海湿地面积约占全省57%、全国10%，其中自然湿地56.02 万公顷，占全省自然湿地面积的 28.7%。

盐城拥有近海与海岸湿地、河流湿地、湖泊湿地、沼泽湿地、人工湿地 5 类 11 型湿地。近海与海岸湿地是盐城湿地的重要组成部分，这里拥有广袤的滩涂和独特的辐射沙脊群，为众多海洋生物提供了栖息场所。河流湿地纵横交错，如蟒蛇河等河流，不仅为周边生态系统提供了水源，还孕育了丰富的水生物。湖泊湿地如大纵湖等，湖水清澈，水生植物繁茂，是水鸟的重要栖息地。沼泽湿地以芦苇沼泽为代表，分布广泛，为众多鸟类和小型生物提供了生存空间。人工湿地则包括鱼塘、农田等，经过生态修复后，也成为了鸟类的重要栖息地，其中，条子泥湿地位于江苏省盐城市东台沿海，面积约 129 万亩。这里是全球最重要的滨海湿地生态系统之一，也是东亚—澳大利西亚候鸟迁飞通道的中心节点和关键区域。秉承"基于自然的解决方案（Nbs）"理念，推进生态保护修复，实施米草整治，打造固定高潮位栖息地，建立协同保护机制。2019 年，条子泥湿地作为中国黄（渤）海候鸟栖息地（第一期）重要组成部分被列入世界遗产名录。

盐城的湿地在海岸防护和自然灾害防御方面发挥着重要作用。盐城沿海湿地面积大，大量自然湿地经人为滩涂围垦之后变为水产养殖场等人工湿地，沿海湿地和人工湿地面积均位居江苏省首位。盐城的湿地具有涵养水源、净化水质、蓄洪防旱、调节气候和维护生物多样性等重要生态功能，被誉为"地球之肾"。盐城的海岸线长达 582 千米，湿地在稳定海岸、抵御风暴潮发生方面起着关键作用。例如，条子泥湿地是紧靠陆地的沙洲，面积宽广、坡度平缓，受东海前进潮波和黄海旋转潮波的叠加影响，潮差大、潮流强，潮水中含沙量大，淤蚀变化快速，从空中看去，大大小小的潮沟犹如规模庞大、形态万千多变的"潮汐森林"。为有效保护这特殊的自然景观，明确海域使用不得触碰条子泥湿地公园和湿地保护小区等红线，在自然灾害防御方面发挥着重要作用。

（二）海洋资源

盐城拥有得天独厚的海洋渔业资源，223 万亩的海洋渔业资源占江苏省总量的三分之一。广阔的海域面积和丰富的渔业资源为盐城海洋渔业的发展奠定了坚实基础。盐城的海洋渔业资源种类繁多，包括各种鱼类、虾类、贝类等。其中，响水县江苏三圩盐场海水养殖基地采取虾、蟹、贝混养的低密度多营养层次养殖模式，年产日本对虾 120 万千克、贝类 625 万千克、梭子蟹 28 万千克、脊尾白虾 7.5 万千克，产值近 3 亿元。射阳县蟹苗供应量占全国 70% 以上，充分展示了盐城在海洋渔业资源方面的巨大优势。盐城的渔业总产值连续多年位居江苏省前列。这得益于科技创新平台的助力，盐城积极推动海洋渔业转型发展，优化海水养殖布局，培育海产品交易电商，支持远洋渔业发展，加快现代渔港建设。例如，东台的国家级水产健康养殖示范场——条南生态健康养殖基地，采用"MABR 生物膜强化型'三池两坝'处理模式"，确保养殖尾水达标排放。同时，有 4 000 亩淡水养殖区建立"一站式"智慧养殖生产管理平台，实现渔业生产全过程信息采集，提升渔业养殖数字化赋能水平。这些科技创新举措促进了盐城海洋渔业产业的升级，让海洋渔业成为海洋经济高质量发展的强引擎。

盐城的海洋能源资源也十分丰富。一是风电产业优势。盐城海上风电开发条件优越，拥有江苏省最长海岸线和最广海域面积，沿海风能资源丰富，100米高度年平均风速超过7.6米/秒，远海接近8米/秒，年等效满负荷小时数可达3000~3600小时，是全球最具开发价值的海上风场之一。盐城海上风电装机规模占江苏省46.2%、全国15%、全球8%，海上风电整机产能占全国40%以上，叶片产能约占全国20%，海上风电装备综合产能居全国城市第一位。盐城汇集了金风科技、远景能源、上海电气、中车等风电整机全国前五强企业中的4家，以及中车电机、中材科技、时代新材料等一大批零部件领军企业，风电产业链规上企业达81家。二是光伏产业潜力。盐城利用沿海滩涂发展光伏产业，潜力巨大。盐城的太阳能资源丰富，年平均累积日照为2338.8小时，年太阳辐射总量为1400~1600千瓦时/平方米，适宜光伏发电项目开发的空间资源充足。盐城光伏电池年产能达54.2 GW，占全球总产能12%；光伏组件年产能34.7 GW，占全球总产能7%。盐城已成为中国光伏产业重地，集聚天合、阿特斯、协鑫、润阳、通威、晶澳等光伏行业明星企业，以及百佳、鹿山、小牛等一大批配套企业，覆盖硅片、电池、组件、辅材、智能设备等装备制造关键领域。三是氢能产业作为未来能源方向，盐城也在积极布局。盐城计划加快布局储能、氢能两大未来产业，培育壮大输变配电、综合能源服务两大配套产业。目前，盐城正在加大对氢能技术研发的投入，积极引进氢能产业相关企业，推动氢能在交通、工业等领域的应用，为盐城的能源转型和可持续发展注入新的动力。

（三）生物多样性资源

盐城湿地已记录的生物物种达4692种，其中植物资源丰富，植被有5个植被型组，11个植被型，73个群系。其中，盐城已记录鸟类436种，占全国鸟类种类的30.17%，珍稀濒危鸟类共计117种，包括世界自然保护联盟（IUCN）红色名录受威胁鸟类37种。盐城作为东亚—澳大利西亚候鸟迁徙路线关键区域，地位极其重要。这里拥有太平洋西岸和亚洲大陆边缘面积最大、生态保护最好的海岸型湿地，是全球8条鸟类迁徙通道之———"东亚—澳大利西亚迁飞区"的重要补给站和东北亚重要的候鸟迁徙中转站。据东亚—澳大利西亚迁徙鸟类保护伙伴委员会对该迁徙路线上1030个保护区及候鸟栖息地的重要性评估结果，盐城境内的黄海滨海湿地位列渤海—黄海海岸带系列重要候鸟栖息地之首，是目前全球丹顶鹤最大的越冬地和许多珍稀濒危鸟类南北迁徙的重要驿站，为丹顶鹤、黑嘴鸥、河麂、麋鹿等珍稀濒危动物提供了宝贵的自然栖息地，为23种具有国际重要性的鸟类提供栖息地，支撑了17种世界自然保护联盟濒危物种红色名录物种的生存，在全球生物多样性保护方面具有极其重要的意义。

　　生物多样性对盐城生态系统的稳定性和持续性起着至关重要的作用。丰富的物种资源使得生态系统中的食物链和食物网更加复杂多样。例如，盐城拥有大量的植物资源，为食草动物提供了食物来源，而食草动物又成为食肉动物的猎物，形成了完整的生态循环。同时，不同物种之间的相互作用也有助于维持生态系统的平衡。比如，麋鹿会采食互花米草的嫩叶嫩茎，在一定范围内抑制其蔓延，这种基于自然的生物控制有助于形成良性的湿地保护模式。此外，生物多样性还能提高生态系统对环境变化的适应能力。当面临自然灾害或人为干扰时，丰富的物种可以通过自身的调节和适应机制，维持生态系统的基本功能。例如，在盐城的滩涂湿地生态系统中，各种植物和动物共同适应了潮汐、盐度等特殊环境，形成了稳定的生态群落。

　　保护生物多样性也面临着诸多挑战。一方面，人类活动的干扰如围垦、污染等对湿地生态系统造成了破坏，威胁着生物的生存环境。另一方面，生物多样性保护需要大量的资金和技术支持，而目前的投入还相对不足。然而，挑战中也蕴含着机遇。随着人们对生态环境保护意识的增强，越来越多的人开始关注和支持生物多样性保护。同时，科技创新为生物多样性保护提供了新的手段和方法，如卫星跟踪、无人机监测等技术的应用，提高了监测和保护的效率。此外，国际合作也为盐城的生物多样性保护带来了新的机遇，盐城可以借鉴国际先进经验，加强与国内外科研单位、NGO组织的合作，共同推动生物多样性保护事业的发展。

三、历史文化资源

　　盐城市历史悠久，是中国东部沿海开发利用较早的地区之一。阜宁县施庄镇东园遗址、东台市溱东镇开庄遗址、阜宁县板湖镇陆庄遗址等古人类活动遗存证明，在新石器时代，黄海之滨，淮河两岸，射阳湖畔，已有盐阜先民在这块狭长的土地上劳动、生息、繁衍，孕育了盐城的远古文明。战国时期，先民们利用近海之利"煮海为盐"。秦汉时代，境内"煮海兴利，穿渠通运"，盐铁业相当发达，当时人口较多，使用铁制农具和牛耕技术比较普遍。汉武帝元狩四年（公元前 119 年），朝廷将古射阳县东部靠黄海的一部分划出来单独设县，因遍地皆为煮盐亭场，到处是运盐的盐河，故称盐渎县。其时有县无治，由射阳丞（今扬州市宝应县）代管。

东汉时，富春人（今浙江省杭州市富阳区）孙坚，因讨平许昌、许韶父子农民起义军有功，出任盐渎丞，是见之于史书的最早的盐渎县丞。东汉末年，曹操令江淮民西迁，废盐渎县。西晋复县。东晋安帝义熙七年（411 年），盐渎因"环城皆盐场"而更名为盐城，盐城成为名副其实的产盐之城。盐城因"盐"置县，因"盐"兴城，在之后漫长的时间里，盐城的海盐生产无论是技术，还是产量、质量，在海盐生产历史上都独领风骚。盐城以海盐文化著称于世，海盐文化是这座城市文明的根基和灵魂。北齐时于盐城设射阳郡，陈时改为盐城郡。隋大业十四年（618 年），江淮农民起义军领袖韦彻据盐城称王，立射州，分为射阳、新安、安乐 3 县。唐初，废射州（直至清末，境内未设过州、郡），复置盐城县。

唐朝时期，盐城曾是长安与海外交往的要津之一。日本遣唐使粟田真人、阿倍仲麻吕（晁衡），新罗国太子金士信等，均由射阳河口登陆，西去长安。宋代，盐城属楚州，岳飞和韩世忠、梁红玉夫妇曾在盐城一带抗金。元末张士诚率盐民起义，建立大周政权，前后坚持 14 年，是震撼和瓦解元末腐朽统治的一支重要力量，最后在平江（今苏州市）称吴王。明初，盐城属应天府，朱元璋"洪武赶散"（古称"红巾赶散"），苏州、松江、嘉兴、湖州、杭州等地 4 000 余名无田农户迁往江北，一部分落户盐城。清初，盐城先属江南省，后划归江苏省。清雍正九年（1731 年）建阜宁县。清乾隆三十三年（1768 年）建东台县。民国期间，境内先后设江苏省行政第十督察区、盐城行政督察区、第六行政督察区。盐城区辖盐城、东台、阜宁、兴化 4 县。

1940 年 10 月，东进北上的新四军与南下的八路军在白驹狮子口会师，成立华中新四军八路军总指挥部（简称华中总指挥部）。皖南事变后，新四军在盐城重建军部，陈毅为代军长，刘少奇为政治委员。从此，盐城成为苏北抗日根据地的心脏。刘少奇、陈毅等老一辈革命家在此留下战斗足迹。1941 年 9 月，成立盐阜区行政公署。1948 年上半年，全盐阜区成为解放战争的大后方，为淮海战役、渡江战役的胜利，为解放全中国作出贡献。是年 10 月，盐城全境解放。如今，盐城市下辖东台 1 个县级市和建湖、射阳、阜宁、滨海、响水 5 个县，以及盐都、亭湖、大丰 3 个区，另设有盐城经济技术开发区和江苏省盐南高新技术产业开发区（2019 年 6 月，改盐城市城南新区为江苏省盐南高新技术产业开发区）。至 2022 年年底，全市有 30 个街道、95 个镇，2 399 个村（社区），全市常住人口 668.97 万人，常住人口城镇化率 65.43%；全年出生人口 3.25 万人，出生率 3.6‰；死亡人口 6.94 万人，死亡率 9.7‰。

盐城因盐而兴，以"环城皆盐场"得名，是一座以盐为名的城市，其文化精髓积淀的是海盐古韵。虽然昔日的海盐繁华已随时间消逝，但与其相关的物质和非物质海盐文化遗存，如范公堤遗址、草堰古盐运集散地、西溪盐仓监遗址、张士诚起义北极殿遗址、王艮"东陶精舍"遗址、海春轩塔、古庆丰桥、富安明代民居等，仍俯拾皆是（约 860 处）；沿串场河沿线如盐渎、盐城和各种称谓的墩、亭、场、灶、仓、团、锅、丿、滩等源于海盐文化的数百处地名，已成今人读取海盐文化活的"化石"。以"团"为名，多分布在古淮南盐区的东台、大丰，如戚家团、南团、西团、新团、北团、卞团等；因"灶"得名的有头灶、三灶、四灶、六灶、沈灶、南沈灶等；"总"是盐场灶民聚居单位，沿海乡镇有一总、二总、三总等地名；"仓"即盐仓，以枯枝牡丹扬名的便仓镇，当年就是伍佑场便仓所在地；以"丿"为名的有曹丿、潘丿等镇。"串场百里皆盐场"，贯穿市区的串场河，曾经是串联各盐场的运盐之河。围绕串场河打造的国家 AAAA 级海盐历史文化景区，包含全国唯一展示海盐文明的中国海盐博物馆，其银白色的建筑如晶莹剔透的盐晶堆积于串场河畔，向世人诉说着盐城的海盐历史；景区内既有对"炼卤煎盐""晒海为盐"等古盐民生活场景的再现，又有古水街小桥流水、青砖灰瓦，反映古盐民市井生活繁华的风情，也有东进路文化休闲美食街的繁华和盐渎公园水绿生态的韵致。白色的海盐文化，已成盐城城市文化的重要精髓[8]。

四、社会经济概况

盐城地处黄海之滨，早在远古时代，先民们就利用近海之利进行渔猎活动。战国时期即"煮海为盐"。唐宋时期，盐城成为东南沿海重要的盐业生产中心。清末民初，盐城建成粮棉之仓，同时，一些有识之士逐步将资金转向工业。至民国 25 年（1936 年），境内规模较大的私营工厂有数十家，手工业发达，商业也日趋繁荣。20 世纪 30 年代，日本侵华战争和国民党反动派挑起的内战对境内经济产生巨大的破坏。中华人民共和国成立后，盐城经济逐步恢复，初步奠定农业在国民经济中的基础地位，在发展农业的同时，恢复和发展工业，盐城工农业总产值从 1949 年的 4.44 亿元（1980 年不变价，下同）上升至 1977 年的 30.54 亿元，实现 6.8 倍增长。党的十一届三中全会以后，坚持以经济建设为中心，不断深化改革，农村逐步推行家庭联产承包责任制，城镇逐步扩大企业自主权，推行多种形式的经济责任制等，盐城经济飞速增长。1980 年，盐城工农业总产值 40.83 亿元，其中，工业总产值 21.48 亿元，约占工农业总产值的 52.6%，首次实现工大于农的历史性转折。1983 年后，盐城实行市管县的新体制，城乡经济一体化发展进程加快，改革开放逐步深化，投资大幅增长，产业结构调整步伐逐步加大，发展速度明显加快，经济总量迅速扩大。2000 年以后，盐城经济保持高位发展，2005 年地区生产总值突破千亿元大关，实现年均增长 15% 以上。2006—2015 年，盐城抢抓沿海发展和长三角一体化发展两大国家战略机遇，加快推进结构调整和发展转型，全面深化改革，经济突飞猛进，从 2005 年 1 058.1 亿元增长到 2010 年 2 332.76 亿元、2015年 4 212.5 亿元。盐城深化供给侧结构性改革，经济总量规模不断扩大、质量效益持续提升，全面建成小康社会取得决定性成就，地区生产总值和人均收入提前实现较 2010 年翻一番的目标，经济总量 5 953.4 亿元，在全国地级以上城市中排第 37 位；人均地区生产总值超过 1.2 万美元[9]。

盐城市位于长三角北翼，与上海市既有深厚的历史渊源，又有紧密的现实联系，素有"北上海"之称。盐城市 307 平方千米的上海农场是上海重要的农产品供应基地。盐沪两地产业和人口关联密切，盐城三分之一的规模以上工业企业与上海有合作关系，上海 13.7% 的流动人口来自盐城，盐城籍新上海人超过百万人。沪苏大丰产业联动集聚区，是江苏与上海首个省级层面合作园区。在盐城市投资的上海市企业接近 500 家，上海电气、光明集团、临港集团等一批行业龙头加快集聚，形成以盐城（上海）国际科创中心建设为核心的离岸研发新模式。2019 年 12 月 1 日，中共中央、国务院颁布《长江三角洲区域一体化发展规划纲要》，盐城市成为 27 个长三角一体化发展中心区城市之一，是江苏苏北唯一被纳入的城市。盐城市对标长三角一体化发展中心区城市定位，在国家战略和长三角城市群中谋篇布局，突破行政区划等级限制，提升城市等级和核心竞争力，全方位融入长三角一体化发展进程。2020 年 12 月 30 日，盐通高铁通车，盐城市实现全面融入上海市 1 小时经济圈。2022 年，长三角一体化产业发展基地、沪苏大丰产业联动集聚区省际合作园区等 6 个项目列入国家长三角一体化重大项目库。

2022 年，盐城市实现地区生产总值 7 079.8 亿元，按可比价格计算，比上年增长 4.6%。其中，第一产业实现增加值 793.8 亿元，比上年增长 3.8%；第二产业实现增加值 2 927.8 亿元，比上年增长 6%；第三产业实现增加值 3 358.2 亿元，比上年增长 3.6%，三次产业增加值比例调整为 11.2：41.4：47.4。人均地区生产总值 10.56 万元（按 2022 年年平均汇率折算约 1.57 万美元），比上年增长 4.7%。全年完成一般公共预算收入 453.3 亿元，比上年增长 0.5%，其中税收收入 297.3 亿元，税收收入占一般公共预算收入比重 65.6%。财政惠民力度不断加大。全年一般公共预算支出 1 093.9 亿元，比上年增长 3.9%。其中，财政用于民生支出 877.4 亿元，比上年增长 6.8%，占一般公共预算支出比重 80.2%，用于卫生健康、社会保障和就业、农林水支出比上年分别增长 14.7%、10.5%、6.5%。

第二节　盐城绿色发展理念的历史沿革

盐城的绿色发展理念有着清晰且深刻的历史沿革轨迹。早期，因盐城有丰富的滩涂湿地资源，其生态资源保护意识在对这些资源的开发利用中已然觉醒。随着时代发展，在国家可持续发展战略及生态文明建设理念的大背景下，盐城进一步深化绿色发展理念。近年来，盐城更是将绿色发展全面融入经济、社会建设各个领域，从单纯的生态资源保护逐步走向全方位的绿色发展体系构建，盐城以其独特的历史演进路径，为区域绿色发展提供了极具价值的范例与借鉴。

一、盐城传统生产中人与自然和谐共生理念的萌芽

得益于其得天独厚的地理位置，盐城自古以来就拥有丰富的海盐资源。在遥远的古代，盐被视为白色黄金，是重要的商品，也是国家财政收入的宝贵来源。盐城因盐而兴，因渔而盛。古人在这里煮海为盐，捕捞海产，形成了独特的盐渔文化。盐业的开发与海洋、湿地的关系密切，这种依

赖自然资源的生活方式，使得盐阜先民对自然环境有着深深的敬畏和依赖。

在盐阜先民的诸多生态保护举措中，最为人称道的便是对湿地的保护。盐城地处黄海之滨，拥有广阔的滩涂和丰富的湿地资源，这些自然景观不仅是生物多样性的宝库，也是维持区域生态平衡的关键。古人深知湿地的重要性，因此在开发利用的同时，也注重保护和恢复。虽然先民们对湿地的保护并不像现代那样有明确的法律法规和科学管理作为保障，但他们在与自然互动的过程中，形成了一些朴素的保护意识和实践。比如，祖先们利用盐田轮作的方式，以保持土壤肥力，提高盐业生产的效率。这种操作方法有着独特的步骤和流程。首先，选择合适的土地至关重要。人们通常会选择靠近海边、地势平坦、排水良好的土地作为盐田，这样的地理条件有利于海水的引入和盐分的积累。接下来，将选定的土地划分为若干个区块，每个区块轮流用于晒盐，其余时间则进行自然恢复或种植耐盐作物。这样的划分既保证了盐的生产，又保护了土地的生态平衡。在潮涨时，打开水门，将海水引入预先准备好的盐田中。海水中的盐分随着水分的蒸发而逐渐沉积，这是制盐的关键步骤。当天气晴朗、风力适中时，盐工们会进行晒盐作业。这个过程需要不断地翻动盐水，以加快水分的蒸发，促进盐分结晶。待盐分充分结晶后，收集盐晶并进行晾晒，以去除杂质和多余的水分，提高盐的质量。这一步骤是对盐的精致加工，也是对品质的追求。在一块盐田完成晒盐后，将其闲置一段时间，让土地自然恢复，同时将生产转移到另一块盐田。这样循环往复，实现可持续利用，是盐田轮作的核心理念。在非晒盐期间，有些盐田会种植一些耐盐作物，如红树林等，既能改善土壤结构，又能提供额外的经济收益。这种双重利用，既保证了生态的多样性，又增加了经济效益。通过这种轮作方式，古代的盐工们不仅保证了盐的产量和质量，还维护了土地的生态平衡，有助于防止盐碱化，维护土壤的肥力，间接保护了湿地环境，实现了人与自然的和谐共生。

此外，对湿地的保护措施还体现在耕作方式上。先民们会根据湿地的特点，采取适当的耕作方式，如适时排水、调整种植周期等，以减少对湿地生态的影响。在围垦造田时，他们会留下一部分土地作为水禽栖息之所，这种做法实际上反映了早期的生态保留地概念。盐城地区的水系较为发达，古时候的人们就已经开始了水利工程的建设，如修建堤坝、开挖沟渠等，以调节水位，防止水患，这些措施都在一定程度上保护了湿地不被破坏。盐阜先民对生态的保护也体现为对渔业资源和野生动物资源的保护。盐城沿海水域鱼类资源丰富，为了保证渔业资源的可持续发展，古代的渔民遵循着一定的捕捞规则，会有意识地进行季节性休渔，比如规定禁渔期和禁渔区，限制捕捞工具和方法，这些都是对生态环境的一种尊重和保护，有助于维持海洋生态系统的平衡。古代的盐城地区就已经是许多珍稀鸟类的迁徙地，当地人民对这些鸟类倍加珍视，不仅不会捕杀，还会在特定季节为它们提供食物，这种人与自然和谐共处的场景，展现了古人对生态环境的深刻理解和尊重。

二、现代化建设实践中绿色发展理念的形成

新中国成立初期，盐城经济总量极小，产业层次低，三次产业构成比例为 86.5∶4.2∶9.3，呈"一三二"结构，属于典型的农业社会。此时的盐城，生态资源丰富但开发不足。盐城拥有广袤的土地、丰富的水资源以及漫长的海岸线和大面积的滩涂湿地。然而，由于技术和资金的限制，这些生态资源未能得到充分开发利用。在这个阶段，盐城在农业等领域进行了初步发展探索。随着土地改革和社会主义改造的完成，生产力得到解放和发展，农业生产不断发展。1949 年全市农林牧渔业总产值只有 3 亿元，到 1978 年增加到 18 亿元。农业生产规模逐步扩大，为后续的发展奠定了基础。同时，一些基础工业也开始起步，虽然规模较小，但为盐城的经济发展积累了经验。这些初步的发展尝试，为盐城后续的绿色发展奠定了基础。

改革开放后，盐城经济加速发展。从 1978 年到 1990 年，经济规模突破百亿元大关；从 1991 年到 2005 年，经济规模突破千亿元大关。产业结构逐步优化，向工业化迈进。1985 年，全市工业总产值首次超过农业总产值，工业投资首次超过固定资产投资的一半，实现了工业经济的第一次飞跃。到 1995 年，第二产业比重超过第一产业，全市进入工业化发展阶段。2001 年，中国正式加入世界贸易组织，盐城工业经济迎来一轮新的发展机遇。悦达与东风、起亚合作，盐城汽车产业迅速崛起。2004 年，盐城重工业占比首次超过轻工业。2008 年，全市重工业占全部工业的比重提高到57%，标志着盐城从工业化初期进入工业化中期阶段。此阶段，盐城的生态保护意识逐渐加强。随着经济的发展，人们更加看重生态环境的重要性。一些环保措施开始实施，如加强对工业污染的治理、加大对自然资源的保护力度等。同时，盐城开始注重生态建设，加大对林业的投入，植树

造林，改善生态环境。这些举措为绿色发展理念的形成埋下了伏笔。

三、新时代盐城绿色发展理念的成熟

党的十八大以来，盐城以绿色发展理念为引领，全面推进经济社会发展。坚持生态优先、绿色发展，将"生态+"理念融入产业发展中，推动新能源产业、生态农业、生态旅游等产业的发展。盐城积极建设绿色制造之城、绿色能源之城、绿色生态之城、绿色宜居之城，已有十多个省直部门单位与盐城市签订了合作共建协议，为美丽盐城建设创造了更大机遇。盐城在生态保护、产业发展等方面取得了重大成果，获得了国际认可。2019年7月，中国黄（渤）海候鸟栖息地（第一期）成功列入《世界遗产名录》，成为全国首个滨海湿地类世界自然遗产。2022年6月，盐城成功入选第二批"国际湿地城市"，是7个获此殊荣的中国城市之一。在产业发展方面，盐城新能源产业规模突破1 500亿元，动力和储能电池、晶硅光伏、不锈钢等重点产业链产能居全国前三。盐城是长三角地区首个"千万千瓦新能源发电城市"，海上风电规模接近全省一半、全国五分之一，是名副其实的"海上风电第一城"[10]。

近年来，盐城不仅在国内推广绿色发展理念，还积极拓展国际交流与合作，致力于在全球范围内推动生态环保事业的进步。目前，盐城已与多个国际组织建立了合作关系。例如，盐城加入了国际湿地公约组织，通过这一平台，盐城与世界各地的湿地保护区分享在湿地保护和生态修复方面的经验和技术。这些经验和技术包括湿地生态恢复、湿地生物多样性保护、湿地环境监测等方面的实践和研究成果。此外，盐城还与联合国环境规划署等国际环保机构合作，共同开展了一系列环境保护项目，如生物多样性保护、清洁能源利用等。这些项目旨在保护和恢复生态系统，提高能源利用效率，减少污染物排放，为全球生态环境保护事业做出了贡献。在与多个国际组织合作的同时，盐城还定期举办国际生态论坛，邀请世界各地的专家学者、政府官员以及环保组织代表共聚一堂，探讨生态文明建设的最新进展和挑战。例如，2023年盐城成功举办全球滨海论坛会议，达成了"盐城共识"，为全球滨海地区的可持续发展，贡献了"盐城智慧"。这些论坛为盐城提供了一个展示其在生态建设领域成就的舞台，也为国际参与者提供了了解中国生态文明建设实践的机会。通过这些努力，盐城展示了其作为生态文明建设先行者的角色，为构建人与自然和谐共生的美好未

来贡献了力量。

第三节　盐城绿色发展的政策导向

盐城市坚持以习近平新时代中国特色社会主义思想为指导，全面贯彻党的二十大精神，完整、准确、全面贯彻新发展理念，全面落实"四个走在前""四个新"重大任务，深入推进"四个三"工作布局，以经济社会发展全面绿色转型为引领，以能源绿色低碳发展为关键，以改革创新为根本动力，以（近）零碳产业园区建设为载体推进生产方式绿色转型，以新型电力系统为依托推动能源生产消费方式变革，以重点产业链碳标识认证管理为抓手积极应对国际绿色贸易规则，高质量建设绿色低碳发展示范区，在推动长三角地区乃至全国能源转型和促进绿色发展方面争做表率，为实现"30·60目标"贡献盐城方案[11]。

一、推动能源绿色低碳转型

在保障能源供应安全和经济发展的前提下，大力发展可再生能源，严格控制化石能源，加快构建清洁低碳安全高效的能源体系，建设绿色能源之城。

（一）大力发展可再生能源

发挥资源禀赋优势，率先实现可再生能源为主体的能源变革，着力打造国际绿色能源之城、世界级新能源产业基地和国家新能源创新示范城市。

一是风电方面。科学有序推进海上风电规模化开发，打造千万千瓦级近海和深远海海上风电示范基地，推进射阳、滨海、大丰等地百万级示范项目，实施超大功率海上风机、海上风电柔性直流等示范应用。稳妥推进深远海风电试点应用，研究多种能源资源集成的海上"能源岛"建设可行性，探索盐城海上风电、光伏发电融合发展。推进研发设计、装备制造、风场开发、工程安装、运维服务等风电全产业链一体化发展，打造先进风电装备制造集群，培育壮大优势企业，推动风电产业向高附加值环节攀升，实现关键技术自主化、市场拓展国际化、运维服务一体化，建设国家级海上风电检验中心，打造具有全球影响力的风电产业基地。到2025年年底，全市风电装机规模达到 1 050 万千瓦左右，海上风电装机规模列全球城市首位，打造世界海上风电之都。

二是光伏方面。坚持集中式和分布式发展并举的原则，有序推进 7 家整县（市、区）屋顶分布式光伏开发试点的落地。鼓励利用企业厂房、车棚和公共建筑等屋顶资源，推动建设一批屋顶分布式光伏发电和光伏建筑一体化项目。因地制宜利用垦区农场空闲场地、沿海滩涂、鱼塘水面等空间资源，推进光伏发电多元布局，建设一批"光伏+"综合利用基地。支持探索实施一批"光伏+高速""光伏+铁路""光伏+机场""光伏+道路"示范工程。到 2025 年，全市光伏发电装机规模 650 万千瓦左右。

三是其他方面。有序发展农林生物质能，探索生物质能新发展模式，统筹推进全市城镇生活垃圾发电项目建设。因地制宜推进地热能、海洋能开发利用，加快布局培育储能、氢能等产业发展，鼓励综合能源站建设，支持开展海上风光渔、海上风光氢、海上能源岛等未来能源开发利用示范，开展氨能利用前期研究。

（二）加强新能源消纳与应用

第一，积极推进以新能源为主体的新型电力系统建设，注重发输配用衔接，推进新能源电站与电网协调同步，推动清洁电力资源大范围优化配置，提升电力系统综合调节能力。积极发展"新能源+储能"、源网荷储一体化和多能互补，支持与电网公司合作建设虚拟电厂。支持分布式新能源合理配置储能系统，加强源网荷储协同，开展多元化应用的新型储能示范项目建设，规划建设 10 余个独立共享储能项目，到 2025 年，新型储能装机容量达到 171 万千瓦左右。大力发展新能源微电网、分布式能源微电网。开展电力需求侧管理，完善需求响应机制，提升全社会需求响应能力。深入推进清洁能源高比例能源互联网试点示范城市建设。在射阳港经开区、大丰港经开区、黄海新区、盐城经开区规划布局绿电专变专线，推动绿电就近接入园区。推动重点行业企业建立绿色用能监测与评价体系，引导企业提高绿色能源使用比例。鼓励企事业单位、公共机构和个人优先使用可再生能源，主动认购绿电绿证。有序推进终端消费全方位电气化发展，推动工业、建筑、交通等重点领域电能替代。

第二，严格控制化石能源消费。加强煤炭消费总量控制，有序淘汰煤电落后产能。除国家规划布点的电源项目和原料用煤项目外，严格控制新增耗煤项目，严禁新增自备煤电机组，新建燃煤机组煤耗标准达到国际先进水平。合理布局热电联产，推动大机组供热改造。持续开展煤电项目节能降碳改造、灵活性改造、供热改造"三改联动"，实现发电煤耗逐步下降。有序推进电代油、电代气和煤改气、油改气工作，科学控制成品油消费总量，力争"十四五"期间达到峰值。强化天然气基础设施建设，加快滨海 LNG 接收站建设，建设中俄东线、沿海输气管道和滨海 LNG 外输管线等重大管线工程，加快建设市域天然气长输支线管网，推动城市天然气管网互联互通。积极优化天然气利用，合理引导天然气消费，优先保障民生用气，保持天然气消费适度增长。到 2025 年，煤电机组供电煤耗较省平均水平下降 10 克/千瓦时。

第三，强化能源安全保障。科学做好化石能源对能源支撑保障的兜底工作，在新能源安全可靠替代的基础上实现传统能源逐步退出。推动煤炭等化石能源和新能源优化组合，推进国信滨海和国电投滨海 4×100 万千瓦超超临界二次再热火电机组等重大项目建设，积极推动煤电由主体电源向调节性、支撑性电源转型。加快能源储备体系建设，落实重点电厂最低存煤制度，提升市级自主调配和安全运行管控水平，完善油气收储设施建设，强化煤电油气运等调节，完善能源预警机制和应急预案，提升应对极端天气和突发事件的能源供应应急处置能力与事后恢复能力。加快构建坚强智能电网，按照整体结构强、重点部位韧、系统运行柔的原则，加快推进高荣 500 千伏、牡丹 220 千伏等输变电及其配套工程实施，适应沿海风电、光伏基地等大型电源输送要求。加快建设与产业布局调整、跨区潮流转移相协调的分区电网，优化沿海 220 千伏电网分区规模，提升区域间事故支援和转供负荷能力。

（三）全面提升能源利用效率

一是优化完善能耗双控制度。坚持节能优先，强化能耗强度刚性约束，有效增强能源消费总量管理弹性，创造条件尽早实现能耗双控向碳排放总量和强度双控转变。落实原料用能、非化石能源消费等不纳入能耗双控政策，积极争取重大项目纳入国家重大项目能耗单列，重点控制化石能源消费。强化固定资产投资项目节能审查，对项目用能和碳排放情况进行综合评价。加强产业规划布局、重大项目建设与能耗双控政策的有效衔接，推动能源资源配置更加合理、利用效率大幅提高。强化"两高"项目源头管控，深入论证拟建"两高"项目的必要性、可行性，严把碳排放关口，对"两高"项目实行清单管理，建立完善能耗预警机制。

二是推动重点领域节能降碳。持续实施能效领跑者行动，深入挖掘各领域节能潜力，持续提升能效水平，不断提高重点领域能源资源利用效率。实施工业能效提升计划，深入推进煤电、钢铁、建材、造纸、化工等行业节能降碳工艺革新，支持企业对标行业能效"领跑者"和标杆水平，持续推进用能大户制定工业能效提升方案，实施节能降碳改造升级。大力实施节能降碳工程，以电机、风机、泵、压缩机、变压器、工业锅炉等设备为重点，持续推广节能产品，推进重点用能设备节能增效，加快淘汰低效设备。推动工业园区能源系统整体优化和污染综合整治，鼓励工业企业、园区优先利用可再生能源，推动能源系统优化和梯级利用，推进供热、供电、污水处理、中水回用等公共基础设施共建共享。加强新型基础设施节能降碳，推动数据中心、基站等新型基础设施合理配置、布局优化和绿色运行，优化新型基础设施用能结构。

三是全面提升节能管理能力。健全节能管理、监察、服务"三位一体"管理体系，建立部门联动机制，制订节能监察工作计划，聚焦重点企业、重点用能设备，深入组织开展专项节能监察行动。开展重点用能单位体系建设效果评价，鼓励开展能源管理体系认证。开展节能诊断服务，针对重点企业的主要工序、重点用能系统等查找用能薄弱环节，深入挖掘节能潜力。完善工业企业资源综合利用评价，严格能耗、产出等评价标准，加快落后产能退出。

二、推动重点行业达峰行动

持续优化工业内部结构，加快工业领域绿色低碳转型，大力发展绿色低碳产业，力争实现部分重点行业率先达峰，构建现代工业绿色制造体系，建设绿色制造之城。

（一）推动产业绿色化高端化发展

坚持量质并举、效益优先，推动制造业高端化、智能化、绿色化发展。面向汽车、纺织、钢铁、化工、机械加工等优势传统产业，开展老旧更新、绿色转型、布局优化、淘汰落后、产品提档五大行动，推进产业基础再造。支持悦达起亚加快向新能源乘用车转型，打造起亚全球出口基地，推动一汽集团盐城分公司量产达效。落实"5+2"战略性新兴产业高质量发展三年行动计划，进一步做大做强新能源、新一代信息技术等优势产业，加快发展节能环保装备等特色产业，聚力打造晶硅光伏、动力及储能电池等 5 条地标性产业链，培育更多千亿级产业融合发展集群。坚持以未来产业开创产业未来，前瞻布局第三代半导体、氢能和新型储能、低空经济等产业新赛道，推动未来产业与新兴产业有效衔接、融合互促。实施生产性服务业提升行动，以现代服务业与先进制造业深度融合为主线，加快构建四大支柱型服务业、三大成长型服务业、一批先导性服务业的"4+3+X"服务业发展新体系，打造一批省级现代服务业高质量发展集聚示范区。到 2025 年，规上工业开票销售超 1.1 万亿元，规上服务业营收突破 870 亿元，工业战略性新兴产业总产值占工业总产值比重达 43%以上。

（二）开展（近）零碳产业园区试点建设

围绕能源清洁化、产业绿色化、设施低碳化、管理智慧化、认证国际化，先行先试建设射阳港（近）零碳产业园、大丰港（近）零碳产业园和滨海港（近）零碳产业园，积极探索具有盐城特色的（近）零碳产业园区建设路径，打造具有沿海特色的（近）零碳产业园区建设评价体系，推动园区绿色低碳高质量发展。到 2025 年，（近）零碳产业园区试点建设取得积极进展，园区可溯源清洁低碳新型电力系统基本建成，能碳智慧管理平台、碳排放管理体系基本形成，（近）零碳产业园区建设评价体系试行应用，（近）零碳工厂、建筑、交通等形成若干可观可感的应用场景。到2030 年，（近）零碳产业园区试点建设取得阶段成果，碳排放管理体制机制进一步巩固完善，力争基本建成 1~2 个符合国内外标准规范的（近）零碳产业园区，绿电需求型、出口导向型企业形成集聚效应，形成一批可复制、可借鉴的标准、经验和模式，并积极在全省及全国推广。

（三）加快构建绿色低碳发展体系

加快传统产业绿色低碳转型，推动新兴技术与绿色低碳产业深度融合，大力推动绿色制造体系建设，积极推动互联网、大数据、人工智能、第五代移动通信（5G）等新兴技术与绿色低碳产业深度融合。深入推进"智改数转网联"，建立"智改数转"标杆企业培育库，推动龙头骨干企业、"链主"企业入库培育，打造覆盖生产全流程、管理全方位和产品全生命周期的"智改数转"标杆工厂以及工业互联网标杆工厂。深入实施绿色制造工程，加快创建具备厂房集约化、原料无害化、生产洁净化、废物资源化、能源低碳化等特点的绿色工厂，推动工业基础好、基础设施完善、绿色水平高的市级及以上园区开展绿色园区建设。鼓励工业企业开发绿色产品，创建工业产品绿色设计示范企业，打造绿色制造工艺、推行绿色包装、开展绿色运输、做好废弃产品回收利用，构建完整贯通的绿色供应链，到 2025 年，力争创成省级以上绿色工厂 100 家、绿色发展领军企业 40 家。

（四）推动重点工业行业有序达峰

钢铁行业加强源头控碳，把握钢铁产业布局调整、转型升级、绿色发展趋势，合理合规布局产能，提升行业集中度。实施过程控碳，大力调整工艺结构（非高炉炼铁，提高电炉钢比例）、改善原料结构（提高废钢比和球团比）、优化能源结构（充分利用可再生能源，推行氢冶炼）。开展末端控碳，加快转炉利用 CO_2 及 CCUS 等技术的研发与工业化应用。化工行业积极引进行业龙头企业参与产业链上下游重组整合，全面提升化工行业产业层次和环保、安全水平。优化化工产品结构，围绕重点企业延伸产业链，发展更多高附加值的绿色工艺产品，降低单位产品碳排放强度。积极推广低碳新工艺、新技术，支持采取原料替代、生产工艺改善、设备改进、节能升级改造等措施减少过程碳排放。建材、造纸、纺织等行业，突出高端化、智能化、绿色化转型方向，推动传统产业加快转型。建材行业加快低效产能退出，引导建材产品向轻型化、集约化、制品化转型，进一步提升绿色建材、特种玻璃等高端产品比重。造纸行业优化产品结构，提升产品附加值，加强工艺革新，有效降低产品能耗，提高废纸回收利用水平。纺织行业积极推广高效短流程前处理、气流染色工艺等新技术，加强热能回收利用，全面提升废旧纺织品再生利用水平。

（五）培育绿色循环经济新业态

加快建立现代化资源循环型产业体系，深入开展工业固体废物资源综合利用评价。开展绿色制造技术创新及集成应用，全面培育绿色制造标杆。以汽车制造等领域为突破口，推进轻量化制造。培育汽车回收拆解产业。针对大灯、变速箱等再制造优势产品，构建汽车零部件再制造循环经济标准化技术和信息服务平台，积极引进一批汽车零部件再制造项目。聚焦工程机械、机床工具、重型机械、石化通用机械和机械基础件以及发电机、齿轮箱、主轴承等高值部件再制造，培育创建机电产品再制造行业规范条件企业。围绕钢铁、化工、造纸等重点行业制定节能节水、清洁生产、绿色工艺、循环低碳等技术改造提升计划。推动企业循环式生产，推行产品绿色设计，建设绿色产品"生产中心"。到 2030 年，全市绿色低碳循环发展的生产体系、流通体系、消费体系基本形成，重点行业、重点产品能源资源利用效率达到国际领先水平。

（六）加强产业废弃物综合利用

推动园区循环化改造，实施基础设施升级和绿色生产管理，打造绿色循环经济园区。推动产业循环型组合，加快传统产业、战略性新兴产业与绿色低碳发展深度融合。推进工业资源对先进适用技术装备的产业化应用。推进粉煤灰、冶炼渣、工业副产石膏等大宗固体废弃物大掺量、规模化、高值化利用。推动废旧路面、沥青、疏浚土等材料的资源化利用，鼓励利用建筑垃圾生产再生骨料、再生预制品、再生塑料、再生板材等再生产品。深入实施工业水效提升行动计划，扎实推进工业废水循环利用工作，推广高效冷却、洗涤、循环用水、废污水再生利用、高耗水生产工艺替代等节水工艺和技术。扩大农林废弃物资源化利用，推动高附加值秸秆综合利用产业发展，大力提升畜禽粪污资源化利用水平。深入落实生产者责任延伸制度，引导生产企业建立逆向物流回收体系。规范建设废旧物资回收网络体系，提升回收行业专业化信息化水平。推进盐城市静脉产业园建设。争创新一批全国"无废城市"，逐步实现大宗工业固体废物贮存处置总量趋零增长、主要农业和园林绿化废弃物综合利用、生活垃圾减量化资源化水平全面提升、危险废物全面安全管控。加强废钢铁、废轮胎、废塑料等综合利用行业规范管理。推广快递包装可循环替代产品，加强可循环快递包装回收设施建设。积极发展二手商品交易。

三、加快城乡建设低碳转型

加快推动城乡建设绿色低碳发展，推动绿色建筑高质量发展，提升建筑能效水平，优化建筑用能结构，展现美丽盐城新风貌，建设绿色宜居之城。

（一）推进城乡建设绿色转型

围绕"一主一副一轴一基地"中心城区空间结构，优化城乡建设空间和功能梯度，推动城市组团式发展。开展老城有机更新，完善城市更新工作机制，实施城市生态修复，杜绝大拆大建。推进新城新区功能混合和产城融合，增强中心城市功能品质和辐射能力。加快推动绿色县城建设，促进县域特色经济和农村二三产业集约节约发展。积极探索零碳社区建设，以简约适度、绿色低碳的方式深入推进社区人居环境建设和整治，营造绿色宜人环境。系统推进全域海绵城市建设，增强城市防洪排涝能力。推进城市绿色照明发展，加强节水型城市建设。结合美丽乡村建设和农房改造，强化建设密度和强度管控，推进绿色农房建设，优化农村生产生活用能结构，鼓励引导农村建筑按照节能标准设计建造，打造绿色低碳乡村。到2025年，城市建成区绿化覆盖率达40%以上，城镇污水处理厂尾水再生利用率达25%。

（二）推动绿色建筑高质量发展

持续开展绿色建筑创建行动，规范绿色建筑设计、施工、运行和管理，推广超低能耗、近零能耗建筑、零碳建筑，推动政府投资项目率先示范。强化建筑绿色设计，推广各专业协同的绿色集成设计模式及建筑信息模型（BIM）技术运用，建立与绿色建造相适应的设计技术体系。推广低碳建造方式，推行绿色施工，加大绿色新技术应用推广力度，推广应用绿色建材，稳步发展装配式建筑，大力发展装配式装修。深入实施建筑垃圾减量化，推广建筑垃圾、道路废弃物等再生材料在市政道路建设中的应用。到2025年，城镇新建建筑100%执行绿色建筑标准，政府投资的公共建筑全面执行国家二星级以上绿色建筑标准；新增既有建筑绿色节能改造面积超过40万平方米，建筑节能水平在2020年的基础上再提升30%；装配式建筑占同期新开工建筑面积比例达50%，装配化装修建筑占同期新开工成品住房面积比达30%；建筑垃圾资源化利用率达到85%以上。

（三）推动优化建筑用能结构

积极推进新建建筑可再生能源一体化建设，鼓励既有建筑加装可再生能源应用系统，重点推广太阳能光伏与建筑一体化（BIPV），提高新建工业厂房和公共建筑可再生能源应用比例。因地制宜推行热泵、生物质能、地热能、太阳能等供暖、积极探索"光储直柔"技术建筑应用，推动分布式太阳能光伏建筑示范和应用。推动开展新建公共建筑全面电气化，提高农村生活用能电气化水平，提高建筑终端电气化水平。积极开展绿色建筑运行评估，开展公共建筑能耗限额管理，推行能耗标识制度，鼓励开展"零碳"建筑示范行动。到2025年，城镇建筑可再生能源替代常规能源比例达到8%以上，新建公共机构建筑、新建厂房屋顶光伏覆盖率力争达到50%以上，90%的县级及以上党政机关建成节约型机关，公共机构单位建筑面积能耗下降4%、人均综合能耗下降5%、人均用水量下降5%。

（四）加快构建绿色高效运输体系

围绕"一体融合、互联互通"目标，加快交通基础设施网络建设，打造东部沿海区域性综合交通枢纽。实施高速公路构架成网，提升高速公路覆盖率和连通度，建成滨淮、东兴及东延高速，加快推进盐临高速、盐靖高速扩建工程项目前期工作和响水疏港高速、临海高速方案研究。实施铁路运输效能提升行动，建成滨海港和大丰港铁路支线，开工盐泰锡常宜铁路，推动新长铁路扩能改造，规划建设沿海高铁。实施普快路网外联内畅，建成高架四期及盐丰、盐阜快速通道。实施航空枢纽提质增效，加快推动盐城南洋机场扩容提升。推进各种运输方式一体化融合发展，加快构建高效联运体系，大力发展以铁路、水路为骨干的多式联运，提升铁路、水路在大宗货物运输和中长距离运输中的比重。统筹规划建设以综合物流中心、公共配送中心、末端配送网点为支撑三级配送网络，形成高效便利、绿色低碳的城乡物流服务体系。到 2025 年，盐城港"一港四区"大宗货物铁路和水运集疏港比例超过 60%，全市水运和铁路货运周转量占比达 60% 左右，集装箱多式联运量年均增长达到 5%，全市内河集装箱运量比 2020 年翻一番。

（五）推进交通运输设施低碳转型

积极扩大电力、氢能等新能源、清洁能源在交通运输领域的应用。持续推进城市公交、物流配送等公共领域新能源车辆推广应用，逐步降低传统燃油汽车在新车产销和汽车保有量中的占比。推进新能源动力船舶推广应用，加快推进靠港船舶常态化使用岸电设施，鼓励新增和更换港口作业机械、作业车辆、海事巡查装备等优先使用新能源。强化营运车船燃料排放限值管理，加快淘汰老旧车辆、船舶、港作和施工机械。推进交通基础设施低碳化建设，加快推动充（换）电和加氢设施建设，积极推进交通基础设施绿色、智能、生态化改造。到 2025 年，新增或更新的公交、出租等车辆新能源汽车比例达到 90% 左右，城市物流配送更新车辆电动化比例力争突破 60%。到 2030 年，营运交通工具单位换算周转量碳排放强度较 2020 年下降 9.5% 左右。

（六）持续优化绿色出行体系

高标准创建国家公交都市建设示范城市，构建以超级虚拟轨道（SRT）、快速公交（BRT）为骨架，常规公交为主体，特色公交、出租车和公共自行车为补充的多层次、一体化城市公共交通出行体系。推进市域公交全覆盖，加快构建市域、市郊、市区、镇村四级公交网络。鼓励发展共享交通，推动汽车、自行车等租赁业务网络化、规模化、专业化发展。

完善城市慢行交通系统，采用机非隔离、人非隔离等方式，提供安全充足的慢行交通网络供给，提升城市步行和非机动车出行品质。鼓励建设集约化停车设施，推广分时共享停车，推动智能停车发展。加快交通需求管理提升，建设城市智慧交通网络，科学调控高峰时段出行需求，减少城市拥堵，改善绿色出行环境。到2025年，城市公共交通服务能力明显提升，全市绿色出行比例达到73%以上。

四、提升生态系统碳汇能力

坚持系统观念，推进生态系统一体化保护和修复，提升生态系统质量和稳定性，持续推进国土绿化行动，着力建设蓝色碳汇生态功能区，建设绿色生态之城。

（一）巩固生态系统固碳作用

加快构建全域国土空间开发保护新格局，打造以东部黄海湿地、西部湖荡湿地、中部淮河入海河道为主，黄河故道生态富民廊道为补充的生态框架。严守生态保护红线，严控生态空间占用，严格落实发展规划、国土空间规划、专项规划、区域规划和"三线一单"分区管控体系约束要求。开展近岸海域环境功能区划调整和江苏盐城湿地珍禽国家级自然保护区、江苏大丰麋鹿国家级自然保护区规划完善工作，实施生物多样性保护战略和行动计划，加强国家级自然保护区建设，稳定并扩大现有森林、湿地、海洋和土壤的固碳作用。推进海洋生态牧场建设，着力增强海洋生态和渔业生态的碳汇功能。持续推进沿海防护林、河道景观林、交通沿线生态林、公园湿地等绿化造林工程，有序推进沿海防护林树种结构调整和林相改造，在沿海盐碱地开展造林试点工程。对市区主要片区、主要道路、重要节点、公园绿地等全面实施"增绿""增景"，构建城市公园绿地系统、林荫系统。到2025年，全市林木覆盖率稳定在25%，城市建成区绿化覆盖率提高到40%以上，全市自然湿地保护率达65%。

（二）提升生态系统碳汇增量

实施重大生态保护修复工程，开展山水林田湖草沙一体化保护和修复。持续推进国土绿化行动，实施森林质量精准提升工程，持续增加森林面积和蓄积量。强化湿地保护，落实湿地保护责任，实施基于自然的解决方案（NbS），不断提升沿海、沿淮河和里下河地区生态系统碳汇能力。积极推进海洋生态系统保护和修复，深入实施浒苔绿潮防治、近海岸带保护、滨海湿地修复等重大生态保护与修复工程，分类实施盐碱地种植海水稻试点工程和盐碱地造林试点工程，着力建设蓝色碳汇生态功能区。

（三）夯实生态保护基础支撑

开展森林、湿地、海洋等碳汇碳贮研究，积极开发温室气体自愿减排项目，探索建立碳汇补偿和交易机制。组织开展全市林业碳汇计量监测试点工作，开展"生产、生活、生态"空间碳中和强化技术、沿海碳汇林增效经营技术等方面的研究。强化耕地数量、质量和生态"三位一体"保护，提升土壤有机质碳储量。积极推进东台市、大丰区围绕沿海湿地生物多样性保护，全面推动省级生态产品价值实现机制试点。

（四）加强生态文明宣传教育

第一，开展绿色低碳全民教育活动。拓展生态文明教育的广度和深度，将绿色低碳发展纳入教育教学体系，增强公众生态文明意识。组织主题班会、专题讲座、知识竞赛、征文比赛等多种形式的低碳科普教育活动，持续开展节水、节电、节粮、垃圾分类等生活实践活动，引导中小学生从小树立人与自然和谐共生理念，自觉践行节约能源资源、保护生态环境各项要求。

第二，深入开展节能低碳舆论宣传。充分利用政务微信公众号等新媒体，广泛宣传绿色低碳知识和政策，报道先进典型、经验和做法，曝光违规用能和各种浪费行为。组织全国节能宣传周、全国生态日、全国低碳日、世界环境日等主题宣传活动，开展节能评选表彰，增强社会公众绿色低碳意识。

第三，加强领导干部绿色低碳培训。将学习习近平生态文明思想作为各级领导干部培训的重要内容，各级党校（行政学院）把碳达峰碳中和的相关内容列入教学计划，强化各级领导干部对碳达峰碳中和工作重要性、紧迫性和艰巨性的认识，切实提高其组织推进绿色低碳发展的能力和水平。

（五）推广绿色低碳生活方式

第一，统筹推进绿色生活创建。统筹推进节约型机关、绿色家庭、绿色学校、绿色社区、绿色商场等建设。大力推进节约型机关建设，大中小学生结合课堂教学、专家讲座、实践活动等开展生态文明教育，社区积极开展节能节水、绿化环卫、垃圾分类、设施维护等工作，交通领域推动交通基础设施绿色化、推广节能和新能源车辆、提升城市交通管理水平，家庭优先购买使用节能电器、节水器具等绿色产品，减少家庭能源资源消耗。

第二，全面推进生活垃圾减量化。推动建立垃圾分类标识制度，逐步在产品包装上设置醒目的垃圾分类标识。引导实体销售、快递、外卖等企业避免过度包装。党政机关率先停止使用不可降解一次性塑料制品，城市建成区的商场、超市、农贸市场等逐步禁止使用不可降解塑料袋。旅游、住宿等行业推行不主动提供一次性用品。邮政快递网点减少使用不可降解的塑料包装袋和一次性塑料编织袋，推行同城快递包装材料重复利用，推广应用"共享快递盒"、可复用冷藏快递箱等可循环、可折叠包装产品和物流配送器具。鼓励使用菜篮子、布袋子。

（六）培育全民绿色消费理念

一是鼓励推行绿色衣着消费。提高循环再利用化学纤维等绿色纤维使用比例，提供更多符合绿色低碳要求的服装。推动各类机关、企事业单位、学校等多采购具有绿色低碳相关认证标识的制服、校服。倡导消费者理性消费，按照实际需要合理、适度购买衣物。规范旧衣公益捐赠。鼓励单位、小区、服装店等合理布局旧衣回收点，强化再利用。

二是引导提升绿色食品消费。深入开展"光盘行动"等粮食节约行动，加强对食品生产经营者反食品浪费情况的监督。推动各类机关、企事业单位、学校等建立健全食堂用餐管理制度。加强接待、会议、培训等活动的用餐管理，把节粮减损、文明餐桌等要求融入市民公约、村规民约、行业规范等。

三是积极推广绿色居住消费。鼓励使用节能灯具、节能环保灶具、节水马桶等节能节水产品。倡导合理控制室内温度、亮度和电器设备使用。加快发展绿色建造，大力发展绿色家装，全面推广绿色低碳建材，推动建筑材料循环利用。持续推进农村地区清洁取暖，提升农村用能电气化水平，加快生物质能、太阳能等可再生能源在农村生活中的应用。

四是有序引导文化和旅游领域绿色消费。制定大型活动绿色低碳展演指南。完善机场、车站、码头等游客集聚区域与重点景区景点交通转换条件，将绿色设计、节能管理、绿色服务等理念融入景区运营，促进景区资源高效循环利用。制定发布绿色旅游消费公约或指南。

（七）引导企业履行社会责任

一是融入低碳理念。加快构建绿色供应链体系，推动绿色产品设计、绿色材料、绿色工艺、绿色设备、绿色回收、绿色包装等全流程实施工艺技术革新。鼓励企业参与绿色认证与标准体系建设，主动开展绿色产品认证，激励绿色低碳产品消费。

二是推进减碳工作。明确企业低碳发展方向，将绿色低碳理念融入企业文化，建立健全内部绿色管理制度体系。引导企业将双碳工作纳入其战略发展规划，鼓励重点国有企业和重点用能单位"一企一策"制定实施碳达峰行动方案，深入研究碳减排路径，明确具体减碳措施，着力推进产业结构升级、能源结构优化、节能增效、绿色技术创新及推广应用和减污降碳协同增效，发挥示范引领作用。督促上市公司和发债企业按照强制性环境信息披露要求，定期公布企业碳排放信息。

第五章 绿色能源赋能新质生产力的盐城实践

能源绿色发展是生态文明建设的核心"动力源"。习近平总书记指出："发展清洁能源，是改善能源结构、保障能源安全、推进生态文明建设的重要任务。"立足于我国生态文明建设已进入以降碳为重点战略方向的关键时期，我们必须持续深入推进能源革命，紧盯党中央已经明确的"双碳"目标和时间表、路线图，加快建设新型能源体系。

盐城，作为江苏省辖下的重要城市，在此背景下以其独特的地理环境优势和丰富的自然资源，逐渐成为绿色能源发展的先锋，以新质生产力为引领，奋力书写着绿色发展的新篇章。

第一节 马克思主义视角下的绿色能源

在当今时代，随着全球环境问题日益严峻，人类面临着严重的环境问题和能源危机，能源问题成为世界各国关注的焦点。传统能源的过度开发和使用，导致了气候变化、环境污染、资源枯竭等一系列问题，难以满足长期可持续发展的需求，严重威胁着人类的生存和发展。绿色能源作为一种清洁、可再生的能源形式，具有巨大的发展潜力和广阔的应用前景。

一、绿色能源的内涵特征

绿色能源，又称可再生能源或清洁能源，是指在使用过程中对环境影响较小、资源可持续利用的能源类型。例如，太阳能是一种通过太阳光直接转化为电能或热能的能源形式，主要利用光伏电池板或太阳能集热器来捕捉和转化能量，具有取之不尽、用之不竭的特点，并且在使用过程中几乎不产生任何污染，是最具潜力的绿色能源之一。风能是通过风力发电机将风的动能转化为电能的一种能源形式，资源丰富，特别是在沿海地区和开阔平原地带，风力发电已经成为重要的电力来源之一。与火力发电相比，风力发电不产生二氧化碳和其他有害气体，对环境友好。水能则利用水流的动能来发电，常见的形式包括水力发电站和潮汐能发电。水力发电历史悠久，技术成熟，是目前应用最广泛的可再生能源之一，不仅能够提供稳定的电力，还能在一定程度上调节水资源的分配和利用。生物质能是通过有机物的燃烧或发酵来释放能量的一种能源形式，包括农业废弃物、林业残余物、城市有机垃圾等，通过现代技术，这些废弃物可以被转化为生物燃料或用于发电，从而实现资源的循环利用。它们在生成和使用过程中不会产生或极少产生污染物和温室气体，因此被视为环保和可持续发展的重要组成部分。总的来说，绿色能源的开发和利用在应对全球气候变化、保护生态环境方面具有重要意义。随着技术的不断进步和政策的支持，绿色能源的应用前景将更加广阔，有望在未来成为主要的能源供应方式。

具体来说，绿色能源具有以下几个主要特点：一是环保性，绿色能源在生产和使用过程中对环境的影响极小或几乎没有。与传统的化石能源（如煤炭、石油、天然气）相比，绿色能源不会产生大量的二氧化碳、二氧化硫、氮氧化物等有害气体，也不会产生粉尘、废渣等固体废弃物，从而有效减少了对大气、水、土壤等环境要素的污染。二是可再生性，绿色能源大多来自自然界中不断循环再生的资源。太阳能来自太阳的辐射，只要太阳存在，太阳能就可以持续不断地被利用；风能是由于地球表面不同地区的大气受热不均而产生的空气流动，只要地球的大气环流存在，风能就可以持续供应；水能则是利用河流、湖泊等水体的流动势能和动能，而水在自然界中可以通过循环不断更新。这种可再生性使得绿色能源能够长期、稳定地为人类提供能源，避免了因化石能源的有限储量而带来的能源危机。三是可持续性，绿色能源的开发和利用符合可持续发展的理念。可持续发展要求在满足当代人需求的同时，不损害后代人满足其需求的能力。绿色能源的发展不仅能够满足当前社会对能源的需求，而且不会对未来的能源供应造成威胁。同时，绿色能源的发展还可以促进经济、社会和环境的协调发展，为人类创造更加美好的未来。

　　绿色能源体现了人与自然的和谐统一。在资本主义生产方式下，对利润的追求导致了对自然资源的过度开发和对环境的破坏，人与自然的矛盾日益尖锐。绿色能源的发展可以减少对传统化石能源的依赖，降低环境污染和生态破坏的风险，从而缓解人与自然的矛盾。马克思主义认为，人与自然是相互依存、相互作用的关系，人类的生存和发展离不开自然，同时人类又通过实践活动改造自然。绿色能源的开发和利用，是人类在尊重自然规律的基础上，积极利用自然的力量为自身服务的体现。例如，太阳能、风能、水能等绿色能源都是自然界中原本就存在的能量形式，人类通过技术手段将这些能量转化为可供生产生活使用的能源，既满足了自身的能源需求，又不会对自然环境造成破坏，实现了人与自然的和谐共生。

　　绿色能源是生产力发展的新方向。马克思主义认为，生产力是人类社会发展的最终决定力量。随着科技的进步和社会的发展，传统的以化石能源为基础的生产力模式已经难以满足可持续发展的要求。绿色能源作为一种新兴的能源形式，具有清洁、可再生、高效等特点，代表了生产力发展的新方向。例如，太阳能光伏技术、风力发电技术等绿色能源技术的不断创新和应用，提高了能源的利用效率，降低了生产成本，为经济社会的发展提供了新的动力。绿色能源的发展不仅仅是能源领域的变革，更对整个社会的发展模式产生了深刻影响。它促使人们从传统的高能耗、高污染的发展模式向低能耗、低污染、可持续的发展模式转变。一方面，绿色能源的推广应用可以促进产业结构的调整和升级，推动节能环保产业、新能源产业等新兴产业的发展，创造新的经济增长点。另一方面，绿色能源的普及也有助于增强人们的环保意识，促进社会文明的进步。

　　绿色能源对经济基础的影响。绿色能源的发展将改变现有的能源产业格局，重塑经济基础。传统的化石能源产业在经济中占据重要地位，但随着绿色能源的崛起，传统能源的市场空间将逐渐被压缩。同时，绿色能源产业的发展将带动相关产业的发展，如新能源设备制造、能源存储、智能电网等，形成新的经济增长点。例如，德国在大力发展太阳能、风能等绿色能源的过程中，不仅实现了能源结构的转型，还带动了相关产业的发展，创造了大量的就业机会，促进了经济的稳定增长。上层建筑包括政治、法律、文化等方面，对绿色能源的发展起着重要的反作用。政府的政策支持、法律法规的制定、社会文化的引导等都可以促进绿色能源的发展。政府可以通过制定鼓励绿色能源发展的政策，如补贴、税收优惠、投资支持等，引导社会资金流向绿色能源领域。同时，加强对绿色能源技术研发的投入，提升绿色能源的技术水平和竞争力。此外，通过宣传教育等手段，提高公众对绿色能源的认识和接受度，营造有利于绿色能源发展的社会文化氛围。

综上所述，从马克思主义基本原理的角度来看，绿色能源是在尊重自然规律的基础上，利用自然界中的清洁能源为人类服务的能源形式。它代表了生产力发展的新方向，有助于缓解人与自然的矛盾，推动社会发展模式的转变。同时，绿色能源的发展也受到经济基础和上层建筑的影响，需要政府、企业和社会各方的共同努力。

二、绿色能源与新质生产力

随着全球化进程的加速，人类社会在经济、科技和文化方面取得了巨大的进步。然而，这种进步往往以过度消耗自然资源和破坏环境为代价。传统的化石能源不仅带来了严重的环境污染问题，也导致了全球性的生态危机。面对这些挑战，寻找替代性的绿色能源成为当务之急。绿色能源以其可再生性和低污染性，成为应对能源和环境问题的重要选择。与此同时，随着生产力理论的不断发展，新质生产力的概念逐渐进入学术界的视野。所谓新质生产力，是指以科技创新为核心，注重高质量和可持续发展的生产力形态，不仅关注生产效率的提升，更强调生态环境的保护和资源的可持续利用。从马克思主义基本原理的角度来看，发展绿色能源与新质生产力之间存在着密切的关系。

（一）绿色能源承载的新质生产力具有的基本特征

从承载主体来看，传统生产力是由运用传统技术的产业承载的，新质生产力则是由经过先进技术改造的传统产业或者运用先进技术的新兴产业所承载的。具体而言，新质生产力既可以由经过先进技术改造的传统产业承载，如传统能源产业通过技术改造，实现清洁化生产，利用绿色能源；也可以由运用先进技术的新兴产业承载，如太阳能、风能等新兴产业，直接以绿色能源为核心开展生产活动。

从成长性来看，传统生产力在旧赛道上的成长性比较弱，增长速度比较慢，总体上呈现递减趋势；而新质生产力在新赛道上的成长性比较强，增长速度比较快，呈现加速发展趋势。以绿色能源为代表的新质生产力，随着技术的不断进步和成本的不断降低，其市场竞争力将越来越强，发展速度也将不断加快。

从结果来看，传统生产力的劳动生产率相对较低，提供旧有的产品和服务；新质生产力的劳动生产率比较高，提供的是新产品和新服务，或其所提供的产品和服务具有新的更好的性能，特别是全要素生产率大幅度提高。绿色能源产业通过不断创新和技术升级，能够提供更加高效、环保的能源产品和服务，提高全要素生产率。

从竞争环境来看，传统生产力下的传统产业，其进入的技术门槛相对比较低，竞争激烈，利润率低，已经成为厮杀残酷的"红海"；而新质生产力下的新兴产业属于新赛道，其进入的技术门槛高，竞争相对较小，基本属于"蓝海"，特别是还有很多新的领域尚待开发，利润率高，甚至可获得超额利润。绿色能源产业作为新兴产业，具有较高的技术门槛和广阔的发展空间，竞争相对较小，利润率较高。

从生产力的构成要素来看，传统生产力下的传统产业对劳动力素质的要求不高，劳动对象较少，生产资料相对简单；而新质生产力下的已经改造的传统产业和正在兴起的新兴产业和尚待形成的未来产业对劳动力素质要求高，劳动对象比较多，特别是原来不能利用的劳动对象在新质生产力中是可以被开发和利用的，生产资料科技含量更高。绿色能源产业需要高素质的专业人才，能够开发利用更多的劳动对象，如太阳能、风能等自然资源，其生产资料也具有更高的科技含量。

（二）绿色能源在新质生产力中发挥的作用

能源要素转换，即从化石能源转向绿色能源，为经济社会发展提供更便宜、清洁的能源。随着全球对可持续发展的重视，能源要素正从传统的化石能源加速向绿色能源转换。以中国为例，光伏、陆上风电的平准化度电成本已低于燃煤标杆电价，为经济社会发展提供了更便宜、清洁的能源。中国在绿色产业方面取得了显著成就。2022 年中国企业在全球光伏组件市场的份额超过 80%，新能源乘用车产量在全球的市场份额接近 50%。这表明中国在供给端为全球绿色转型做出了重大贡献。绿色能源属于制造业，具有规模经济特征。而化石能源具有规模不经济的特征，如开采油矿、煤矿往往从成本较低的地方开始，随着挖得越深、越远，成本也越高。与化石能源不同，绿色能源产量越高、单位成本越低。例如，年产100 万辆车的单位成本低于同等条件下年产 10 万辆车的单位成本。这种规模经济效应使得绿色能源在经济增长中发挥着重要作用。

　　绿色转型与研发创新紧密相连。新能源行业在研发投入和专利申请数量上明显高于化石能源行业，更有能力贡献创新动能。新能源行业的快速发展与科技创新紧密相关，这在多个方面得到了体现。从研发投入来看，对比中国新能源设备制造和化石能源开采的 A 股上市公司，新能源行业的研发投入占营业收入的比重明显更高。例如，新能源设备制造包括风电光伏设备和锂电等领域，相关企业为了提高能源转化效率、降低成本以及开发新的应用场景，不断加大研发投入。以光伏产业为例，企业投入大量资金用于新型太阳能电池材料的研发，提高太阳能电池的光电转换效率，从而在相同的面积上获取更多的电能。在风能领域，研发投入推动了风力发电机的设计创新，使其能够在更大的风速范围内高效运行，提高风能的利用率。在专利申请数量方面，新能源行业同样表现突出。众多企业积极开展技术创新，在太阳能、风能、生物质能、氢能等领域不断取得新的技术突破，并申请了大量专利。这些专利涵盖了从能源生产到存储、传输和应用的各个环节，为新能源行业的发展提供了强大的技术支撑。例如，新型太阳能电池技术、高效风力发电机组设计、生物质能发电技术以及氢能生产和应用技术等方面的专利，不仅提升了新能源行业的技术水平，也增强了企业的核心竞争力。新能源行业的高研发投入和大量专利申请，使其更有能力贡献创新动能。这种创新动能不仅推动了新能源行业自身的发展，也对全要素生产率的提升产生了积极影响。通过技术创新，新能源行业能够提高能源利用效率，降低生产成本，为经济社会发展提供更高效、更清洁的能源解决方案，从而促进全要素生产率的提升。

　　绿色能源具有正外部性，政府干预可以促进绿色技术创新，对全球治理体系产生重要影响。绿色能源具有显著的正外部性。一方面，绿色能源在生产和使用过程中能够减少对环境的污染和破坏。与传统的化石能源相比，绿色能源如太阳能、风能、水能等在利用过程中不会产生二氧化碳、二氧化硫等温室气体和污染物，有助于缓解全球气候变化和环境污染问题。另一方面，绿色能源的发展能够促进技术创新和产业升级。绿色技术创新的成本和风险由个体承担，而收益由全社会共享。例如，一个企业投入大量资金研发新型绿色能源技术，一旦成功，不仅该企业能够获得经济效益，整个社会也能从中受益，包括改善环境质量、提高能源安全性、推动经济可持续发展等。然而，由于个体投入之和往往低于社会理想水平，因此需要政府干预。

政府可以通过多种方式促进绿色技术创新。在需求侧，政府可以通过碳定价、碳税等措施降低化石能源的需求，引导市场主体转向绿色能源。例如，欧盟在过去几十年中主要在需求侧发力，其碳市场发展在全球处于领先地位，通过碳定价机制促使企业和消费者减少对化石能源的使用，推动绿色能源的发展。在供给侧，政府可以通过财政补贴、制度设计等方式促进市场主体增加投入，支持绿色能源技术创新和绿色产业发展。例如，中国政府通过产业政策和财政补贴等措施，大力推动新能源产业的发展，取得了显著成效。政府干预绿色能源发展不仅能够促进绿色技术创新，还对全球治理体系产生了重要影响。绿色转型是一项系统性的事业，不仅影响生产力，也影响生产关系。在全球范围内，各国政府通过制定和实施绿色能源政策，加强国际合作，共同应对气候变化和环境问题，推动全球治理体系向更加公平、公正、可持续的方向发展。例如，国际可再生能源机构通过促进成员间的技术合作和经验分享，推动可再生能源的普及和应用。同时，绿色能源的发展也引发了国际贸易格局的变化，各国在绿色产业领域的竞争与合作日益加剧，需要通过完善全球贸易与投融资体系，以构建高效的全球绿色产业布局，实现互利共赢。

可见，绿色能源作为新质生产力的重要组成部分，为新质生产力的发展提供了强大的动力支持。随着全球气候变化问题的日益严峻，各国都在积极寻求实现可持续发展的路径。绿色能源作为一种清洁、可再生的能源形式，成为了全球能源转型的重要选择。新质生产力作为一种符合新发展理念的先进生产力质态，也在不断推动着经济社会的发展。在这个过程中，绿色能源与新质生产力之间的关系逐渐凸显出来。马克思主义认为，生产力的发展必须高度重视自然条件的影响。自然条件作为劳动对象与劳动资料，参与了使用价值的生产，是使用价值的源泉。人与自然的共生关系意味着，人类善待自然，自然也会馈赠人类。绿色能源的发展正是体现了人类对自然的重视，通过利用太阳能、风能、水能等可再生能源，减少对传统化石能源的依赖，降低对自然环境的破坏，实现经济社会发展和生态环境保护的协调统一。而新质生产力则是以智能技术和绿色技术为代表的新一轮技术革命引领的生产力跃迁，通过技术创新、产业升级等手段，推进经济、产业、能源结构向绿色低碳转型发展，从而实现经济发展与生态环境保护的和谐统一。

然而，绿色能源在驱动新质生产力的过程中也面临着一些挑战。一方面，技术瓶颈仍然存在。虽然我国在新能源技术领域取得了显著成就，但储能技术尚未完全成熟，影响了新能源的稳定供应；部分新能源技术的成本仍然较高，限制了其市场推广。另一方面，市场竞争日益激烈。随着全球绿色能源革命的推进，新能源市场竞争不断加剧，各国都在积极发展新能源产业，争夺市场份额。同时，部分国家通过贸易保护主义手段，限制中国新能源产品进入国际市场。此外，环境风险也不容忽视。虽然新能源技术有助于减少环境污染，但其开发和利用过程中仍可能产生一定的环境风险，如风电场建设可能对鸟类栖息地产生影响，光伏发电项目的选址不当可能导致水资源短缺等问题。面对这些挑战，我们需要坚持马克思主义的指导，正确处理经济发展与生态环境保护的关系，加大科技创新投入，突破新能源技术瓶颈；深化国际合作，应对全球市场竞争；加强环境风险评估和管理，确保绿色能源的可持续发展。只有这样，才能充分发挥绿色能源对新质生产力的驱动作用，实现经济社会的可持续发展。

三、盐城建成绿色能源之城的时代背景

全球能源正加速向低碳、零碳转变。近年来，二氧化碳排放量仍逐年增加，尽管全球各国政府纷纷采取行动显示脱碳雄心，但能源转型仍面临诸多挑战。2024 年版《世界能源展望》报告显示，全球能源需求持续增长，石油消费量虽在未来有所下降，但目前石油仍在全球能源系统中占据重要地位。同时，全球电动汽车数量迅速增长，交通领域加速向能源绿色低碳转型，石油在交通能源中的使用比例减少。天然气的发展前景取决于能源转型的速度，新兴经济体对天然气的需求不断增长，同时全球对天然气的需求也将转向电气化和低碳燃料。

众多国家和地区都在积极推动能源转型。例如，美国在 2018 年成为石油净出口国，标志着其在能源独立的道路上又近了一步，这主要得益于页岩油气革命。2018 年，中俄能源合作重大项目——亚马尔液化天然气项目进展迅速，作为"冰上丝绸之路"的重要支点，该项目不仅促进能源与金融领域有机结合，还带动我国装备制造和服务"走出去"。2023 年，中美合作积极引领气候治理，两国发表关于加强合作应对气候危机的声明，为全球气候治理注入新动能。2024 年上海国际碳中和技术、产品与成果博览会举办，中国在推动全球可再生能源技术的普及和发展方面起到了领头羊的作用，我国光伏装机规模已连续十年位居全球第一，新能源装备、储能

系统出口全球多个国家。

　　盐城在全球能源转型中具有独特的地位和机遇。盐城地处北京—山东—上海氢能走廊的关键节点，是东部氢能发展区的核心要道。同时，盐城拥有丰富的"风光"资源，是国家首批碳达峰试点城市、长三角地区首个千万千瓦新能源发电城市，其新能源产业集群入选首批省级战略性新兴产业融合示范集群。盐城在新能源领域创下多项"领先"，建成了全球单体规模最大的滩涂风光电产业基地、全省最大的独立储能电站。盐城可以充分利用自身优势，积极融入全球能源转型大趋势，发展"风光氢储"一体化，打造世界级新能源产业集群，成为全球能源转型的重要示范城市。

　　此外，国家政策的导向也是不可忽视的重要因素。"双碳"目标即碳达峰、碳中和，碳达峰是指碳排放量达峰，即二氧化碳排放总量在某一个时期达到历史最高值，之后逐步降低；碳中和即为二氧化碳净零排放，具体是指人类活动排放的二氧化碳与人类活动产生的二氧化碳吸收量在一定时期内达到平衡。国家"双碳"目标的提出，是推动经济结构转型升级、形成绿色低碳产业竞争优势、实现高质量发展的内在要求，也是对国际社会的庄严承诺。

　　"双碳"目标的实现需要强化源头治理、系统治理、综合治理。关键在于减少环境污染物和温室气体的排放，减污和降碳具有一致的控制对象，两项工作在很大程度上可以协同推进。要强化治理体制机制建设，统筹大气、水、土壤、固体废物、温室气体等多领域减排要求，以碳达峰行动进一步深化环境治理，以环境治理助推高质量达峰，提升减污降碳综合效能，实现环境效益、气候效益、经济效益多赢。同时，要加快调整产业结构、能源结构，推动产业低碳转型，控制高耗能行业产量，加快发展新兴的低碳产业，加快传统产业低碳技术的创新和产业化应用步伐，构建绿色低碳工业体系。实现"双碳"目标，调整能源结构是根本，要推动传统化石能源利用清洁化、新能源发展规模化、终端能源消费电气化，狠抓绿色低碳技术攻关，持续推进清洁能源产业有序健康发展。此外，要推动形成绿色低碳的生活方式，全方位推进绿色生产、绿色流通、绿色生活、绿色消费的普及，构建绿色产业链，促进资源全面节约和循环利用。

　　盐城积极响应国家"双碳"政策，以入选全国首批碳达峰试点城市为契机，全力打造世界风电装备产业集群、全国晶硅光伏产业集群、沿海绿色氢能产业集群和长三角新型储能产业集群。例如，江苏沿海可再生能源技术创新中心重大项目签约活动在盐城举行，中国质量认证中心在盐设立区域性服务中心，围绕绿色产业检验检测认证评价进行深度合作；中国科学院上海应物所选择盐城作为氢产业发展的重点实验检测基地。此外，盐城还在全省先行先试低（零）碳产业园建设，成立零碳园区标准体系建设和国际认证联盟，3 个低（零）碳园区和盐城经济技术开发区列入省新型电力系统建设试点。在"双碳"目标引领下，射阳港经济开发区高水平建设低（零）碳产业园区，围绕能源清洁化、产业绿色化、设施低碳化、管理智慧化、认证国际化"五化"要求，在绿色低碳发展新赛道上破题起势、勇当先锋。同时，盐城不断增加绿电供给量，坚持"源网荷储"一体化打造，大力实施可再生能源替代行动，创设更多应用示范场景，加快建设"零碳社区"，推广绿色交通、绿色建筑、绿色生活。建设园区智慧物联网能碳管理平台，完善碳足迹数据核算和追溯体系，努力推动园区更多产品进入国际市场"一较高下"。

第二节　盐城绿色能源发展的具体实践

绿色能源作为新质生产力的核心驱动，在推动经济增长、促进科技创新、实现可持续发展等方面发挥着至关重要的作用。通过释放绿色动能、激发绿色效能，绿色能源为经济高质量发展和全面推进盐城现代化建设提供了强大动力。

一、盐城绿色能源发展的优势资源

盐城拥有江苏省最长的海岸线和最广的海域面积，这为其带来了显著的风能优势。盐城的近海 100 米高度年平均风速超 7.6 米/秒，远海接近 8 米/秒，年等效满负荷小时数可达 3 000~3 600 小时。盐城沿海风能资源的空间分布呈现两个特点：其一，有效风能密度由东向西递减，东部近海地区有效风能密度全在 100 w/m² 以上，西部全在 100 w/m² 以下；其二，有效风能密度线与海岸线基本平行，反映盐城沿海风能资源南北差异不大。同时，盐城沿海风能资源季节分布差异十分明显，冬、春季沿海风能资源较丰富，夏、秋季较匮乏，最大值出现在春季，最小值出现在秋季。

以金风科技为例，该公司是一家集大型风电机组及零部件的研发、生产、出口、海洋服务、培训于一体的绿色科技型企业。金风科技的风电业务遍布全球六大洲 43 个国家，出口机组容量占全国风电机组总出口总容量近 50%。截至 2024 年 8 月底，金风大丰基地累计生产机组容量超 2 000 万千瓦，累计从盐城生产出口订单容量超 700 万千瓦，其中 2024 年已生产出口机组容量占比总容量达 85%。随着金风科技、中车电机等风电行业领军龙头企业抢滩大丰沿海，盐城形成了风电整机及相配套产业研发制造及运维服务"一条龙"的全产业链条。自金风科技落户大丰风电产业园，随之吸引了中车电机、双瑞叶片、锦辉机舱罩、双一模具、宝诚重工结构件等一批产业链关键企业集聚，形成年产风电机组 1 200 台（套）的能力。以金风科技为龙头，推动 16 兆瓦以上风机研发设计，带动风电产业上下游关联企业集聚，完善了海上风电全产业链生态圈。大丰风电产业园建有长三角一体化产业发展基地新能源科创园、金风科技大型直驱永磁海上风电机组检测技术国家地方联合工程实验室、江苏中车国家企业技术中心分中心等国家、省级科技创新平台 16 个，已累计取得专利 750 余件，牵头完成了 4 项国家级重点项目和 5 个省级重大科技成果转化项目。

盐城不仅拥有丰富的风能资源，其太阳能资源同样充足，为光伏产业的蓬勃发展提供了强大动力。盐城属于太阳能资源丰富地区，年平均光照时间为 2 280 小时，年发电利用小时数约 1 200 小时，适宜光伏发电项目开发的空间资源较为充足。这样的光照条件为光伏产业的发展提供了稳定的能源基础。例如，在盐城天合国能光伏科技有限公司 13 万平方米的厂房屋顶上，45 000 余张光伏太阳能板整齐排列。该屋顶光伏项目采用"自发自用、余电上网"的消纳方式并入主网架，并网发电后平均每天可发电约 6 万度，为该企业节省 11% 的用电量。以润阳等企业为例，江苏润阳新能源科技股份有限公司是一家专注于光伏核心产品研发和制造的新能源高科技企业。近年来，润阳抢抓新能源产业发展机遇，持续推进生产和技术创新，首创复合钝化膜沉积技术，打破了国外专利垄断，实现国产化自主可控；首创单面碱抛技术，每年减少百万吨硝酸排放，被全行业推广运用；率先开发大尺寸和掺镓电池技术，助推平价上网。润阳已经成长为行业领先的太阳能高效电池专业制造商，电池片出货量连续多年位居全球前三。

天合光能是全球领先的光伏智慧能源整体解决方案提供商，涵盖光伏产品、光伏系统以及智慧能源的光伏企业。近年来，天合坚定高端化、智能化、绿色化方向，高质量发展提速发力。通过实施数字化系统，利用智能硬件，天合光能实现了行业领先水平的自动化、数字化、智能化。先后获评国家智能制造优秀场景、国家级智能制造示范试点项目、江苏省智能工厂、江苏省智能车间等多项荣誉。同时，依托光伏科学与技术国家重点实验室研发平台，致力于以创新性研发带动行业变革。自 2011 年起，天合光能晶硅电池效率及组件功率输出已 25 次打破世界纪录。目前，天合光能在盐城经开区已经设立 4 家公司，形成高效光伏电池产能 18.5 吉瓦，高效光伏组件产能 20 吉瓦。

润阳和天合的高质量发展是光电产业园区加快建成千亿光伏产业的生动写照。大丰风电产业园建有长三角一体化产业发展基地新能源科创园、金风科技大型直驱永磁海上风电机组检测技术国家地方联合工程实验室、江苏中车国家企业技术中心分中心等国家、省级科技创新平台 16 个，已累计取得专利 830 余件，牵头完成了 4 项国家级重点项目和 5 个省级重大科技成果转化项目。这些都充分展示了盐城光伏产业的强大集群效应。

二、盐城绿色能源发展的产业布局

首先，盐城积极构建"2+4+8"产业布局，打造立体化新能源产业发展格局，为绿色能源之城的建设奠定了坚实基础。

"2"是两大集群的构建。一个是海上风电产业集群。盐城拥有得天独厚的风能资源，为海上风电产业集群的发展提供了有力支撑。在盐城，以金风科技、远景能源、上海电气等为代表的整机制造企业，以中车电机、中材科技等为代表的配套装备制造企业，以及以泰胜风能等为代表的海工制造企业共同构建起了全产业链生态体系。盐城海上风电装机容量占全国海上风电装机容量的比例居全国前列。例如，盐城规划近远海海上风电容量在"十四五"期间将突破 3 000 万千瓦，超过全省 70%。海上风电产业集群的形成，不仅推动了盐城经济的发展，还为全国乃至全球的海上风电产业发展提供了示范。另一个是光伏产业集群。盐城充足的太阳能资源孕育了蓬勃发展的光伏产业集群。正泰新能源、天合光能、阿特斯、协鑫、润阳、悦阳等一大批光伏龙头装备制造企业在盐城竣工投产。这些企业涵盖了光伏产业的研发、生产、装机等全产业链环节，深度融入全球光伏产业发展布局。盐城的光伏产业集群不断扩大进出口贸易，为盐城经济增长注入了强大动力。例如，2024 年 1 月至 9 月，晶硅光伏产业链实现开票销售 779.26 亿元，同比增长 188.96%。

"4"是四大基地，包括近海千万千瓦级海上风电开发基地、远海千万千瓦级海上风电开发基地、百万千瓦级光伏综合利用基地、海上风电运维基地。近海千万千瓦级海上风电开发基地充分利用盐城近海丰富的风能资源，加快海上风电项目的建设和开发，提高风电装机容量和发电量。远海千万千瓦级海上风电开发基地则着眼于更广阔的海域，探索深海风电开发的技术和模式，为未来海上风电的可持续发展提供新的方向。百万千瓦级光伏综合利用基地依托盐城充足的太阳能资源，大力发展光伏发电项目，提高光伏产业的规模和效益。海上风电运维基地为盐城众多的海上风电项目提供运维服务，保障风电设备的稳定运行和高效发电。

"8"是八大园区，即大丰风电产业园、射阳新能源及其装备产业园、东台风电产业园、阜宁风电装备产业园、滨海风电产业园、响水风电产业园、盐城经济技术开发区光电产业园、建湖光伏产业园。这些园区各具特色，分工明确。大丰风电产业园以金风科技等企业为龙头，形成了风电整机及相配套产业研发制造及运维服务"一条龙"的全产业链条。射阳新能源及其装备产业园积极引进新能源项目和装备制造企业，推动新能源产业的发展。东台风电产业园、阜宁风电装备产业园、滨海风电产业园、响水风电产业园也分别在风电产业的不同环节发挥着重要作用。盐城经济技术开发区光电产业园聚焦光伏产业的研发和创新，推动光伏技术的进步。建湖光伏产业园则致力于打造光伏产业的制造基地，提升光伏产品的产量和质量。八大园区协同发展，共同推动盐城新能源产业的繁荣。

其次，盐城构建的"2+2+2"新能源产业体系，将优势产业与未来产业紧密结合，展现出独具特色与强大的优势。

在风电和光伏两大优势产业方面，盐城充分利用丰富的风能和太阳能资源，实现了产业的快速发展。风电产业中，众多整机制造、配套装备制造和海工制造企业协同合作，形成了完整的产业链生态体系。例如，盐城的海上风电装机容量不断增加，在全国占据重要地位。光伏产业同样成绩斐然，正泰新能源、天合光能等一大批光伏龙头企业的竣工投产，使得盐城在光伏产业的研发、生产和开发等全环节深度融入全球光伏产业布局。2024年1月至9月，晶硅光伏产业链实现开票销售779.26亿元，同比增长188.96%，充分展示了优势产业的强大实力。同时，储能和氢能两大未来产业也迎来了重要的发展机遇。储能产业方面，天合、阿特斯纷纷"加码"，在盐城投资超百亿元储能项目。随着可再生能源行业的大规模发展，储能技术的重要性日益凸显，它能够有效解决可再生能源的间歇性和不稳定性问题，提升能源系统的可靠性和稳定性。氢能产业也在盐城积极布局，氢能作为一种清洁、高效的能源载体，具有广阔的应用前景。盐城积极培育发展氢能产业，为未来能源转型奠定基础。风电、光伏、储能、氢能产业协同发展，形成了良好的互动效应。风电和光伏产业为储能和氢能产业提供了丰富的电力来源，而储能和氢能产业又为风电和光伏产业的稳定运行提供了保障。这种协同发展模式不仅提高了能源的利用效率，还降低了能源系统运行的成本，为盐城新能源产业的可持续发展提供了有力支撑。

输变配电、综合能源服务两大配套产业在盐城新能源产业体系中发挥着至关重要的作用。输变配电方面，盐城重点发展高压输电电缆、交流海底电缆和绝缘导电材料等产品。这些产品的研发和生产，增强了盐城电网的输送能力和可靠性，为新能源电力的大规模外送提供了保障。例如，2024年顺利完成"220千伏花洲输变电工程"等系列电网网架加强工程，持续提升电网新能源消纳输送能力。同时，开发配送式智能变电站、站内多功能测控装置、智能巡检机器人等关键技术和设备，提高了电网的智能化水平和运维效率。综合能源服务方面，盐城积极拓展能源服务领域，为用户提供全方位的能源解决方案。通过整合能源资源，优化能源配置，提高能源利用效率，降低用户的能源成本。例如，为企业提供定制化的能源管理服务，帮助企业实现节能减排目标；为居民用户提供智能能源管理系统，提高家庭能源使用的便捷性和安全性。两大配套产业的发展，为盐城新能源产业的发展提供了有力的支撑。它们与风电、光伏、储能、氢能等产业相互配合，共同构建了一个完整的新能源产业生态系统，推动盐城绿色能源之城的建设迈向新的高度。

三、盐城绿色能源发展的创新举措

一是绿色产业园区建设。盐城积极推进低（零）碳产业园建设，展现出独特的园区特色与显著优势。这些产业园充分发挥绿电资源优势，重点招引对绿电有强烈需求、科技含量高、碳税竞争力强的优质项目。以射阳港低（零）碳产业园区为例，园区拥有良好的生态资源和厚实的新能源产业基础。一方面，其依托丰富的"风光"资源，大力培育绿色产业集群。在已落户的27家新能源企业中，世界500强企业有8家、国内500强企业有 7 家，涵盖了从风场资源开发到装备智造、科创研发、检测认证、运维服务等全产业链环节。另一方面，园区瞄准高端化、智能化、绿色化发展方向，以风电装备产业为主导，积极引进如 CQC 新能源创新基地、大连重工海工高端装备、中车时代 150 米级以上海上风电叶片智造等关键节点项目，新能源产业全面起势、加速崛起。

大丰港零碳产业园则探索"绿电＋氢能"发展模式，围绕新能源及装备制造、新能源汽车零部件产业延链、补链、强链，培植发展绿氢及海洋（合成）生物等产业，推进钢铁、造纸、化工产业转型升级发展。园区通过提供稳定、可溯源绿电以及标准化、国际化碳排放盘查服务，成功吸引了深圳永泰数能科技有限公司等企业入驻。这些企业的产品部分销往欧洲及北美，对绿电需求强烈，直连绿电让他们能够叩开海外市场、提升海外竞争力。滨海港零碳产业园立足港区优势，挖掘"绿电＋冷能"的资源禀赋，建设盐城首个 220 千伏全绿电变电站，国内首座 LNG 冷能交换中心即将建成使用，积极培育液空储能、冷能空分、冷能发电、冻干食品、冰雪休闲等产业，推进"东数海算""东数绿算"海洋算力中心建设。

二是碳数据管理与竞争力提升。"零碳数字大脑"在盐城的低（零）碳产业园中发挥着至关重要的作用。在射阳港经济开发区低（零）碳产业园，"能-碳双控平台"中心大屏上，跳动着园区企业用电和碳排放数据。"零碳数字大脑"基于物联网技术，实时掌握能耗状态，根据算法模型分析碳数据、确定碳足迹、减少碳排放。通过"零碳数字大脑"，园区能够实现能源数据可追溯，为企业提供碳排放盘查报告，一键生成企业碳排放情况。这有助于企业了解自身的碳排放量，制定针对性的减排措施，提高碳管理水平。同时，标准化、国际化的碳排放盘查服务，也为企业在国际市场上提升碳税竞争力提供了有力支持。在全球强化碳边境调节税、产品碳足迹等绿色壁垒的大背景下，盐城的低（零）碳产业园通过"零碳数字大脑"实现碳数据管理，是主动应对的"先手棋"，这有助于抢占绿色技术先机，提升产品国际竞争力。例如，园区内的企业可以通过优化生产流程、采用清洁能源等方式降低碳排放，提高产品的绿色含量，满足国际市场对低碳产品的需求。此外，"零碳数字大脑"还能够促进园区内企业之间的资源共享和协同合作。通过分析碳数据，园区可以引导企业进行能源互补和资源循环利用，提高能源利用效率，降低整体碳排放水平。同时，也为园区的产业布局和发展规划提供科学依据，推动园区实现可持续发展。

三是技术创新与产业升级。长时储能技术在盐城绿色能源发展中发挥着重要作用，以纬景储能为例，其充分展现了技术创新对产业发展的推动。纬景储能于 2018 年成立，总部位于上海，在盐城新能源产业发展中布局了首个锌基液流电池智能制造工厂。锌基液流电池具有能量密度高、生产成本低、结构简单、无危废产生可回收等优势。纬景储能的锌基液流电池选取锌和铁两种本征安全、储备丰富、成本极低、价格波动平稳的金属进行配对，首先保证了原材料极安全、易获取、低成本。其在本土技术创新、产品迭代与持续降本方面已经走在前沿。2021 年 10 月，纬景储能与中国电建集团江西省电力建设有限公司在江西上饶合作的 200 kW/600 kWh "智慧能源示范项目" 成功并网，实现了供应链原材料国产化、生产流程完备化、产品生产工艺精细化和产品智能制造创新化。2024 年 1 月，纬景储能在江苏盐城启用了国内首条百兆瓦级的 "液流电池智能产线"，单一产线产能达到 1.2 GWh。同年 7 月，在广东珠海打造的净零碳示范工厂也竣工并全面投产，年产能达到 6 GWh，是国内首个吉瓦级产能的液流电池工厂。这标志着液流电池产业已迈入吉瓦时代，为盐城新能源产业的发展提供了强大的技术支持。

第三节 绿色能源转型的成效与挑战

盐城建设绿色能源之城是在全球能源转型和国家政策导向的大背景下进行的。从全球能源转型来看，能源正加速向低碳、零碳转变，盐城凭借其独特的地理位置和丰富的 "风光" 资源，在全球能源转型中占据重要地位，成为全球能源转型的重要示范城市。国家 "双碳" 目标的提出，为盐城发展新能源产业提供了政策支持和发展机遇。盐城积极响应国家政策，全力打造世界级新能源产业集群，在全省先行先试低（零）碳产业园建设，不断做大绿电供给量，推动园区更多产品进入国际市场。

一、成效分析

盐城建设绿色能源之城具有重大的时代背景和意义，是盐城积极响应全球能源转型和国家政策导向的战略选择，也是基于自身资源优势和发展需求的必然结果。盐城在建设绿色能源之城的过程中，取得了显著的成就，为推动区域可持续发展、实现能源转型提供了重要的参考依据。

第一，在经济发展层面。绿色能源产业对盐城经济增长的贡献显著，成为推动盐城经济高质量发展的重要引擎。盐城的绿色能源产业发展迅猛，产业规模不断扩大。以光伏产业为例，截至 2024 年 7 月底，全市光伏装机容量达 162.7 万千瓦，占全省光伏装机总量的 14%。1 至 7 月，全市光伏装备产业实现开票销售 66.82 亿元，同比增长 21.54%。天合光能（盐城）新能源科技有限公司一季度实现开票销售同比增长 69.65%，产线满负荷生产，实现年产能 13 GW，年销售超 100 亿元。晶硅光伏产业链实现开票销售快速增长，2024 年 1 月至 9 月，晶硅光伏产业链实现开票销售 779.26 亿元，同比增长 188.96%。新签约亿元以上光伏产业项目 28 个。盐城积极开展跨国经贸合作交流，吸引了大量国内外投资，为盐城经济发展注入了强大动力。第十五届中国（江苏）企业跨国投资研讨会在盐城召开，围绕"共建绿色丝路，共赢低碳未来"主题，举办一系列活动，引导企业"走出去"开展国际合作和合规经营。活动现场，江苏润阳新能源与泰国金池工业园区签署共建"年产 7 GW 高效组件+高效电池片生产项目"，江苏省贸促会、盐城市中级人民法院、盐城市贸促会签署"涉外商事法律服务战略合作框架协议"，盐城市贸促会和皇家贝尔特（迪拜世界中心）签署合作备忘录。2024 中韩（盐城）产业园经贸合作交流会在韩举办，盐城始终把对接韩国作为"出海扬帆"的重要方向，充分发挥自身优势，深化与韩国全方位、全产业链合作。盐城经开区及中韩（盐城）产业园优越的投资发展环境受到与会嘉宾客商的高度认可，活动现场共签约复合陶瓷材料、JESCO 静电吸盘等 8 个产业项目。

这些跨国经贸合作交流活动不仅吸引了大量投资，还创造了众多就业机会。随着绿色能源产业的不断发展，盐城的新能源企业如雨后春笋般涌现，为当地居民提供了大量的就业岗位。例如，天合光能、阿特斯、协鑫等光伏企业在盐城的投资布局，不仅带来了先进的技术和管理经验，还为当地创造了数千个就业岗位。同时，盐城的风电产业也吸引了众多企业如金风科技、远景能源、上海电气等知名风电整机企业的落户，为盐城的风电产业发展提供了坚实的支撑，也创造了大量的就业机会。

第二，在生态环境层面。盐城建设绿色能源之城在生态环境层面产生了深远的积极影响，为生态保护和可持续发展做出了重要贡献。中国海油盐城"绿能港"在节能减排方面发挥了显著作用。继 2024 年 5 月 8 日接卸总量突破 100 万吨、9 月 17 日累计外输量突破 200 万吨后，10 月 27 日，气态外输量累计达 100 万吨（约 14.22 亿立方米）。通过国家管网输送的约合 14.22 亿立方米天然气，可供江苏省全省民生用气约 4.7 个月，实现减排二氧化碳 627 万吨，相当于植树 1 300 万棵。10 月 22 日，中国海油盐城"绿能港"液化天然气（LNG）累计外输量突破 500 万吨，500 万吨 LNG 折合气态天然气约 72 亿立方米，按照 0.5 立方米/天用气需求计算，这些天然气可满足 3 900 万户家庭一年的用气需求，可实现减排二氧化碳 3 200 万吨，相当于植树 6 700 万棵。盐城"绿能港"作为中国海油在江苏省布局的首个液化天然气储备基地，在华东地区天然气保供方面起到举足轻重的作用，为推动区域能源结构优化转型做出重要贡献。

　　零碳产业园的建设极大地提升了盐城的生态"含绿量"。以大丰港（近）零碳产业园为例，园区将绿色交通、绿色建筑、绿色生活融入园区建设，构建新型零碳生态圈。中天海缆厂房顶部的蓝色光伏太阳能板连成一片，分布式光伏电站总装机容量 1 138.5 kwp，预计年发电量 111.51 万千瓦时。同时，建立可再生能源电力消纳机制，通过变电站、共享储能电站等，为入园企业提供可溯源、稳定消纳的绿电。射阳港（近）零碳产业园"零碳社区"，低碳发展的理念不仅体现在光伏幕墙、光伏地砖等"会呼吸"的建材使用上，更融入"零碳巴士"、光伏座椅等居民休闲出行的体验中。零碳产业园坚持发展绿色产业、坚持产业绿色发展，瞄准高端化、智能化、绿色化发展方向，全力建设"智造产业园"，以风电装备为主导的新能源产业加速崛起，为生态环境的改善提供了有力支撑。盐城高水平建设零碳产业园，坚定不移走好绿色低碳高质量发展之路。大丰港零碳产业园积极探索"绿电+氢能"发展模式，推进钢铁、造纸、化工行业转型升级发展。射阳港零碳产业园探索"绿电+新型电力系统"建设路径，加快构建新型电力系统，全力打造全时段绿电供需平衡的园区级新型电力系统示范样板。

　　展望未来，盐城的绿色能源发展有望迈向更高层次。随着政策支持力度不断加大，技术创新持续突破，以及市场消纳能力的提升，盐城有望在全国范围内率先实现"碳达峰、碳中和"目标。未来几年，盐城应继续发挥在风电和光伏领域的领先优势，加强储能技术的应用和推广，提升电网调节能力，完善产业链条。此外，通过深化国际合作和加强人才培养，盐城有望成为全球绿色能源技术创新的重要高地和示范城市。长远来看，绿色能源将成为驱动盐城经济社会高质量发展的重要引擎，为实现生态文明和可持续发展做出更大贡献。

二、面临的挑战

得益于优越的自然资源禀赋、国家和省级政策的大力支持以及科技创新的驱动，盐城在风电、光伏和储能等绿色能源领域迅速崛起。通过一系列重点项目和工程的落地，盐城不仅大幅提升了新能源装机容量，还在科技创新和人才培养方面取得了突出的成果。然而，一些现实性问题仍然存在，需要综合施策加以解决。

观念的转变是盐城绿色能源发展面临的首要挑战。绿色跨越的思维定势在产业定位上存在局限性。一方面，将绿色跨越的思维定势定位在产业上，容易忽视生活方式和生活观念的绿色跨越。绿色能源的发展不仅仅是产业的转型，还涉及人们的日常生活方式和观念的转变。例如，推广绿色出行、低碳环保的生活方式，提高公众对绿色能源的认识和接受度，对于绿色能源产业的发展至关重要。然而，目前的思维定势往往只关注产业层面的发展，忽视了生活方式和观念的转变。另一方面，将思维定势定位在第二产业上，也会影响绿色能源产业的全面发展。第一产业和第三产业在绿色能源发展中同样具有重要作用。例如，在农业领域，可以发展生态农业、观光农业，利用太阳能、风能等绿色能源为农业生产赋能；在服务业领域，可以发展绿色旅游、绿色金融等新兴业态，为绿色能源产业提供多元化的支持。然而，由于思维定势的局限，第一产业和第三产业在绿色能源发展中的潜力尚未得到充分挖掘。

区域发展不平衡也对绿色能源的发展带来了挑战。盐城本市各区域的绿色跨越步伐不一致，南边、北边和中间区域发展差异明显。南部地区可能由于地理位置优越、经济基础较好等因素，在绿色能源发展方面速度较快。例如，一些大型的风电、光伏项目可能优先布局在南部地区，吸引了大量的资金和技术投入，产业发展呈现出良好的态势。而北部地区虽然也拥有丰富的自然资源，但由于基础设施相对薄弱、交通不便等原因，绿色能源项目的推进相对缓慢。中间区域则可能面临着来自南北两端的竞争压力，同时自身在资源整合和产业规划方面也存在不足，导致在绿色跨越过程中逐渐落伍。

绿色产业主体量能不足也是不可忽视的挑战。现有产业"含绿量"

低、引进竞争大等问题，如传统产业多、新科技项目少，严重制约着盐城绿色能源的发展。在第二产业方面，盐城传统产业占据较大比重。许多企业仍采用高污染、高能耗的生产方式，产业含绿量低，新科技、新能源等代表先进生产力的项目却相对较少，这不仅限制了企业的可持续发展，也与绿色能源发展的大趋势背道而驰。在第一产业方面，虽然盐城拥有丰富的农业资源，但有机农业、生态农业、观光农业、文旅农业等发展不充分。目前，盐城的农业生产仍以传统方式为主，对化肥、农药的依赖度较高，农业面源污染问题难以得到彻底解决。同时，"互联网+销售"体系在农业领域的应用也不够深入，农产品的销售渠道相对狭窄，市场竞争力不足。在第三产业方面，计算机软件和信息技术服务业、信息咨询、文化产业、养老等新兴绿色服务业规模偏小。在绿色能源领域，相关的服务业如能源管理咨询、绿色金融服务等发展缓慢。缺乏专业的能源管理咨询机构，使得企业在绿色能源项目的规划、建设和运营过程中缺乏科学的指导，增加了项目的风险和成本。绿色金融服务的不足，也限制了绿色能源项目的融资渠道，影响了项目的推进速度。

创新动力不强是亟待应对的重要挑战。2017 年苏南全国自主创新示范区的研究与开发投入（research and development investment，R&D）投入占 GDP 比重达到 5.36%，而盐城仅占 GDP 的 2.06%，低于全省平均水平（2.7%）。盐城创新驱动水平明显低于苏南等地，主要原因有以下几点。一方面，盐城在市场竞争体系中处于价值链中低端环节的现实没有得到根本改变，相当一部分企业处于产业链中低端，缺乏对创新的内在动力和需求。例如，一些传统制造业企业仍然依赖低成本、低附加值的生产模式，对技术创新的投入不足。另一方面，盐城具有影响力的创新型领军企业依然较少，难以形成创新的示范和带动效应。与苏南等地相比，盐城的创新资源相对匮乏，包括高端人才、科研机构、创新平台等。此外，盐城的创新环境也有待改善。政府对创新的支持力度不够，创新政策的落实和执行效果不佳。例如，在知识产权保护、科技金融服务等方面，盐城还存在一些不足，影响了企业的创新积极性。此外，盐城高层次的研究院、研发中心、研发平台偏少，严重影响了高新技术的推广引进，导致创新成果转化困难。由于缺乏高层次的研发平台，盐城在高新技术领域的研发能力有限，难以产生具有重大影响力的创新成果。同时，由于研发平台少，盐城在技术转移和成果转化方面也面临诸多困难。一方面，企业与科研机构之间的合作不够紧密，技术转移渠道不畅。例如，一些企业难以找到合适的科研机构进行合作以解决技术需求的难题，而科研机构的创新成果也难以找到合适的企业进行转化应用。另一方面，缺乏专业的技术转移服务机构和人才，影响了成果转化的效率和质量。

三、应对策略

盐城在绿色能源发展方面已经取得了显著成就，未来仍有广阔的发展空间，但仍然要面对诸多挑战。

一是持续加强政策支持。国家和省级层面应继续加大对盐城绿色能源发展的政策支持力度。在规划编制方面，进一步优化海上风电、光伏等新能源的发展规划，确保盐城在新能源领域的领先地位。例如，加快批复江苏省海上风电规划，为盐城海上风电项目的有序开发建设创造更好的条件。同时，科学编制《江苏省海岸带综合保护与利用规划（2021—2035）》，充分考虑盐城的新能源发展需求，合理划定海上功能分区，为盐城的绿色能源建设提供更广阔的空间。地方政府应持续创新政策举措，进一步完善"1+1+4+N"组织推进体系，加强与省直部门和单位的合作，细化合作事项，确保各项政策落地落实。例如，加大对零碳产业园区的支持力度，在土地、资金、税收等方面给予更多优惠政策，吸引更多优质企业入驻，推动园区的快速发展。同时，积极探索绿色能源发展的新模式、新路径，如开展海上"能源岛"等新能源融合示范场景应用，为全国绿色能源发展提供更多可复制、可推广的经验。

二是加大科技创新投入。盐城应继续坚持把科技创新作为绿色能源发展的第一动力。加大对科技创新平台的建设投入，吸引更多国内外一流的科研机构和企业入驻盐城，共同开展新能源技术研发。例如，进一步提升江苏省沿海可再生能源技术创新中心、润阳光伏研究院等科技创新平台的研发能力和水平，加强与高校、科研院所的合作，开展产学研协同创新，突破一批关键核心技术，提高盐城新能源产业的核心竞争力。在技术研发方面，加大对储能、氢能等未来产业的技术研发投入。例如，加强对长时储能技术的研发，提升储能系统的效率和可靠性，降低成本，为可再生能源的大规模应用提供有力支撑。同时，积极探索氢能的制备、储存、运输和应用技术，打造长三角示范绿氢基地，推动氢能产业的快速发展。

三是优化产业布局。盐城应进一步优化"2+4+8"产业布局和"2+2+2"

产业体系，提高产业协同发展水平。在海上风电产业集群方面，加强与国内外风电整机制造、配套装备制造和海工制造企业的合作，提高盐城海上风电产业的技术水平和市场竞争力。例如，推动 16 MW 以上风机的研发设计和产业化，打造全球领先的海上风电产业基地。在光伏产业集群方面，加大对光伏龙头企业的支持力度，鼓励企业开展技术创新和产品升级，提高光伏产品的质量和效率。例如，支持天合光能、阿特斯等企业开展高效光伏电池和组件的研发，提高光伏产业的附加值。同时，积极拓展光伏应用领域，如分布式光伏、光伏+农业、光伏+渔业等，实现光伏产业与其他产业的融合发展。在未来产业布局方面，加快储能、氢能产业的发展步伐。例如，加大对天合、阿特斯等企业在盐城投资的储能项目的支持力度，推动储能产业的规模化发展。同时，积极引进氢能产业项目，打造氢能产业链，为盐城绿色能源发展注入新的动力。

四是加强人才培养和引进。人才是推动绿色能源发展的关键因素。盐城应加强对新能源领域人才的培养和引进，为绿色能源产业的持续发展提供智力支持。一方面，加强与高校、职业院校的合作，开设新能源相关专业和课程，培养一批具有扎实专业知识和实践技能的新能源人才。例如，与盐城工学院、盐城师范学院等高校合作，设立风电、光伏、储能、氢能等专业方向，培养适应盐城绿色能源发展需求的应用型人才。另一方面，加大对高端人才的引进力度。制定优惠政策，吸引国内外新能源领域的专家、学者和技术人才来盐城创新创业。例如，设立新能源人才专项资金，为引进的高端人才提供购房补贴、子女教育、医疗保障等优惠待遇。同时，搭建人才交流平台，组织开展新能源领域的学术交流、技术培训和人才招聘活动，为人才的成长和发展创造良好的环境。

五是推动国际合作与交流。盐城应积极推动绿色能源领域的国际合作与交流，提高盐城在全球新能源产业中的影响力。一方面，加强与国际新能源企业的合作，引进先进的技术和管理经验，提升盐城新能源产业的国际化水平。例如，与丹麦维斯塔斯、德国西门子等国际知名风电企业合作，开展海上风电技术研发和项目建设，提高盐城海上风电产业的技术水平和市场竞争力。另一方面，积极参与国际新能源合作项目，展示盐城绿色能源发展的成果和经验。例如，参与"一带一路"共建国家的新能源项目建设，输出盐城的风电、光伏等新能源技术和产品，为全球绿色能源发展做出贡献。同时，组织举办国际新能源高峰论坛、展会等活动，邀请国内外专家、学者和企业代表来盐城交流合作，增强盐城在全球新能源产业中的知名度和影响力。

总之，盐城在绿色能源发展方面已经取得了显著成就，但未来仍需持续加强政策支持、加大科技创新投入、优化产业布局、加强人才培养和引进、推动国际合作与交流等方面的工作，不断推动盐城绿色能源产业的高质量发展，为全国乃至全球的绿色能源发展做出更大的贡献。

第六章　自然生态赋能新质生产力的盐城实践

习近平总书记指出："良好生态环境是最公平的公共产品，是最普惠的民生福祉。"他指出，我们要建设的现代化是人与自然和谐共生的现代化，既要创造更多物质财富和精神财富以满足人民日益增长的美好生活需要，也要提供更多优质生态产品以满足人民日益增长的优美生态环境需要。盐城以其独特的湿地资源、丰富的生物多样性、积极的生态修复与保护措施、坚定的绿色发展理念、显著的环境治理成效以及蓬勃发展的生态旅游业，展现了一座现代化城市在赋能新质生产力方面的积极探索和显著成就。

第一节　马克思主义视角下的自然生态与新质生产力

当今世界，生态问题日益严峻，已成为全球共同面临的重大挑战。随着工业化、城市化进程的加速，人类对自然资源的过度开发和利用，以及对生态环境的破坏，地球生态系统面临着前所未有的压力。在这样的背景下，马克思主义生态观愈发显示出其重要性。

一、马克思主义生态观

从理论层面来看，马克思主义强调人与自然的辩证统一关系，为我们正确认识人与自然的关系提供了科学的世界观和方法论。人作为自然存在物，应与自然和谐共处。人类生存的基础环境依托于自然界，发展的物质资料来源于自然界，例如，人类呼吸的空气、饮用的水、食用的食物等都来自自然。马克思在《1844 年经济学哲学手稿》中指出："自然界，就它自身不是人的身体而言，是人的无机的身体。人靠自然界生活。"人类作为自然存在物，是自然界中不可分割的一部分。没有自然，人类就无法生存，爱护自然就相当于爱护人类自身。同时，马克思主义认为人的实践活动应遵循自然规律。人类在从事实践活动时不应随心所欲，应充分认识并遵循自然规律，按照规律约束自身行为，合理改造世界。如果人类违背自然规律，过度开发自然资源，就会受到自然的惩罚。例如，一些地区过度砍伐森林，导致水土流失、土地沙漠化等问题；过度开采矿产资源，导致地质灾害频发；过度排放污染物，导致大气、水、土壤等环境污染。恩格斯在《自然辩证法》中指出："我们不要过分陶醉于我们人类对自然界的胜利。对于每一次这样的胜利，自然界都对我们进行报复。"人类必须认识到自然界具有约束性，遵循自然规律，才能实现人与自然的和谐共生。人类的生存与发展依赖于自然界，自然界为人类提供生活资料和生产资料。同时，人类的活动也反作用于自然界。马克思主义认为，人靠自然生活，人也反作用于自然，人是自然的一部分，而不是主宰者。马克思主义强调人类应在尊重自然规律的基础上发挥主观能动性，实现对自然的合理利用与保护，人类可以通过实践活动合理利用自然，以满足自身的发展需求。

反思人类活动对自然的影响才能认识到生态危机的根源在于人类不合理的生产活动和生活方式。生态危机的出现并非偶然，其根源主要在于人类不合理的生产活动和生活方式。在资本主义制度下，对利润的追逐往往导致对自然资源的过度开发和对生态环境的破坏。正如孙月红在《马克思自然观视域下的资本主义生态危机及解决路径探析》中指出，资本主义除了无法规避的经济危机外，还潜藏着对劳动者以及自然生态的危害。资本主义制度下的大规模开发、改造自然的过程中，忽略了对生态生产力的保护，导致生态环境不断恶化。马克思主义生态观为我们提供了反思人类活动对自然影响的重要视角。马克思认为人与自然是相互依存的关系，人类不能将自己视为自然的主宰，而应认识到自己是自然的一部分。人类的生产活动必须遵循自然规律，不能过度索取和破坏自然。我们应从马克思主义自然生态观中汲取智慧，调整人类与自然的关系，实现人与自然的和谐共生。例如，在工业革命之后，人类在大规模开发、改造自然的过程中，引发了一系列生态问题。森林砍伐、过度捕捞、工业污染等行为破坏了生态平衡，影响了生态系统的稳定性。我们必须认识到这些不合理的生产活动和生活方式对自然造成的破坏，从而采取积极措施加以纠正。

倡导可持续发展的生产生活方式。马克思主义自然生态观强调自然生产力与社会生产力的关系，为我们实现自然资源的合理利用和循环利用提供了理论依据。自然生产力是社会生产力的基础和前提，保护生态环境就是保护自然生产力，从而为社会生产力的发展提供保障。我们应依据马克思主义自然生态观，推动绿色发展、循环发展与低碳发展。绿色发展强调经济发展与环境保护的协调共进，通过发展生态旅游、生态农业等产业，实现经济发展与环境保护的良性互动。循环发展注重资源的循环利用，减少废弃物的产生，提高资源利用效率。低碳发展则致力于减少温室气体排放，应对气候变化。例如，一些地区通过发展循环经济，实现了资源的高效利用和循环利用。企业采用循环经济模式，对生产过程中的废弃物进行回收和再利用，减少了对环境的负面影响。同时，加强国际交流合作，学习和借鉴其他国家在可持续发展方面的先进经验和技术，共同推动全球生态环境的改善。增强劳动者的环保意识，让他们在生产过程中更加注重环境保护。坚持走中国特色社会主义道路，消除资本主义制度下对利润的盲目追逐问题，实现生产资料的公有制，让生产服务于满足最广大人民群众的物质文化需要，从而实现人与自然的和谐共生。

二、自然生态与新质生产力

马克思主义认为，生产力是人类社会发展的根本动力，保护生态环境与发展生产力之间存在着紧密的联系。习近平总书记指出："保护生态环境就是保护生产力，改善生态环境就是发展生产力。"这一理念深刻揭示了生态与生产力的辩证关系。

（一）自然生态在生产力系统中的地位

良好的生态环境是新质生产力发展的重要基础，保护自然生态就是保护自然价值和增值自然资本。自然生态系统具有丰富的自然资源和生态服务功能，这些资源和功能不仅为人类提供了物质基础，还具有巨大的经济价值。保护自然生态系统，能够确保自然资源的可持续利用，实现自然资本的增值。例如，森林资源不仅可以提供木材等原材料，还具有调节气候、保持水土、净化空气等生态服务功能。通过保护森林资源，可以提高森林的生态效益和经济效益，实现自然价值和自然资本的最大化。保护生态环境对经济社会发展的潜力和后劲具有重要意义。良好的生态环境是经济社会发展的重要支撑，它能够为经济发展提供可持续的资源保障和生态服务。同时，保护生态环境也能够提升地区的吸引力和竞争力，促进产业升级和转型。例如，一些地区通过加强生态环境保护，发展生态旅游、有机农业等绿色产业，实现了经济发展与生态保护的良性互动。此外，保护生态环境还能够为子孙后代留下宝贵的自然财富，确保经济社会的可持续发展。

自然生态系统对劳动者、劳动资料、劳动对象有着深远的影响。自然生态系统作为基础，关乎劳动者的生产生活条件、生活质量以及工作态度。良好的自然生态环境能够为劳动者提供舒适的居住和工作环境，提升劳动者的身心健康水平，从而提高其工作积极性和效率。例如，在空气清新、水质优良、环境优美的地区，劳动者往往更具活力和创造力，能够更好地投入到生产活动中。自然生态系统决定着劳动对象和劳动资料的生成、品质和可持续利用情况。自然资源作为劳动对象的重要组成部分，其质量和数量直接影响着生产的规模和效益。同时，自然生态系统也为劳动资料的生产和更新提供了物质基础。例如，矿产资源的品质决定了工业生产中原材料的质量，而森林资源的丰富程度则影响着木材加工等行业发展的好坏。此外，自然生态系统的稳定性和可持续性对劳动对象和劳动资料的长期利用至关重要。只有保护好自然生态系统，才能确保劳动对象和劳动资料的可持续供应，实现生产力的稳定发展。

(二) 新质生产力对自然生态的影响

新质生产力的理论创新充分体现了其对生态环境和生态文明建设的高度关注。新质生产力的发展创造了新的生产力发展路径，为实现人与自然和谐共生提供了新的现实前提。它具有社会效益与生态效益相统一的发展特质，满足了低污染、低消耗、低投入的发展需求。从现有生产领域中培育出更为绿色、高效、低碳的新型生产力，必将体现人与自然和谐共生的现实效应。新质生产力的发展着眼于高附加值产业的创新与应用，引入新技术、新材料、新配置，减少对化石能源的依赖，推动创新链产业链深度融合，彻底改变资源型产业格局，打造生态主导型多元经济格局。这种发展形态是降低资源消耗、优化产业格局的重要体现，对于准确把握人与自然和谐共生这一命题具有重要意义。

发展新质生产力为实现人与自然和谐共生提供了澎湃动力。新质生产力以其高科技、高效能、高质量的特征，推动创新链产业链融合，改变产业格局，为实现人与自然和谐共生提供了强大动力。新质生产力注重发展方式的绿色化，通过科技创新、模式创新、制度创新等方式，打造能源资源消耗低、环境污染少、气候友好的先进发展体系，降低对自然生态的负面影响，促进自然生态系统的稳定平衡。新质生产力的发展有助于破解高质量发展难题。它着眼于高附加值产业的创新与应用，推动传统产业向绿色化、智能化、高端化转型，增强产业的核心竞争力。同时，新质生产力的发展也为新兴产业的培育和壮大提供了机遇，促进了经济结构的优化升级。发展新质生产力，有助于实现经济发展与生态环境保护的良性互动，推动经济社会高质量发展[12]。

经济发展与生态保护之间存在着紧密的联系，既不能脱离生态保护搞经济发展，也不能离开经济发展抓生态保护，二者应协同推进。生态保护为经济发展提供了基础和支撑，良好的生态环境可以为劳动者提供良好的生产生活条件，优化劳动者的工作态度和提高效率，同时也决定着劳动对象和劳动资料的生成、品质和可持续利用情况。而经济发展也为生态保护提供了资金和技术支持，只有经济发展到一定水平，才能够有更多的资源投入到生态保护中。例如，一些地区在发展经济的同时，注重生态保护，通过发展生态旅游、有机农业等绿色产业，实现了经济发展与生态保护的良性互动。这些地区不仅保护了自然生态环境，还提高了当地居民的收入水平，促进了社会的和谐发展。

加快经济结构调整和传统产业升级改造，是推进经济活动绿色化、生态化的关键。要推进经济活动的绿色化、生态化，就必须转变发展方式，构建生物多样性保护促进绿色发展新格局。一方面，要加快经济结构调整，减少对高污染、高耗能产业的依赖，加大对绿色产业的扶持力度，推动产业结构向绿色化、高端化、智能化方向发展。另一方面，要加强传统产业升级改造，通过技术创新、管理创新等方式，提高传统产业的资源利用效率，减少污染物排放，实现传统产业的绿色转型。例如，一些传统制造业企业通过引入先进的生产技术和管理模式，实现了生产过程的清洁化、资源利用的循环化，不仅提高了企业的经济效益，还减少了对环境的负面影响。同时，一些地区通过加强生物多样性保护，推动了生态旅游、生态农业等绿色产业的发展，构建了生物多样性保护促进绿色发展新格局。

三、盐城建设绿色生态之城的时代背景

全球对绿色发展的重视使得盐城建设绿色生态之城有了深刻的国际背景。进入 21 世纪以来，全球气候问题愈发严峻，各国纷纷加大对环境问题的关注和治理力度。联合国《2030 年可持续发展议程》提出了 17 项可持续发展目标（SDGs），涵盖了社会、经济和环境三个方面，强调了可持续发展的重要性。此外，《巴黎协定》明确了将全球气温升幅控制在 2 摄氏度以内的目标，并努力将升幅限制在 1.5 摄氏度以内，这些国际协议和共识为盐城推动绿色发展提供了重要的指导。在国际趋势的引领下，许多国家和地区纷纷提出自己的绿色发展战略。例如，欧盟在其《欧洲绿色协议》中提出了到 2050 年实现碳中和的目标；美国和中国也分别推出了应对气候变化的国家战略。全球范围内的绿色转型浪潮为盐城建设绿色生态之城提供了良好的外部激励和支持。

国家政策的支持是盐城建设绿色生态之城的强大后盾。近年来，中国政府高度重视生态文明建设，推出了一系列政策文件，明确了绿色发展的方向和具体措施。党的十九大报告提出，"必须树立和践行绿水青山就是金山银山的理念"，强调生态文明建设的重要性。党的二十大报告提出，"大力推进生态文明建设，坚持绿水青山就是金山银山的理念，坚持山水林田湖草沙一体化保护和系统治理，生态文明制度体系更加健全，生态环境保护发生历史性、转折性、全局性变化，我们的祖国天更蓝、山更绿、水更清"。国家出台了一系列政策文件，如《关于加快生态文明建设的意见》《生态文明体制改革总体方案》等，进一步细化了落实绿色发展的政策措施。针对具体领域，国家还发布了一系列行动计划，如《可再生能源发展"十三五"规划》《蓝天保卫战三年行动计划》《"无废城市"建设试点工作方案》等，为盐城推进绿色生态之城的建设提供了明确的指引。在国家政策的大力推动下，盐城能够依托现有的政策红利，加快绿色转型步伐。

盐城作为拥有丰富生态资源的地区，积极响应国家生态文明建设政策。一方面，国家对生态保护的重视为盐城争取到更多的政策支持和资金投入。例如，在生态修复项目、自然保护区建设等方面，盐城可以获得国家专项资金的支持，推动生态保护工作的顺利开展。另一方面，国家政策的引导促使盐城加强生态保护的制度建设和管理力度。盐城依据国家政策要求，建立健全生态保护制度，加强对生态环境的监测和执法力度，确保

生态保护工作落到实处。盐城地方政府积极贯彻国家和省级政策，制定并实施了一系列具有地方特色的绿色发展政策和措施，为绿色生态之城的建设奠定了坚实基础。盐城市积极响应国家生态文明建设号召，制定了《盐城市生态文明建设规划（2022—2030 年)》。该规划立足盐城市现状及未来发展需求，明确了全市生态文明建设工作的总体要求，科学谋划了主要任务、重点工程和保障措施。规划确定了盐城市生态文明建设指标共 43 项，包括生态制度指标 6 项、生态安全指标 10 项、生态空间指标 3 项、生态经济指标 6 项、生态生活指标 11 项、生态文化指标 3 项、特色指标 4 项。

盐城的地方特色和需求为其建设绿色生态之城提供了独特的背景条件。盐城地处江苏省东部沿海地区，拥有丰富的湿地资源和漫长的海岸线，这使得盐城在生态保护方面具备了得天独厚的优势。盐城的自然禀赋不仅体现在黄海湿地这一世界自然遗产上，还有反映在广泛分布的滩涂、沼泽和各类湿地生态系统中。保护和修复这些生态系统，对于保护区域和全球生物多样性具有重要意义。盐城的经济基础和发展需求也为其建设绿色生态之城提供了动力。作为江苏省的重要城市，盐城已经形成了一定的产业基础，但在传统的发展模式下也面临着资源消耗和环境污染的压力。为此，盐城迫切需要转变发展方式，通过绿色转型实现经济的可持续发展。在地方政策的推动下，盐城逐渐形成了以绿色能源、绿色产业、生态保护为核心的发展框架。这不仅契合当下的发展趋势，也满足了盐城自身发展的实际需求，为盐城未来的发展指明了方向。

第二节 盐城生态保护和发展的具体实践

盐城，这座位于中国东部沿海的城市，以其丰富的湿地资源和独特的生态环境闻名于世。近年来，盐城通过一系列生态保护与修复措施，不断提升其生态系统的质量与稳定性，成为国内外生态修复实践的典范。

一、湿地保护与恢复

盐城在保护和发展自然生态方面做出了积极而富有成效的努力，通过科学保护条子泥湿地、生态修复蟒蛇河等践行基于自然的解决方案（NbS）、探索"两山"实践新路径以及积极参与国际交流合作等举措，盐城不仅保护了珍贵的自然生态资源，还为经济社会的可持续发展奠定了坚实基础。

（一）条子泥湿地生态保护修复

条子泥湿地面积约 129 万亩，是全球最重要的滨海湿地生态系统之一，也是东亚—澳大利西亚候鸟迁飞通道的中心节点和关键区域。近年来，盐城市秉承"基于自然的解决方案（Nbs）"理念，积极推进条子泥湿地生态保护修复。首先，在修复措施上探索实施米草整治，选取 1 080 亩区域，通过互花米草整治、水系微生境打造、盐蒿地生境再造等措施实施湿地修复。通过对堤外滩面 1.2 万亩互花米草进行不间断人工割除干预，有效改善了湿地生态环境，为珍稀动植物提供适宜的栖息环境。

为了更好地保护候鸟栖息地，盐城推出了"720"保护模式。专门辟出 720 亩鱼塘，以"生态自然修复为主，人工适度干预为辅"为方针，进行微地形改造、湿地修复和环境整治，并实行封闭管理。通过这种方式，打造了固定高潮位栖息地，为候鸟提供了安全的栖息空间。目前，正在实施川水湾海岸带生态保护修复工程，完成海岸带湿地修复面积约 1.87 万亩，进一步提升了条子泥湿地的生态质量。

盐城条子泥湿地创新管理模式，建立了"政府+联盟+协会+志愿者"的协同保护机制。组建条子泥湿地研究院和条子泥爱鸟协会，为湿地保护提供了专业的技术支持和广泛的群众基础。同时，打造独具特色的智能信息系统，实行"人防+技防"网格化管理，提高了湿地保护的效率和精度。2019 年，条子泥湿地作为中国黄（渤）海候鸟栖息地（第一期）重要组成部分被列入世界遗产名录。2021 年 9 月在联合国《生物多样性公约》缔约方大会第十五次会议（CBDCOP15）上，盐城"以恢复鸟类栖息地为目标的自然解决方案"入选全球特别推荐案例，"720"是该方案的重点之一。IUCN 红色名录极危物种勺嘴鹬，全球仅 700 只左右，在条子泥区域最多时可以观测到 200 多只，高冠全球。2021—2025 年，仅央视新闻报道条子泥湿地就超过 90 次，央视一套新闻联播、焦点访谈报道超过 16 次。

（二）蟒蛇河生态修复

蟒蛇河是盐城的母亲河，全长 25.5 千米（也有资料显示全长 39.33 千米）。曾经，蟒蛇河水质污染严重，行洪能力弱化，沿岸发展相对滞后。为了有效改善人居环境，科学保护水乡生态，2016 年启动蟒蛇河生态修复工程。在修复过程中，坚持统筹推进。在保持原生动植物的生物多样性基础上，沿线护坡全部采用生态护坡方式，种植多样化的水生植被，达到水体净化和环境美化效果，并建成了 3 000 亩盐龙湖绿色生态隔离带，为原生动物提供原生态生活场景，确保种群得到有效恢复。同时，为妥善安置沿线拆迁农户，新建了农村新型居住示范区，开发了包括省级美丽乡村、省级传统村落、省级特色田园乡村等一系列品牌建设项目。建成江苏扣蟹第一村、千亩荷塘、千亩油菜花等多个现代化农业生产基地，将蟒蛇河沿线生态资源有机整合并纳入统一管理。强化源头治理方面，实施污水处理工程，确保沿线村居污水不进入河道。同时实施河道清洁工程，沿线共配备机械保洁船 5 艘、保洁员 20 余名，上游设置 3 处集中拦截设施，严防水面漂浮物扩散，将 118 条支流全部纳入农村环境"五位一体"长效管护范围。突出文化水韵，以正本清源、水润民生为行动纲领，在蟒蛇河实施了现代化生态保护与修复综合工程。围绕人民群众健身休闲的健康需求，在南北两岸建设了沿河全程观光亲水绿道，沿途搭配一座座风格迥异、优雅精致的闸站，建设特色文化广场、生态型护岸、滨河漫步路、亲水平台。同时，最大限度地保留了东方红陶瓷厂、老粮仓、红星砖瓦厂等历史文化留存。

围绕河道生态、绿道观光、旅游发展、文化传承、产业发展五个方面打造绿色生态廊道。盐城先后修复面积达 764 公顷，栽植各类树木 130 万余株，沿岸绿化率达到 90% 以上，为盐城提供了生态"绿肺"。在生态修复的过程中，盐城注重挖掘蟒蛇河的历史文化资源，建成过河尖战斗遗址等红色教育基地 2 个，最大限度保留了东方红陶瓷厂、老粮仓、红星砖瓦厂等历史文化遗存 5 处，改造咖啡厅、茶室等服务功能设施，实现了历史文化与沿河景观有机融合。新建多个生态村庄，带动群众参与管理和旅游运营。利用生态修复契机，新建千秋等省级绿美村庄 6 个、省农房改善示范项目 2 个、省级美丽乡村 3 个、省传统村落 1 个、省级特色田园乡村 2 个。带动河道沿线村庄、农户直接参与生态廊道的管理和旅游运营，让群众实实在在享受到生态红利，并产生直接经济收益约 9 亿元。蟒蛇河生态保护与修复项目作为连接盐城市区与大纵湖度假区的生态廊道，在盐城全域旅游发展中的战略纽带作用日益凸显，年接待市民游客 5 万人次以上，已成为盐城生态、观光之旅的重要线路。同时，带动了河道沿线 21 个村庄、300 多户群众直接参与生态廊道的管理和旅游运营，让群众实实在在享受到生态保护带来的红利。围绕蟒蛇河水上观光和绿道游览，沿线乡镇大力实施"旅游+"发展战略，丰富旅游业态，创新旅游产品，优化旅游供给体系，打造红色旅游、民宿度假、文化体验、乡村休闲、康体运动、养生养老等特色旅游产品，建成江苏扣蟹第一村基地1个、万亩高标准农田2个、千亩荷塘基地2个、千亩油菜花基地1个。

（三）大丰区海洋生态保护

加强生物多样性保护，实施生态修复措施，提升海湾生物多样性，探索"生态+农业"修复方式。大丰区川东港积极实施生态修复，加强生物多样性保护。通过系统保护、综合整治、生态修复等举措，海湾内生物多样性水平得到进一步提升，湿地自然生态环境的原真性和完整性得到更有效保护，地表水及近岸海域水质均大幅改善。为解决"人鸟争食"等矛盾，川东港积极实施退耕还湿、退渔还湿。在1 620亩退养区域，探索实施"生态+农业"的修复方式，为湿地生物营造舒适的家。建成后的"美丽海湾"拥有世界上70%的麋鹿种群，分布鸟类283种、兽类12种，其中国家一、二级重点保护动物52种。每年有数百万只候鸟在这里繁衍生息，是观鸟爱好者的胜地。修复区内广泛分布有稻田、河网、光滩、林带等丰富的生态环境，可供不同鸟类来此觅食栖息。从"人鸟争食"到"为鸟留食"，良性循环、有效"留白"提升了生态系统可持续性。

治污攻坚，恢复生态系统平衡，深化近海海域污染整治，开展"净滩行动"，改善生态环境。大丰区持续改善和优化近海海域生态环境，深化近海海域"两面一线"污染整治，推动"湾滩长制"向"湾滩长治"嬗变，形成具有镇域辨识度的湾滩治理常态化、长效化机制。志愿者们走上黄海滩头，开展"净滩行动"，他们分工协作，将散落在沙滩上的垃圾捡起来，并分类投放。2024年以来，大丰区共有4 300多人次参加海洋垃圾清理工作，这些垃圾被送往专业机构进行无害化处理。随着治理成效的显现，珍稀鸟类与麋鹿等稀有物种在海岸线被观测到的频次大幅上升，极大丰富了观景体验。盐城市大丰世遗黄海湿地公园有限公司每年通过招投标确定海洋垃圾清理施工单位，同时联合学校、公益组织招募志愿者开展净滩行动，有效改善了大丰观海廊道沿线生态环境。

推进文旅产业发展，利用好生态优势，发展观鸟、赏鹿等文旅产业，打造观海廊道。大丰区紧紧围绕盐城着力构建"世界级滨海生态旅游廊道"这一总体目标，加速推动文化和旅游深度融合，坚持"双核多翼"驱动，全面提升文旅产业发展能级和核心竞争力。日出海湾紧邻野鹿荡暗夜星空保护地，为游客提供了在平日里难得一见的自然美景。这里能看到没有光污染的 40 平方千米的星空，吸引着全国各地的游客竞相前往。日出海湾是大丰观海廊道上的最佳景观打卡点、海上日出绝佳观赏点，也是游客近距离观海、亲海、赶海的绝佳地点。2020 年起，大丰区打造一条总长约 25 千米的观海廊道。道路两侧设置若干观海、观鹿、观鸟及下滩节点。以"星海潮栖"为主题、国家 5A 级景区中华麋鹿园为核心，旅游 1 号公路、观海廊道为主线，串联起多个景点。好生态带来好风景，观鸟、赏鹿、看日出等文旅热点应运而生。

（四）丹顶鹤家园生态修复

盐城拥有广阔的滩涂区域，是丹顶鹤重要的栖息地。为了更好地保护丹顶鹤及其生存环境，盐城积极开展滩涂区域生态修复工作。盐城滩涂区域曾面临互花米草入侵等生态问题，破坏了当地的生物平衡。为此，相关部门对破坏的生态环境以及现存的生态问题进行恢复性设计。例如，在江苏盐城湿地珍禽国家级自然保护区中开辟 3 200 亩湿地的实验区，修复前该区域芦苇、菖蒲生长，湿地生态功能退化比较严重，不适宜丹顶鹤等中大型水鸟栖息。2022 年，保护区积极寻求社会资本参与湿地生态修复，参加中华环境保护基金会美团外卖青山公益专项基金开展的"青山公益自然守护行动"。修复过程中，坚持最小干预原则，遵循丹顶鹤等重点保护鸟类栖息活动规律，对该处湿地开展生态修复。盐城对丹顶鹤分布最密集的核心敏感区进行全方位保护。严格保护丹顶鹤栖息地的核心区域，禁止任何形式的开发活动，确保丹顶鹤的生存环境不受破坏。划定生态红线，对受损的生态环境进行修复，包括湿地恢复、植被重建等措施，提高栖息地的生态质量。同时，建立丹顶鹤栖息地监测体系，及时掌握栖息地动态变化，为科学保护提供数据支撑。

在恢复生态环境的基础上，盐城积极提升对丹顶鹤文化的宣传。一方面，通过文化科普活动，加强生态教育和宣传，提高公众对生态保护的认知度和参与度，形成全社会共同保护生态环境的良好氛围。例如，建设生态教育中心，开展自然教育和生态科普活动，增强公众对生态保护的认识和意识。另一方面，将丹顶鹤文化与农业生产相结合，发展观光农业、体验农业等新型农业形态，丰富旅游产品体系。如盐城丹顶鹤小镇规划方案中，结合当地农业资源，开展农业观光、农事体验等活动，促进农旅融合发展。同时，展示丹顶鹤文化、地方民俗等文化资源，提升小镇的文化内涵和吸引力。通过资源整合，针对不同游客需求，开发观光游览、生态体验、文化研学、休闲度假等多元化旅游产品，打造"盐城丹顶鹤小镇"旅游品牌，提升小镇知名度和美誉度，吸引更多游客前来游览。

（五）加强立法保护

黄海湿地是盐城最重要的湿地资源之一，被列入《世界遗产名录》后，盐城加大了对其保护力度。通过实施严格的生态保护措施，盐城恢复了超过10万亩的退化湿地，建立了多个湿地保护小区和生态修复示范区。在生态保护方面，盐城市政府设立条子泥湿地公园，总面积12 746公顷，其中保育区4 964公顷、恢复重建区2 780公顷。明确规划、保护、科普及管理机构，加强湿地保护与修复，营造优质的水禽栖息地，建立优良的湿地生态系统，最大限度实现条子泥湿地的"蓝碳"功能。在科研合作方面，与复旦大学、北京林业大学等单位合作共建东台复旦湿地保护联合创新中心、北京林业大学东亚—澳大利西亚候鸟迁徙研究中心东台研究基地和勺嘴鹬保护联盟秘书处，开展湿地保护、鸟类迁飞区生物多样性调查研究等工作。在人才培养方面，通过举办各类活动，吸引更多专业人才参与黄海湿地的保护与发展。

同时，盐城市人大常委会审议通过了《盐城市黄海湿地保护条例》，其目的在于以最严格制度、最严密法治保护湿地资源和生态环境，推动黄海湿地生态修复和可持续利用。为黄海湿地成功申报世界自然遗产和盐城市创建国际湿地城市提供坚强的法治保障，确保盐城的生态资源得到有效保护和合理利用，为子孙后代留下宝贵的自然财富。《盐城市黄海湿地保护条例》是全国首部湿地类世界自然遗产保护方面的地方性法规，于2019年9月1日起施行。条例共七章四十七条，从规划、保护、利用、监督管理、法律责任等方面作出立法规范，全方位保护盐城黄海湿地。条例明确了黄海湿地的范围及类型，即我市海岸线以东常年或季节性积水地带、水域和低潮时水深不超过6米的海域，包括泥质海滩、潮上草滩沼泽、潮间盐水沼泽、入海河流河口水域、浅海水域和重点保护野生动物栖息地、重点保护野生植物原生地等自然湿地、人工湿地，以及江苏盐城湿地珍禽国家级自然保护区、江苏大丰麋鹿国家级自然保护区、东台条子泥湿地公园等重点保护区域。

二、生物多样性保护

一是建设麋鹿保护区。1986年从英国引进39头麋鹿到盐城大丰，为麋鹿种群重建奠定了基础。这是拯救麋鹿物种的关键第一步，使得麋鹿在盐城有了重新繁衍的可能。大丰麋鹿国家级自然保护区依托多个项目，如亚行贷款项目、中央财政湿地补偿项目等，对野外麋鹿及其栖息地进行保护和修复。通过营造适合麋鹿生存的湿地环境、保护植被、维护水源等措施，为麋鹿提供了良好的栖息场所，保障了它们的生存和繁衍。并实施"三步走"战略，即引种扩群、行为再塑、野化放归，经过多年的努力，让麋鹿逐渐适应野外环境，成功恢复了野生种群。如今，盐城的野生麋鹿种群数量不断增长，活动范围也不断扩大。随着大丰麋鹿种群密度不断加大，盐城积极开展异地保护，向辽宁、吉林、上海、山东、湖南、福建、内蒙古等地输出麋鹿，并开展野放活动，让麋鹿在更多地方生存、产仔、自然扩散，基本覆盖了麋鹿原有的分布范围，摆脱了种群灭绝风险。如今大丰麋鹿保护区成为全球最大麋鹿基因库，生物量持续上升，生态系统日趋完善，麋鹿总数已达 8 216 头，野外麋鹿种群数量达 3 553 头，麋鹿数量占据世界麋鹿种群数量的近 70%。面对夏季连续的"高温炙烤"模式，保护区采取多种措施，确保麋鹿安全度夏。黄海湿地申遗成功后，保护区采取更科学、更严格的国际标准对湿地实施保护管理。通过轮牧以及多点投喂的方式，不断更换麋鹿的饲料点，持续恢复湿地植被，为黄海湿地全力撑起"保护伞"。

二是建设丹顶鹤保护区。近年来，随着生态保护意识的增强和科技的进步，盐城丹顶鹤保护区的建设取得了显著成效，为这一珍稀物种提供了更加安全、舒适的生存环境。保护区的规划与建设始于 20 世纪 80 年代初，当时主要是为了解决当地居民因过度捕捞而造成的生态破坏问题。经过几十年的发展和完善，如今已经形成了一套完整的管理体系和科学的运行机制。保护区内不仅设有专门的科研机构进行长期监测研究，还配备了先进的设备和技术手段来提高管理水平。为了给丹顶鹤创造更好的生活条件，保护区采取了多种措施：一是严格控制人类活动范围，减少对野生动物的干扰；二是通过人工干预的方式改善生态环境质量，比如种植适宜的食物植物、清理水域中的污染物等；三是加强法律法规建设，严厉打击非法狩猎行为，确保每一只丹顶鹤都能得到妥善保护。此外，保护区还积极开展科普教育工作，向公众普及野生动物保护知识，增强社会各界对于生物多样性的重要性的认识。每年都会举办各种形式的宣传活动，如观鸟节、摄影比赛等，吸引更多人参与到自然保护事业中来。未来，盐城丹顶鹤保护区将继续坚持可持续发展道路，不断完善各项设施和服务功能，努力打造成为国际一流的生态旅游目的地。同时，也将进一步加强与国内外相关机构的合作交流，共同推动全球范围内的环境保护工作向前发展。

三是互花米草治理与鸟类栖息地营造。一片片广袤的湿地不仅是大自然的宝库，也是众多野生动植物的家园。然而，随着时间的推移，一种名为互花米草的外来物种逐渐在这片土地上蔓延开来，给当地的生态环境带来了前所未有的挑战。面对这一情况，盐城市政府及相关环保组织采取了一系列措施，旨在有效控制互花米草的生长，并在此基础上恢复和改善鸟类栖息地的质量，为构建更加和谐美好的自然环境而努力。首先，针对互花米草快速繁殖的问题，专家们通过科学研究发现，采用物理隔离与生物防治相结合的方法最为有效。一方面，在关键区域设置围栏或挖掘沟渠来阻止其进一步扩散；另一方面，引入如某些特定种类的昆虫或者鱼类等天敌，利用食物链关系达到长期稳定控制的目的。此外，还定期组织志愿者参与清除工作，增强公众对保护生态的认识和支持力度。与此同时，为了给更多种类的鸟类提供良好的生存空间，相关部门加大了对原有湿地资源的保护力度，并积极创造新的适宜环境。比如，在适当位置种植本土植物以增加植被多样性，建立人工巢穴吸引小型鸟类定居，以及设置观鸟平台供游客观赏学习之用。这些举措不仅有助于提升整个生态系统的功能性和稳定性，也为人们提供了亲近自然、了解野生动物的机会。经过几年的努力，如今盐城市的湿地面貌焕然一新：曾经被互花米草侵占的地方重新长出了茂盛的芦苇荡；天空中飞翔着各式各样的鸟儿，它们或悠闲觅食或欢快鸣叫，构成了一幅生机勃勃的画面。更重要的是，这样的变化让当地居民深刻体会到人与自然和谐共处的重要性，激发了更多人参与到环境保护活动中来。总之，通过对互花米草的有效治理和鸟类栖息地的精心营造，盐城市成功实现了从生态危机到绿色发展的转变。这不仅是对当前问题的解决，更是对未来可持续发展道路的一次积极探索。希望未来能够有更多类似成功案例出现，共同守护我们这个美丽星球上的每一份绿色。

四是建设"720高潮位栖息地"。在全球自然湿地丧失和退化不断加剧的背景下，"720高潮位栖息地"作为候鸟高潮位栖息地的重要价值和标杆意义受到国际鸟类保护界的瞩目。它为迁徙水鸟提供了关键的栖息场所，被誉为世界自然遗产保护的中国样本。条子泥湿地涨潮是海，落潮为滩，拥有大规模的潮间带滩涂、保持完好的原始生态，孕育数百种底栖生物，为迁徙水鸟提供丰富的食物和良好的栖息环境，是数百万只候鸟迁徙的停歇地、换羽地和越冬地。2023 年秋迁的首次鸟类调查结果显示，水鸟总数达 11.3 万只，是"720 高潮位栖息地"设立以来最高的纪录。其中数量最多的是濒危物种大滨鹬 3.77 万只，其次是蒙古沙鸻 2.76 万只，以及黑腹滨鹬 1.888 万只。此外，调查还重点关注到极危物种勺嘴鹬至少 3 只（其中至少两只为繁殖羽），濒危物种小青脚鹬 200 余只。

三、召开全球滨海论坛会议

全球滨海论坛会议对盐城生态发展具有重大而深远的意义。首先，该会议为盐城提供了一个国际舞台，让世界聚焦盐城丰富的生态资源和卓越的生态保护成就。盐城作为会议举办地，其世界自然遗产地、国际湿地城市等生态名片得到了更广泛的传播，极大地提升了盐城在全球生态保护领域的知名度和影响力。会议进一步强化了盐城生态保护的理念。来自全球 34 个滨海国家及相关组织的近千名代表围绕滨海生态系统保护修复、迁徙物种保护的滨海协同、滨海区域的可持续发展、公众参与的活力滨海四大议题开展交流研讨，为盐城带来了先进的生态保护理念和方法，促使盐城在生态保护工作中不断创新和完善。此外，会议成果如《盐城共识》等为盐城生态发展指明了方向。《盐城共识》强调了滨海地区的重要地位，呼吁各方加强合作，进一步探索和引领滨海生态保护和绿色低碳发展路径。这将推动盐城在生态保护和发展方面更加坚定地走绿色低碳之路，为实现可持续发展提供有力的指导。

全球滨海论坛会议为盐城带来了丰富的国际合作机遇。一方面，会议吸引了众多国际组织、学术机构、企业等参与，为盐城与各方建立合作关系搭建了桥梁。例如，世界自然保护联盟、国际鸟盟、英国皇家鸟类协会等 21 家机构成为全球滨海论坛合作伙伴，盐城可以与这些机构在生态保护、科研合作、自然教育等方面开展深入合作。会议期间，盐城与跨国公司、绿色低碳行业领军企业等进行了广泛的交流与合作。来自全球 18 个国家和地区，25 家世界 500 强企业、50 家跨国公司、60 家绿色低碳行业领军企业齐聚盐城，现场签约 15 个项目，计划总投资 111.73 亿元，其中 9 个项目协议外资 3.8 亿美元。这些合作将为盐城带来先进的技术、资金和管理经验，推动盐城生态产业的发展。同时，会议促进了盐城与其他滨海地区的交流与合作。通过分享生态保护和可持续发展的经验，盐城可以与其他地区共同探索适合滨海地区的发展模式，实现优势互补、协同发展。例如，在"滨海生态系统保护修复"主题论坛上，与会人员呼吁进一步推动红树林等重要滨海生态系统保护修复，盐城可以与其他地区共同开展相关项目，共同保护滨海生态系统。

第三节　盐城生态保护和发展的成效与挑战

盐城在自然生态保护和发展方面取得了显著成效，但也面临着一些挑战。未来，盐城应继续加大资金投入，加强技术研发，完善协调管理机制，推动自然生态保护与发展迈上新台阶。同时其他地区可以借鉴盐城的经验，结合自身实际情况，探索适合本地的自然生态保护与发展之路。

一、成效分析

盐城在生态保护与修复方面取得了显著成效。盐城黄海湿地作为世界自然遗产和国际重要湿地，受到了极大的关注和保护。市政府通过大力实施湿地保护与修复工程，恢复了湿地的原真性和生物多样性。条子泥、高泥和东沙区域曾被计划围垦开发，但为了保护候鸟栖息地，盐城果断放弃了这些计划，并将这些区域严格保护起来。通过建立"条子泥720高地"，成功打造了国内第一块固定高潮位候鸟栖息地。此外，盐城还加强了对珍稀鸟类的监测和保护，使得每年数百万只候鸟在这里栖息、换羽。在湿地修复方面，盐城先后实施了多项生态修复工程。例如，在盐城黄海湿地实施了大规模的植被恢复和水域治理工程，极大地改善了湿地生态环境。数据显示，盐城黄海湿地核心区的植被覆盖率提高了15%，水质明显改善，鸟类种类增加了20%。

环境质量提升。近年来，盐城持续深化大气污染防治，坚持"控扬尘、治臭氧、抓减排、强执法"，强化市县同治、部门联动，开展扬尘污染专项治理，加大重点行业污染整治。2023年，全市空气质量综合指数3.32，连续八年列全省第一。2024年1至9月，全市$PM_{2.5}$平均质量浓度为28.5微克每立方米，全省第四；优良天数比例为83.9%，全省第一。空气质量有监测记录排名公布以来，有20个月进入全国前20。自2013年生态环境部按月公布全国重点城市空气质量排名以来，盐城多次进入全国前

10 名，最好的名次曾达到全国第三或第四名，是江苏获得次数最多、排名最高的城市。盐城聚焦全优Ⅲ目标，坚持工业源、农业源、生活源"三源"同治，定向监测、精准溯源、靶向整治。全市 17 个国考断面全部达到或好于Ⅲ类水质，比例为 100%，同比提升 17.6 个百分点；全市 51 个省考及以上断面全部达到或好于Ⅲ类水质，比例为 100%，同比提高 7.8 个百分点；全市 21 个主要入海河流断面全部达到或好于Ⅲ类水质，比例为 100%，同比提升 19 个百分点；全市 13 个县级及以上集中式饮用水水源地达标率为 100%。

生态文明建设成果丰硕。大丰区在生态文明建设方面成效显著，2023 年 1 月创成江苏省生态文明建设示范区，8 月川东港区域入选全国第二批美丽海湾优秀案例，10 月创成国家生态文明建设示范区。响水县加快争创省级生态文明建设示范区建设，做优"绿色制造、绿色能源、绿色生态、绿色宜居"四篇文章，成效明显。2023 年，省生态环境厅公布第六批省级生态文明建设示范区、乡镇（街道）、村（社区）名单，响水县入选"第六批江苏省生态文明建设示范区"；大丰区白驹镇、刘庄镇、滨海县滨淮镇、陈涛镇，射阳县黄沙港镇，阜宁县古河镇、东沟镇，响水县运河镇 8 镇入选"第六批江苏省生态文明建设示范乡镇（街道）"；东台市梁垛镇梁垛村、头灶镇下舍村等 17 村入选"第六批江苏省生态文明建设示范村（社区）"。盐城市已实现省级生态文明建设示范区全覆盖。同时，盐城大丰川东港成为国家级美丽海湾，东台条子泥也创成国家级美丽海湾。盐城拥有"世界自然遗产""国际湿地城市"两张国际名片，海洋碳汇、森林碳汇、湿地碳汇优势叠加。盐城积极推进在东部沿海区域开展"美丽海湾"创建，在西部湖荡区域开展"生态岛"试验区、生态安全缓冲区建设，统筹实施生态保护修复，不断夯实美丽盐城建设基础。同时，加强部省对接，继续推进生态文明建设示范区、"两山"实践创新基地建设，力争国家生态文明建设示范区 2025 年全覆盖。

盐城黄海湿地申遗成功。盐城市从 2014 年开始依托湿地珍禽、麋鹿两个国家级自然保护区，积极谋划黄海湿地申报世界自然遗产工作。2017 年初，中国渤海—黄海海岸带成功列入世界遗产预备名录。2018 年 4 月，国务院正式同意中国黄（渤）海候鸟栖息地（第一期）作为 2019 年国家申报世界自然遗产项目。盐城黄海湿地于 2019 年 7 月 5 日作为中国黄（渤）海候鸟栖息地（第一期）成功列入《世界遗产名录》。这是我国第一处滨海湿地类型世界遗产，填补了我国滨海湿地类型遗产空白，也使盐城成为江苏省首个拥有世界自然遗产的城市。中国黄（渤）海候鸟栖息地（第一期）范围包括盐城湿地珍禽国家级自然保护区部分区域、大丰麋鹿国家级自然保护区全境、盐城条子泥市级湿地公园、东台市条子泥湿地保护小区和东台市高泥淤泥质海滩湿地保护小区。黄海湿地是濒危物种最多、受威胁程度最高的东亚—澳大利西亚候鸟迁徙路线上的关键枢纽，是全球数以百万迁徙候鸟的停歇地、换羽地和越冬地，支持了 IUCN 红色名录中 24 种受威胁水鸟的生存，对全球生物多样性保护至关重要。其拥有超过 680 种脊椎动物，与黄海湿地环境共同构成了复杂且稳定的食物网系统，是迁徙候鸟的重要食物补给站，也是世界上两个稀有的迁徙鸟类勺嘴鹬和小青脚鹬的存活依赖地。盐城黄海湿地的成功申遗，为经济发达、人口稠密的东部沿海地区自然遗产的保护与合理利用提供了创新典范，极大地提升了盐城在全球的知名度和美誉度，也为盐城的生态保护、旅游发展等带来了新的机遇。盐城更加主动地融入全球生态系统治理，推动了湿地保护与高质量发展。

成功入选"国际湿地城市"。国际湿地城市是按照《关于特别是作为水禽栖息地的国际重要湿地公约》（简称《湿地公约》）决议规定的程序和要求，由成员国政府提名，经《湿地公约》国际湿地城市认证独立咨询委员会批准，颁发"国际湿地城市"认证证书的城市。作为国际认可的荣誉，这进一步强化了盐城湿地保护的重要性和紧迫性，促使当地政府和民众更加重视湿地生态系统的保护。其成功经验也为其他地区的湿地保护提供了示范和借鉴，推动全球范围内的湿地保护工作。例如，盐城在湿地生态修复、生物多样性保护等方面的实践成果，可以为其他城市提供可复制的模式和方法。国际湿地城市的品牌效应能够吸引大量的国内外游客，促进盐城生态旅游的发展。游客们可以欣赏到独特的湿地景观、丰富的鸟类资源以及美丽的自然风光，为当地带来旅游收入和就业机会。比如条子泥、黄海森林公园等景点，已经成为热门的旅游目的地，国际湿地城市的影响力不断扩大，将吸引更多的游客前来观光旅游。获批国际湿地城市为盐城提供了更多与国际社会交流合作的机会。盐城可以参与国际湿地保护组织的活动，与其他国际湿地城市分享经验、交流技术，共同推动全球湿地保护事业的发展。此外，还可以通过国际合作开展科研项目、文化交流等活动，提升盐城的国际影响力。

二、面临的挑战

一是经济发展与生态保护的矛盾。尽管盐城在生态保护方面取得了显著成就，但在经济发展过程中，如何平衡经济增长与生态保护仍然是一个重大挑战。一些高能耗、高污染的传统产业在短时间内虽能带来经济效益，但会对环境造成不利影响。此外，盐城的工业扩张和城市化进程也不可避免地对自然环境产生压力，导致生态系统面临威胁。如何在两者之间找到平衡点是亟待解决的问题。一方面是资源利用效率低。虽然盐城在资源高效利用方面取得了一定进展，但整体资源利用效率仍有提升空间。部分企业在生产过程中存在资源浪费和污染物排放问题，资源循环利用水平仍需提高。特别是在能源、水和土地资源方面，如何进一步提升利用效率，减少浪费和环境污染是一个长期面临的难题。另一方面是技术与资金支持不足。面对庞大的生态保护和修复工程以及绿色产业发展的需求，盐城在技术和资金方面的支持相对不足。尽管有一些先进技术被引入和应用，但大规模推广和实际效果还有待进一步提升。此外，绿色项目通常需要大量资金投入，而目前的资金来源有限，如何持续获得足够的资金支持也是一个重要问题。此外，公众参与度与社会认知度不高。绿色生态之城建设需要全社会的共同参与，但目前部分市民对绿色发展的认知度和参与度仍不够高。一些人对绿色生活方式的认识还停留在表层，没有形成深层次的绿色环保意识和行动自觉。这不仅影响了绿色政策和措施的有效实施，也制约了公众在监督和参与环境保护中的作用发挥。

二是经济发展与生态保护的压力。盐城的经济在过去几十年里取得了显著进展，但整体发展水平仍有待提高。2023年，盐城市地区生产总值（GDP）达到7 095.6亿元，同比增长6.8%。尽管如此，盐城的人均GDP和城乡居民收入仍低于全国平均水平，显示出经济发展的不平衡性。经济结构方面，第一产业增加值为818.3亿元，第二产业为2 713.8亿元，第三产业为3 563.5亿元，分别占比11.5%、38.3%和50.2%。从这些数据可以看出，盐城的经济结构虽然逐步优化，但依然面临诸多挑战。盐城的经济发展在一定程度上牺牲了生态环境。工业化进程推动了当地经济的快速发展，但也带来了一定程度的环境污染和生态破坏。例如，化工、造纸、纺织等高污染企业在生产过程中不可避免地会排放废水、废气和固体废物，导致空气、水源和土壤受到污染。农业开发中的化肥和农药使用也加剧了水体富营养化和湿地退化。此外，沿海和沿河地区的开发活动直接破坏了自然生态系统，导致生物多样性减少。如何在经济快速增长的同时有效保护生态环境，是盐城当前亟需解决的难题。面对生态环境保护的压力，盐城积极推进绿色产业发展。大力发展新能源产业是其中的重要举措之一。盐城已成为长三角地区首家"千万千瓦新能源发电城市"，拥有丰富的风能和太阳能资源。然而，绿色产业的发展也面临不少挑战。首先，技术瓶颈依然存在，新型储能和高效利用技术有待突破。其次，市场消纳能力有限，尽管盐城在电力输出方面做了大量工作，但限电问题仍然时有发生。最后，绿色产业的规模和竞争力尚不足以完全替代传统高污染产业，需要时间和政策支持进一步培育壮大。此外，政策的连续性和企业的投入也是影响绿色产业发展的重要因素。如何在短期内实现经济效益和长期环境保护的双赢，是盐城绿色产业发展的核心挑战。

三是政策与管理的问题。政策激励在生态保护与发展中起着至关重要的作用。一方面，推动企业转型升级、淘汰落后产能、新上治污治气项目、植绿补绿等行动，需要大量的资金和技术投入。如果没有以奖代补、贷款支持等激励政策，企业的回应率可能不高。以盐城某传统制造业企业为例，若要进行绿色转型升级，需引进先进的环保设备和技术，初步估算成本高达数百万元。在没有政策激励的情况下，企业可能会因成本过高而放弃转型升级，继续维持高污染、高能耗的生产模式。另一方面，激励政策能够引导社会资本投入生态保护与发展领域。例如，对于投资新能源、节能环保等绿色产业的企业给予税收优惠和财政补贴，可以吸引更多的资金流入，促进产业的快速发展。然而，目前盐城的绿色跨越配套措施仍不够系统、完善，激励政策的力度和覆盖面有限，难以充分调动企业和社会各界的积极性。建立评估机制对盐城的生态保护与发展至关重要。绿色跨越既是一个过程，也是一个结果，只有建立一套完整的评估机制，才能明确盐城是否真正实现了绿色"跨越"。首先，评估机制可以为政策制定提供科学依据。通过对生态保护与发展各项指标的监测和评估，能够及时发现问题和不足，为政府调整政策方向、优化资源配置提供参考。例如，根据评估结果，可以确定哪些产业需要加大扶持力度，哪些地区需要重点关注生态修复等。其次，评估机制有助于提高公众参与度。公开透明的评估结果可以让公众了解盐城生态保护与发展的现状和进展，增强公众的环保意识和责任感，促进公众积极参与到生态保护行动中来。当前，盐城缺乏评估界定绿色跨越的机制，这使得生态保护与发展的目标不够明确，工作成效难以量化和衡量，不利于全市绿色跨越的持续推进。

三、应对策略

第一，加强政策支持力度。一是争取更多国家和省级政策资源。盐城应积极与国家相关部门沟通对接，充分利用自身丰富的生态资源优势，争取更多国家层面在生态文明建设、湿地保护、绿色能源发展等方面的政策支持和项目资金。例如，可围绕世界自然遗产地的保护与可持续发展，申请国家专项保护资金，用于湿地生态修复、生物多样性保护等项目。同时，加强与江苏省相关部门的合作，积极参与省级绿色发展示范项目，争取在资金投入、技术支持、人才培养等方面获得更多资源。据统计，近年来国家在生态保护领域的投入逐年增加，盐城应抓住机遇，争取更多的政策倾斜，为绿色生态之城建设提供坚实的政策保障。二是完善市级政策体系。盐城市应进一步完善市级政策体系，以更有力的政策举措推动绿色生态之城建设。在生态保护方面，可出台更加严格的湿地保护政策，加大对破坏湿地行为的处罚力度，同时提高湿地保护的奖励标准，鼓励社会各界积极参与湿地保护。在绿色产业发展方面，制定优惠的税收政策、土地政策和金融政策，吸引更多的绿色产业项目落地盐城。例如，对新能源、生态旅游等绿色产业企业给予税收减免和财政补贴，优先保障绿色产业项目的用地需求，设立绿色产业发展专项资金，为企业提供低息贷款和融资担保等金融支持。

第二，持续推进生态建设。一是加大湿地保护与修复投入。加大对湿地保护与修复的资金投入，建立多元化的投入机制。一方面，政府应加大财政投入，设立湿地保护与修复专项资金，确保湿地保护工作的顺利开展。据了解，盐城市近年来在湿地保护方面的财政投入不断增加，但与湿地保护的实际需求相比仍有差距。另一方面，积极引导社会资本参与湿地保护与修复，通过 PPP 模式、设立湿地保护基金等方式，吸引企业、社会组织和个人投资湿地保护项目。同时，加强与国际组织和国内外科研机构的合作，争取更多的国际援助和技术支持，提高湿地保护与修复的水平。二是提升环境治理水平。持续提升环境治理水平，加强大气、水、土壤环境治理。在大气污染防治方面，进一步加强工业废气治理，推进重点行业超低排放改造，加大对机动车尾气排放的监管力度，推广新能源汽车。例如，对火电、钢铁、水泥等重点行业企业实施深度治理，确保废气排放达到国家最新标准。在水污染治理方面，加强对工业废水、生活污水和农业面源污染的治理，推进污水处理设施建设和提标改造，加强对饮用水水源地的保护。在土壤污染治理方面，开展土壤污染状况调查，加强对污染地块的治理和修复，严格控制农业面源污染对土壤的影响。

第三，促进生态价值转化。一是拓展生态旅游产业链。拓展生态旅游产业链，丰富生态旅游产品和服务。一方面，加强生态旅游景区的建设和管理，提升景区的品质和服务水平。例如，加大对盐城湿地珍禽国家级自然保护区、中华麋鹿园、条子泥等重点景区的投入，完善景区的基础设施和配套服务设施，打造一批具有国际影响力的生态旅游景区。另一方面，开发多元化的生态旅游产品，如生态科普旅游、生态康养旅游、生态研学旅游等，满足不同游客的需求。同时，加强生态旅游与文化、体育、农业等产业的融合发展，打造具有盐城特色的生态旅游品牌。二是推动绿色产业升级。推动绿色产业升级，加快构建现代化产业体系。在新能源产业方面，加大对风电、光伏、氢能等新能源产业的支持力度，推进新能源产业集群发展，打造长三角综合能源保供基地。例如，加快海上风电项目建设，提高风电装备制造水平，拓展光伏应用领域，推动氢能产业发展。在生态农业方面，发展有机农业、生态农业、观光农业等，提高农业的附加值和生态效益。在绿色制造业方面，推进传统制造业绿色化改造，培育壮大节能环保产业、高端装备制造业等战略性新兴产业。

第四，转变发展观念。首先要加强宣传教育，提升公众对绿色生态之城建设的认识和参与度。通过多种渠道，如电视、报纸、新媒体等，广泛宣传生态文明建设的重要意义和盐城绿色生态之城建设的成果，增强公众的生态环保意识。开展生态环保主题宣传活动，如世界环境日、世界湿地日等，组织环保志愿者活动，引导公众积极参与生态保护和环境治理。同时，加强对企业和社会组织的宣传教育，增强他们的绿色发展意识，鼓励他们积极参与绿色生态之城建设。同时要树立绿色发展典型，发挥示范引领作用。在企业、社区、学校等不同领域，评选出一批绿色发展典型，如绿色企业、绿色社区、绿色学校等，给予表彰和奖励，推广它们的经验和做法。例如，对在节能减排、资源循环利用、生态保护等方面表现突出的企业进行表彰，鼓励其他企业学习借鉴。在社区建设中，推广绿色社区的建设经验，提高社区的生态环保水平。在学校教育中，加强对学生的生态环保教育，培养学生的绿色发展意识。

第五，完善制度建设。建立健全激励机制，激发企业和社会各界参与绿色生态之城建设的积极性。政府可设立绿色发展奖励基金，对在生态保护、环境治理、绿色产业发展等方面做出突出贡献的企业和个人进行奖励。例如，对积极开展节能减排、资源循环利用的企业给予税收优惠和财政补贴，对在生态保护方面做出突出贡献的社会组织和个人给予表彰和奖励。同时，建立绿色金融支持机制，引导金融机构加大对绿色产业项目的支持力度，为绿色发展提供资金保障。此外，构建评估界定机制，科学评估绿色生态之城建设的成效。制定科学合理的评估指标体系，对生态保护、环境治理、绿色产业发展等方面进行量化评估。例如，建立湿地保护评估指标体系，对湿地面积、湿地生态系统稳定性、生物多样性等进行评估；建立环境质量评估指标体系，对空气质量、水环境质量、土壤环境质量等进行评估。同时，定期对绿色生态之城建设的成效进行评估，及时发现问题并采取措施加以改进，确保绿色生态之城建设目标的实现。

第七章 绿色制造赋能新质生产力的盐城实践

制造业是实体经济的基础，也是国计民生命脉所系。习近平总书记强调，"制造业是我国的立国之本、强国之基""深入实施制造业重大技术改造升级和大规模设备更新工程，推动制造业高端化、智能化、绿色化发展，让传统产业焕发新的生机活力"。这些重要论述，为推动制造业高质量发展、加快建设制造强国指明了方向。

第一节 马克思主义视角下的绿色制造业

在当今全球环境问题日益严峻的背景下，马克思主义视角下绿色制造业的研究具有重大的现实意义。马克思主义强调人与自然的关系，认为人类在改造自然的过程中应遵循自然规律，不能破坏自然。而绿色制造业正是在这种理念的指导下，致力于实现经济发展与环境保护的双赢。当前，随着全球工业化进程的加速，资源短缺、环境污染等问题愈发凸显，传统制造业的高能耗、高污染模式已难以持续，绿色制造业作为一种新兴的制造模式，正逐渐成为全球制造业发展的新趋势。从马克思主义的视角来看，绿色制造业不仅是一种技术创新，更是一种社会变革。它涉及生产方式、消费观念、社会制度等多个方面的变革。

一、绿色制造业的内涵特征

近年来，我国加快建设现代化产业体系，推进新型工业化，高度重视制造业的绿色化发展。工业和信息化部等部门发布关于加快推动制造业绿色化发展的指导意见，明确了到 2030 年和 2035 年的发展目标。到 2030 年，制造业绿色低碳转型成效显著，绿色工厂产值占制造业总产值比重超过 40%；到 2035 年，制造业绿色发展内生动力显著增强，在全球产业链供应链绿色低碳竞争优势凸显。绿色制造已成为我国制造业发展的重要方向，对于实现可持续发展具有重大意义。

（一）绿色制造业的内涵

在全球资源日益紧缺和环境问题日益严重的背景下，绿色制造业应运而生并迅速崛起。随着工业的快速发展，对自然资源的掠夺也在不断加剧，环境保护迫在眉睫。传统制造业末端治理方法投资大、成本高且消耗大量能源资源，无法从根本上解决环境问题。绿色制造业在保证产品成本、质量和功能的前提下，综合考虑环境影响和资源效率，贯穿产品从设计到报废处理的整个生命周期，对环境负面影响最小，资源效率最高，实现企业经济效益和社会效益的协调优化。

2012 年，我国政府首次在政策文件中提出绿色制造的含义，认为绿色制造是一种在保证产品的功能、质量、成本的前提下，综合考虑环境影响和资源效率的现代制造模式，通过开展技术创新及系统优化，使产品在设计、制造、物流、使用、回收、拆解与再利用等生命周期过程中，对环境影响最小、资源利用效率最高，并使企业经济效益与社会效益协调优化。学者们对绿色制造的定义内涵也有着丰富的论述。有学者指出，绿色制造是应用生态学规律来指导生产制造的经济活动，以资源的高效利用和循环利用为核心，以尽可能少的资源消耗和尽可能小的环境代价实现最大的经济社会发展效益。还有学者认为，绿色制造是一个综合考虑环境影响和资源消耗的现代制造模式，其目标是使得产品从设计、制造、包装、运输、使用到报废处理的整个产品生命周期中，对环境的影响（负作用）最小、资源利用效率最高。绿色制造从产品设计阶段就开始考虑资源和环境问题，以绿色工艺、绿色材料以及严格、科学的管理，使废弃物最少，并尽可能使废弃物资源化、无害化，从而使企业经济效益和社会效益达到最优。

（二）绿色制造业的特点

绿色制造业作为一种综合考虑环境影响和资源效益的现代制造模式，具有过程绿色化、产品生态化、行业循环化和产业智慧化等显著特点。

一是过程绿色化的体现。在制造流程中，可再生能源的利用成为绿色制造业的重要标志之一。例如，据统计，部分绿色制造企业通过安装太阳能光伏发电设备，能够满足企业自身30%以上的能源需求。同时，清洁技术的广泛应用也极大地推动了制造过程的绿色化。如采用先进的空气净化技术，可将生产过程中的废气排放降低70%以上。在一些绿色工厂中，水资源的循环利用技术使得工业用水的重复利用率达到80%以上，大大减少了对新鲜水资源的依赖。此外，绿色制造企业还积极采用环保型原材料和绿色工艺，如无毒无害的涂料和低能耗的生产工艺，从源头上减少了对环境的污染。

二是产品生态化的表现。产品生态化主要体现在产品设计与制造对生态环境的最小影响方面。在产品设计阶段，设计师充分考虑产品的生命周期，采用可降解材料和易于回收的设计方案。例如，一些绿色电子产品在设计时，采用了模块化设计，方便用户在产品报废后进行零部件的回收和再利用。在制造过程中，严格控制有害物质的使用，确保产品符合环保标准。同时，绿色产品还注重能源效率，如节能型家电产品，相比传统产品能够节省30%以上的能源消耗。此外，绿色产品的包装也趋向于简约环保，减少过度包装带来的资源浪费和环境污染。

三是行业循环化的特征。行业循环化的特征主要体现在废旧产品的回收与产业链的循环共生方面。一方面，绿色制造企业积极开展废旧产品的回收工作。以汽车行业为例，一些企业建立了完善的汽车回收体系，对报废汽车进行拆解、分类和再利用。据统计，通过回收再利用，每辆报废汽车可回收利用的金属材料占整车重量的70%以上。另一方面，产业链的循环共生也成为绿色制造业的重要发展趋势。企业之间通过资源共享和协同合作，实现了废弃物的最小化和资源的最大化利用。例如，在一些工业园区，化工企业的副产品可以作为建材企业的原材料，形成了产业间的循环经济模式。

四是产业智慧化的作用。产业智慧化在绿色制造中发挥着重要的推动作用。智能制造技术的应用使得绿色制造更加精准和高效。通过大数据分析和人工智能技术，企业可以实时监测生产过程中的能源消耗和环境指标，及时调整生产策略，实现资源的优化配置。例如，在一些智能工厂中，通过对生产设备的实时监控和优化调度，能源消耗降低了20%以上。同时，智能制造还可以提高产品的质量和可靠性，减少废品率，进一步降低对环境的影响。此外，产业智慧化还促进了绿色制造的信息化管理，实现了从原材料采购到产品销售的全流程追溯，提升了企业的管理效率和可持续发展能力。

二、绿色制造业与新质生产力

马克思主义绿色技术观为我国推动绿色技术创新提供了科学指导。习近平总书记高度重视绿色技术创新，提出加快绿色科技创新和先进绿色技术推广应用，做强绿色制造业等重要指示。这进一步凸显了绿色制造业在我国经济发展中的重要地位。同时，马克思主义生产力理论也为绿色制造业提供了理论支持。新质生产力以绿色技术创新为驱动，实现了从要素投入为主向科技投入为主的转变，为绿色制造业的发展提供了强大动力。

（一）马克思主义生产力理论与绿色制造

马克思主义生产力理论认为，劳动者、劳动资料和劳动对象是构成生产力的三个关键要素，在生产过程中发挥着至关重要的作用。首先，劳动者是生产力中最活跃的因素。劳动者通过运用自身的体力和智力，作用于劳动对象，创造出物质财富。在绿色制造业中，劳动者需要具备环保意识和绿色制造技能，能够熟练操作绿色生产设备，采用环保工艺，以实现绿色制造的目标。例如，在新能源汽车制造企业中，劳动者需要掌握先进的电池技术和智能制造技术，以提高生产效率和产品质量，减少对环境的影响。其次，劳动资料是劳动者作用于劳动对象的工具和手段。在绿色制造业中，劳动资料包括绿色生产设备、环保材料和清洁能源等。例如，采用先进的节能设备和环保材料，可以降低能源消耗和污染物排放，提高生产效率和产品质量。同时，清洁能源的使用可以减少对传统化石能源的依赖，降低碳排放，实现可持续发展。最后，劳动对象是劳动者进行生产活动的对象。在绿色制造业中，劳动对象包括环保材料、可再生资源和废旧物资等。例如，利用废旧物资进行回收再利用，可以减少对自然资源的消耗，降低生产成本，减少废弃物对环境的污染。

在马克思主义中，生产力三要素相互依存、相互影响。劳动者是生产力的主体，劳动资料和劳动对象是生产力的客体。劳动者通过运用劳动资料作用于劳动对象，创造出物质财富。劳动资料的改进和创新可以提高劳动者的生产效率，扩大劳动对象的范围和质量，劳动对象的变化也会影响劳动资料的选择和劳动者的技能要求。在绿色制造业中，生产力三要素的关系更加紧密：劳动者需要具备环保意识和绿色制造技能，才能更好地运用绿色生产设备和环保材料，对可再生资源和废旧物资进行有效利用；绿色生产设备和环保材料的创新和应用，可以提高劳动者的生产效率，降低对环境的影响，也为劳动者提供了更好的工作条件和发展空间；可再生资源和废旧物资的利用，可以减少对自然资源的消耗，降低生产成本，为绿色制造业的发展提供了新的机遇和挑战。

科学技术在生产力发展中起着关键作用。马克思认为，"生产力中也包括科学"，科学技术是生产力的重要组成部分。科学技术的进步可以提高劳动者的素质和技能，改进劳动资料的性能和质量，扩大劳动对象的范围和利用效率。在绿色制造业中，科学技术的作用更加突出。绿色技术创新是绿色制造业发展的核心动力，包括节能环保技术、资源回收利用技术、清洁能源技术等。例如，采用先进的节能环保技术可以降低能源消耗和污染物排放，提高生产效率和产品质量；资源回收利用技术可以实现废旧物资的循环利用，减少对自然资源的消耗；清洁能源技术可以减少对传统化石能源的依赖，降低碳排放，实现可持续发展。据统计，近年来我国在绿色技术创新方面的投入不断加大，取得了显著成效。我国新能源汽车产业在电池技术、智能制造技术等方面取得了重大突破，新能源汽车销量连续多年位居世界第一。我国在节能环保技术、资源回收利用技术等方面也取得了长足进步，为绿色制造业的发展提供了有力支撑。

（二）绿色制造中新质生产力的解读

新质生产力以劳动者、劳动资料、劳动对象及其优化组合的跃升为内涵，具有高科技、高效能、高质量的特征，符合新发展理念。在绿色制造业中，新质生产力的特点尤为突出，为制造业的可持续发展提供了强大动力。

绿色制造实现了新质生产力的要素创新。在劳动者方面，绿色制造业中的劳动者不仅需要具备传统制造业中的专业技能，还需具备环保意识和可持续发展理念。他们能够熟练运用绿色制造技术，如节能减排技术、资源回收利用技术等，以实现生产过程的绿色化。例如，在新能源汽车制造企业中，工程师们不仅要掌握先进的汽车制造技术，还要深入了解电池回收利用技术，以减少对环境的影响。据统计，目前我国绿色制造业领域的专业人才数量逐年增加，为新质生产力的发展提供了有力的人才支撑。在劳动资料方面，新质生产力推动绿色制造业采用更加先进、环保的生产设备和材料。例如，智能化的生产设备可以实现精准控制，减少能源浪费；环保材料的应用可以降低产品在生产和使用过程中的环境影响。以某绿色建材企业为例，通过引进先进的生产设备和环保材料，不仅提高了生产效率，还大大降低了污染物排放。在劳动对象方面，绿色制造业更加注重对可再生资源的利用和废旧物资的回收再利用。例如，利用太阳能、风能等可再生能源进行生产，减少对传统化石能源的依赖；对废旧金属、塑料等进行回收再利用，降低资源消耗。相关数据显示，我国可再生能源在制造业中的应用比例不断提高，废旧物资回收再利用产业也在迅速发展。

新质生产力以全要素生产率大幅提升为核心标志，是先进生产力质态的重要体现。在绿色制造业中，全要素生产率的提升主要表现在劳动生产率、资本生产率、原材料生产率和能源生产率等方面。劳动生产率的提高意味着单位时间内生产的产品数量增加或质量提高。在绿色制造业中，通过采用先进的生产技术和管理模式，劳动者的生产效率得到显著提升。例如，某绿色家电企业应用了智能化生产线，使劳动生产率提高了 30% 以上。资本生产率的提升体现为投入的资本与产出之间的比例提高。在绿色制造业中，企业通过加大对绿色技术研发和设备更新的投入，提高了资本的使用效率。以某新能源企业为例，其在研发新能源技术方面的投入不断增加，使得企业的资本生产率大幅提升。原材料生产率的提高表现为单位原材料能够生产出更多的产品。在绿色制造业中，通过优化生产工艺和采用环保材料，原材料的利用率得到提高。例如，某绿色包装企业通过改进包装设计，使一方原材料可以生产出更多的包装产品。能源生产率的提高意味着单位能源能够生产出更多的产品或提供更多的服务。在绿色制造业中，企业通过采用节能技术和清洁能源，降低了能源消耗，提高了能源生产率。据统计，我国绿色制造业的能源生产率近年来呈逐年上升趋势。

三、盐城建设绿色制造之城的时代背景

在全球倡导可持续发展与绿色经济转型的大趋势下，盐城积极投身于绿色制造之城的建设浪潮中。随着工业化进程的加速推进，传统制造业带来的资源短缺与环境污染问题日益凸显，全球对环境保护和资源高效利用的关注度持续攀升。盐城敏锐地捕捉到这一时代信号，深刻认识到绿色制造是实现经济高质量发展与生态环境保护协同共进的关键路径。

（一）双碳目标的驱动

在国家层面，党中央着眼中华民族永续发展，作出碳达峰、碳中和重大战略决策，明确时间表、路线图和任务书。"双碳"目标是我国应对气

候变化、推动经济高质量发展的重大战略决策。在国家"双碳"战略的引领下，各地区都在积极探索绿色低碳发展路径。在"双碳"目标下，盐城传统产业向绿色制造转型具有紧迫性。以钢铁产业为例，盐城拥有德龙、联鑫两大龙头企业，在传统钢铁产业面临高耗能、高排放的压力下，必须聚焦高端合金及不锈钢、绿色精品钢、优特钢等重点方向，提升产品层次和竞争力，建设沿海绿色精品钢产业基地。化工、纺织等传统产业同样需要"断"粗放式发展模式、"舍"低端落后产能、"离"以高能耗高物耗和低价格竞争为主的老路，加快向产业链上下游延伸、向价值链高端迈进、向技术工艺高峰攀登。盐城作为江苏省的重要城市，积极响应国家号召，将建设绿色制造之城作为落实"双碳"目标的重要举措，这为盐城的产业发展明确了方向，使其能够在国家政策的支持下，大力推进绿色制造产业的发展[13]。

江苏省积极响应国家战略，对盐城提出了明确要求和指导。盐城作为全国首批新能源示范城市、国家海上风电产业区域集聚发展试点城市，肩负着重要的使命。国家及省级层面的政策为盐城产业发展指明了方向，推动盐城加快绿色制造步伐，在循环经济体系构建、生态产品价值实现、"双碳"制度集成创新等方面探索路径、积累经验。江苏省出台了《关于支持盐城建设绿色低碳发展示范区的意见》，明确了支持盐城建设绿色低碳发展示范区的目标任务和政策措施。在省直部门与盐城的合作共建方面，已有十多个省直部门单位与盐城市签订了合作共建协议，梳理细化合作事项97项，涵盖试点示范落地、重大政策支持、重大项目列规、科技创新合作等各领域。这些合作共建为盐城的绿色发展提供了有力的支持和保障。例如，省发展改革委、科技、财政等部门可以在项目审批、资金支持、科技创新等方面给予盐城支持；省住建、文广旅等部门可以在城市建设、文化旅游等方面给予盐城指导和帮助。通过省直部门与盐城的合作共建，盐城可以更好地整合资源，加快绿色低碳发展示范区的建设步伐。

（二）区域发展的机遇

盐城作为沿海城市，在绿色能源、海洋经济等方面具有巨大的发展潜力。盐城拥有江苏最长海岸线和最大海域面积，近海100米高度年平均风速超过7.6米/秒，是全球最具开发价值的海上风场之一。盐城属于太阳能资源丰富地区，年平均光照时间为2 280小时，适宜光伏发电项目开发。这些丰富的风电、太阳能资源，为绿色制造产业的发展提供了充足的清洁能源。企业可以利用这些可再生能源进行生产，降低能源成本和碳排放，提高产品的绿色化水平。可再生能源产业的发展也为盐城带来了新的经济增长点，吸引了相关产业链企业的集聚；同时，盐城拥有江苏最长的海岸线、最大的沿海滩涂和广阔的土地面积，可建设用地面积充足，能够容纳投资额百亿元级甚至千亿元级的重特大产业项目。这为绿色制造产业的发展提供了广阔的空间，有利于大型绿色制造项目的落地和产业园区的建设。在此基础上，盐城积极探索"两山"转化路径，成为长三角地区首个"千万千瓦新能源发电城市"，新能源发电量占全社会用电量50%。此外，盐城还在海洋经济方面积极布局，如建设全国首个海岸带遗产地生态修复项目，获得中央财政3亿元资金支持。

盐城是长三角中心区27个城市之一，拥有沪苏首个省级合作共建园区、长三角一体化产业发展基地等平台载体。盐城拥有港口、机场、高铁等5个一类对外开放口岸，正在全力构建"东向出海"国际运输大通道，形成了较为完善的综合交通体系。这为绿色制造产业的发展提供了便利的物流运输条件，降低了企业的运输成本，有助于吸引更多的企业和项目落地盐城。盐城的内河航道和沿海港口资源丰富，通过加强海河协同联动，引导沿海港区和内河港区进行精准定位、错位发展，可以实现货物的高效运输和转运，提高物流效率，为绿色制造产业的发展提供有力的支持。随着长三角一体化的深入推进，盐城可以加强与上海、苏州、南京等城市的产业合作和协同发展，承接长三角地区的产业溢出和转移，引进先进的技术、人才和管理经验，提升绿色制造产业的发展水平。

长三角一体化为盐城绿色制造带来了产业协同、技术交流等机遇。盐城作为长三角中心区城市，全面落实长三角一体化发展要求，沪苏产业联动集聚区等列入国家长三角一体化发展规划，常盐、苏盐等南北共建园区纵深推进。中韩盐城产业园获批设立，成为国家层面对韩合作三个城市之一，SKI动力电池等一批标志性项目加快建设，获批国家海洋经济发展示范区、国家级跨境电子商务综合试验区。盐城积极融入长三角一体化发展，加强与上海、苏州等城市的产业协同，引进先进技术和管理经验，提升绿色制造水平。此外，盐城也位于淮河生态经济带的重要节点，是淮河出海门户。在淮河生态经济带的发展中，盐城可以发挥自身的优势，加强与沿淮城市的合作，共同推动绿色制造产业的发展，打造沿淮绿色制造产业带。

（三）产业基础的支撑

盐城拥有汽车、钢铁、纺织等传统优势产业，这些产业为绿色制造的发展提供了产业支撑和技术积累。例如，盐城在传统汽车产业方面有一定的基础，拥有汽车制造企业和零部件生产企业。随着绿色制造的发展，这些企业积极进行转型升级，加大在新能源汽车领域的投入。部分企业已经具备了新能源汽车的生产能力，能够生产电动汽车、混合动力汽车等新能源汽车产品，推动了汽车产业的绿色化发展。汽车零部件产业是汽车产业的重要组成部分，盐城的汽车零部件配套产业较为发达，能够为新能源汽车的生产提供零部件支持。例如，在电池、电机、电控等关键零部件领域，有企业进行生产和研发，提高了新能源汽车的本地化配套率，降低了生产成本。通过对传统产业进行绿色化改造，推动"生产智能化、装备自动化、产品数字化、管理信息化"，可以提高产业的绿色化水平和增强竞争力。

盐城汽车、钢铁、新能源、电子信息四大主导产业全面起势，为建设绿色制造之城提供了坚实的产业基础。新能源产业方面，盐城是长三角地区首个千万千瓦新能源发电城市，海上风电规模接近全省一半、全国五分之一，光伏产业也形成了较为完善的产业集群。节能环保产业方面，盐城拥有盐城环保科技城等产业园区，聚集了一批节能环保企业和科研机构。智能制造产业方面，盐城积极推进企业智能化改造和数字化转型，培育了一批智能示范工厂和工业互联网标杆工厂。盐城的新能源产业已经形成了较为完整的产业链。在风电领域，涵盖了风电装备制造、风电场建设与运营等环节，拥有众多的风电装备制造企业，能够生产风力发电机组、叶片、塔筒等关键部件；在光伏领域，有光伏组件生产、光伏电站建设等企业，形成了从光伏产品制造到光伏发电应用的产业链。晶硅光伏、风电装备等23条产业链在绿色制造方面积极布局，发展前景广阔。晶硅光伏产业基本形成了覆盖研发、生产、开发的全产业链，深度融入全球光伏产业发展布局中，集聚了天合、阿特斯、协鑫、润阳、通威、晶澳等光伏行业中国前10强企业中的8家，以及百佳、鹿山、小牛等一大批配套产业领军企业，电池片和组件综合产能位居全国城市第一。风电装备产业构建了涵盖"研发设计—装备制造—资源开发—运维服务"的风电全产业链，海上风电整机产能占全国40%以上，叶片产能约占全国20%，集聚了金风科技、远景能源、上海电气等整机龙头企业。这些产业链的发展为盐城建设绿色制造之城提供了有力支撑。

第二节　盐城绿色制造业发展的具体实践

盐城在绿色制造业发展进程中积极探索，出台一系列税收优惠、财政补贴政策，激励企业积极践行绿色制造理念，开展绿色生产、绿色设计与绿色营销活动，全方位推动绿色制造在盐城落地生根、茁壮成长，逐步形成具有盐城特色的绿色制造发展格局，为城市的可持续发展奠定坚实基础。

一、推动技术创新与数字化转型

在绿色制造的征程中，盐城市高度重视技术创新与数字化转型的引领作用。积极引导企业增加研发投入，设立专门的研发中心与创新实验室，吸引大量科技人才汇聚于此，全力攻克绿色制造领域的核心技术难题，如高效新能源转换技术、绿色智能生产控制系统等。

（一）科技创新赋能

盐城高新区积极实施创新驱动发展战略，为绿色制造业的发展注入强大动力。盐城高新区正立足自身优势和良好基础，以新技术培育新产业、引领产业升级，加快打造千亿元级国家高新区，力争在全省加快发展新质生产力、推进新型工业化中展现高新作为、贡献高新力量。

首先，高新区立足更高层次构建创新企业矩阵，做强新质生产力的"模块"。坚持让企业在创新创造中"站C位"，构建"科技型中小企业—高新技术企业—科技领军企业"梯度培育机制，推进创新主体增量提质。实施科技型中小企业孵化工程，对企业分类指导、梯次培育、差异扶持、扩量提质，积极组织企业申报国家科技型中小企业，确保800家以上企业通过科技型中小企业评价。在园区开展"企业创新积分制"，定期发布企业积分榜单，对排名靠前的科技型中小企业给予信贷、基金、人才等要素支持。实施高新技术企业后备培育工程，出台高成长企业培育方案，建立挂钩帮扶机制，促进中小企业裂变式增长、集群式发展。以政府购买服务等方式引入优质第三方服务机构，为企业提供全流程服务，切实提高高新技术企业申报质量，确保全年净增国家高新技术企业100家。实施科技领军企业助推工程，遴选体量规模大、创新水平高、行业带动强的领军后备企业，建立瞪羚企业、潜在独角兽企业、独角兽企业动态培育库，为后备企业创新发展提供全方位、全链条的科技服务。以争创"5G+工业互联网"应用先导区为契机，分类型、分场景、深层次推动企业"智改数转"。

其次，高新区更大力度建设一流创新平台，做精新质生产力的"芯片"。把培育、发展和升级科技创新平台作为实施创新驱动发展战略的重要抓手，重点围绕产业链部署创新链、围绕创新链布局产业链，加快推进各级科技创新平台建设。集成产业技术创新平台，依托盐龙湖智创谷，放大盐城国家大学科技园、全国"双创"示范基地等平台效应，引导现有科研平台聚焦园区产业发展重点领域达成一批产学研合作项目，提升科创平台的聚合力和辐射力。以打造全市科技成果产业化示范园区为目标，发挥国家级科技孵化载体的品牌效应，加快提升省级科技孵化器的运营效能，高标准推动众创空间、协同创新共同体建设。搭建校地示范合作平台，聚焦产业需求，深耕"校地合作"新模式，与盐城工学院共建盐龙湖先进技术研究院，与意大利帕多瓦大学合作交流，力争共建研发中心，推动产学研用共同参与、共同投入、共享成果。打造战略科技创新平台，结合国家"东数西算"工程，发挥盐城超算中心国家新一代人工智能公共算力开放创新平台引领示范作用，主动融入长三角国家算力枢纽节点网络，构建超算生态圈，争创国家级绿色数据中心。创新实施"揭榜挂帅""赛马"等机制，引导创新型领军企业开展联合攻关，实现重点领域的关键技术突破。

最后，更高水平打造产业创新集群，做大新质生产力的"硬盘"。深入推进传统产业焕新、新兴产业壮大、未来产业培育"三大任务"，以新型工业化催生新质生产力、以新质生产力推进新型工业化，不断做强实体经济、壮大产业集群。推动主导产业提升能级，实施主导产业强链计划，发挥维信电子等企业示范作用，升级核心产业链，培育高成长性产业链，打造特色鲜明的产业集群。推动未来产业积厚成势，实施未来产业抢滩计划，发挥第三代半导体集成技术研究院、第三代半导体产业联盟合作效能，重点发展集设计、生产、封测于一体的全产业链，打造前沿新材料应用转化基地和人工智能产业高地。

此外，创新产学研合作模式。盐城积极探索产学研协同创新机制，促进绿色制造业的发展。产学研协同创新机制将企业、高校和科研院所紧密结合起来，实现了资源共享、优势互补。例如，盐都区深入实施创新驱动发展战略，引导企业与高校、科研院所建立低碳技术创新联盟，开展共性关键技术研发和成果转化应用。盐城积极与高校院所开展合作，为绿色制造业的发展提供了强大助力。盐城市先后与清华、复旦、南大、中国科学院等60多所国内外知名高校院所建立"一校一院一所一合作"绿色战略联盟，成功打造了28家国家级研发平台。例如，盐城环保科技城与清华大学盐城环境工程技术研发中心合作，主导实施的20万吨/年碳捕集与循环利用项目，为同类企业提供了科技示范。高校院所的科研成果在盐城得到转化和应用，推动了盐城绿色制造业的技术进步。同时，高校院所还为盐城培养了大量的专业人才，为绿色制造业的发展提供了人才支持。

（二）工业企业智能化改造

智能制造是未来制造业的发展趋势。随着科技的进步和工业4.0的到来，智能化、自动化已经成为制造业转型升级的必然方向，通过打造智能制造示范工厂，盐城可以引领本地制造业向更高层次发展，提升整体竞争力。盐城大力实施"智改数转"三年行动计划，全方位引导和支持企业走高端化、智能化、绿色化发展之路。例如，龙净科杰、圣业阀门等20家企业入选省首批星级上云企业名单，其中立铠精密、鸿石智能被评为五星级上云企业；立铠精密、和阳电梯、科维仪表、欧焙佳食品4家企业车间被评为市智能制造示范车间，并已申报省级智能制造示范车间；中天伯乐达、彧寰科技创成省级工业互联网标杆工厂，全市仅5家。

为推动"智改数转"，盐城先后编制出台了《关于坚定不移推动工业强区促进制造业高质量发展的意见》《关于加快推进全区建筑建材企业高质量发展的实施意见》《亭湖区推动制造业高质量发展行动方案》等多项指导性政策和意见，不断加大各类政策资金扶持力度，累计拨付惠企政策资金9 508.3万元。在区工信局等方面的帮助支持下，立铠精密先后获得省级智能化改造数字化转型项目政策资金2 000万元；市级支持企业"智改数转"政策资金500万元、支持优质企业集群培育政策资金200万元、省智能工厂政策资金50万元；区级鼓励实施"机器换人"、鼓励企业"争星创优"政策资金416.27万元。

在"智改数转"服务商招引上，盐城先后拜访艾门韦思、海鼎信息、威士顿等一批相关行业企业，并参加了2023世界半导体大会暨南京国际半导体博览会，累计收集昊斯特、品微智能等20余家企业信息。同时，精心培育建设智能化、数字化和综合型、特色型、专业型工业互联网平台，搭建"智改数转"人才智库平台，为"智改数转"提供强有力的智力支撑。由江苏昆仑互联科技有限公司承接的"萍乡安源钢铁有限公司安源炼铁厂2×90 m² 烧结机烟气脱硫脱硝边缘智控节能降耗系统"项目顺利通过验收，该项目每年可在电、氨水、煤气、水等方面为客户节约运行费用近 500 万元。江苏龙净科杰环保技术有限公司以"智改数转"为契机，持续加大科研投入，引进国际领先的第四代脱硝催化剂再生技术，保证催化剂 100% 活性恢复且低硫转化率，为客户降低 30% 生产成本。该公司还与生态环境部火电环境评估中心等建立长期深度合作关系，授权专利数量位居国内脱硝催化剂生产企业之首。

其中，新石器无人车在盐城的发展体现了智能制造与绿色制造的融合。新石器无人车项目契合着盐城的绿色低碳转型迈上了发展的快车道。坐落在盐南高新区西伏河机器人产业集聚区内的新石器（盐城）智能制造有限公司，从 2018 年企业在北京初次创立，到 2019 年首辆无人车研发下线，再到将生产基地整体搬至盐城进行大规模投产，标志着其步入历史最好的发展阶段。走进新石器无人车生产基地，高科技感扑面而来。占地面积约 8 000 平方米的"未来工厂"内，一辆辆无人车在机械臂的挥舞下等待着下线。新石器无人车从生产装配到下线发车，再到上路行驶基本做到无污染、零排放。目前生产的车型已更迭到第四代，兼备 L4 级自动驾驶及服务机器人 AI 能力。共有 11 个摄像头，两个激光探测雷达，在高清测绘地图的加持下，不仅会看红绿灯，自动识别前后方障碍物，还在定位、感知等各方面确保通行能力和通行效率。最新款的无人车，运载能力达 600 千克，在电量充足的情况下，可以跑 200 千米，最高时速可达 50 千米。新石器无人车项目为物流现代化发展注入强大能量，也提供了更绿色智能的服务体验。其主打的两款车型是针对售卖市场的冰淇淋车和针对物流行业的格口柜。冰淇淋车是带冷藏货柜的无人售卖冰淇淋车辆。格口柜是从物流站点通过自动驾驶到用户楼下，实现智能配送"最后一公里"的车型。安阳新石器无人车智能制造工厂项目总投资 6 亿元，占地面积约 11 300 平方米，包括华中区域无人车运营总部和无人车超级智造工厂，拥有 L4 级无人驾驶制造生产线，集生产、检测、无人驾驶标定测试、淋雨密封测试为一体。该项目的实施，为无人驾驶车的生产提供更为便捷、高效的生产流程，促进无人驾驶技术的应用和推广。同时，无人驾驶标定系统的首创，集成了新能源车、机器人、人工智能三重优势，为物流现代化发展注入了强大的能量。

（三）推进绿色技术示范性企业建设

维信电子作为盐城绿色制造业的代表企业之一，在数字化应用方面取得了显著成效。盐城维信电子有限公司位于盐城高新区东山精密产业园内，专业从事柔性电路板和柔性电路组件设计、生产和销售，是众多国际知名品牌的供应商，成功创成盐都首家"工业五星级企业"。近年来，维信电子积极响应国家智能制造政策，致力于生产线智能化改造，其柔性线路板智能制造示范工厂以智能工业化为主体，引进国内外先进自动化设备，与供应商共同进行产线生产装备研发，并结合各类管理系统，对生产流程数据的全供应链收集；产业链协同及信息数字化平台，可快速高效满足顾客需求，智能制造试点示范项目完成 12 个坏节的 33 个智能化场景应用。凭借产品数字化研发设计、工艺智能化管控及网络协同制造模式，成功入选"2023 年度智能制造示范工厂"。公司不断升级技术、工艺及网络协同制造模式，推动制造业高质量发展。益海（盐城）粮油工业有限公司作为 2023 年江苏省智能制造示范工厂，引入先进的生产信息化平台，实现了对食用盐生产全过程的数字化监控和管控。通过传感器和智能设备的安装，对生产过程中的温度、湿度、流量等关键参数进行实时监测，并将数据传输到中央控制系统进行分析和处理。在智能化生产调度上，对生产调度进行智能化管理，根据市场需求和原料库存情况，系统能够自动调整生产线的运行速度和产量，实现生产过程的优化调度，减少能耗和资源浪费。在节能技术的应用上，采用了一系列节能技术，如余热回收利用、高效节能设备的使用等，通过优化工艺流程和设备配置，最大限度地减少能源消耗节约了大量的资源，取得了显著的经济效益和社会效益。

阿特斯在绿色工厂建设方面成就斐然。阿特斯 5G 智慧工厂入选工信部《2023 年 5G 工厂名录》，成为盐城市光伏行业 5G 融合应用领域首个国家级品牌。阜宁阿特斯阳光电力科技有限公司通过对"5G＋工业互联网"融合应用项目的建设，运用"5G+MEC"打造企业专网，结合 AI 技术，提供多样化服务。目前，公司还在积极建设工业互联网标识解析二级节点项目，为推动光伏行业标识解析集成创新，培育标识解析产业生态打开新格局。值得一提的是，阿特斯三家工厂同时上榜江苏省绿色工厂。盐城大丰阿特斯阳光电力科技有限公司、盐城阿特斯阳光能源科技有限公司、宿迁阿特斯阳光能源科技有限公司，都是阿特斯在推动绿色制造方面的典范。

大丰阿特斯自 2017 年成立以来，致力于研发和制造全球领先的高效太阳能组件产品，先后获评江苏省民营科技企业、江苏省级企业技术中心、江苏省智能制造示范车间等荣誉，始终坚持绿色低碳理念，走绿色制造、可持续发展之路。盐城阿特斯成立于 2017 年，主营业务为太阳能电池片等新型光电子元器件的研发、生产和销售，获批国家高新技术企业、国家级智能制造优秀场景等荣誉，通过技术创新等举措实现源头减排和环保监管措施的落实。宿迁阿特斯成立于 2020 年，主要研发和制造全球领先的高效太阳能组件产品，以智能化绿色化为发展方向，先后荣获江苏省工业互联网标杆工厂、江苏省智能车间等荣誉。从 2017 年到 2022 年，阿特斯的温室气体排放、能耗、水耗和废物强度分别降低了 20%、25%、67% 和 45%。阿特斯将继续致力于在 2030 年前实现全球运营 100% 使用可再生能源的目标。为了实现可持续发展目标，阿特斯聚焦在减少电力和能源的消耗上。如阿特斯泰国基地，通过深度智控为其进行能耗诊断并量身定制深度能效方案。解决了主机负载率高、制冷容量紧张、人工调控设备无法动态实时调节、安全保障基础薄弱等问题。预计全年节能率能够超过 25%。

二、节能降碳与资源循环利用

节能降碳对制造业可持续发展至关重要。制造业在国民经济中占据重要地位，但同时也是能源消耗和碳排放的大户。通过节能降碳，可以降低企业的生产成本，提高资源利用效率，减少对环境的负面影响，实现制造业的可持续发展。盐城在节能降碳和资源循环利用方面积极探索，采取了一系列有效措施，为绿色制造业的发展提供了坚实保障。

（一）节能降碳举措在绿色制造业中的应用

一是持续加大对新能源技术的研发投入，探索更高效的太阳能、风能、氢能等清洁能源在制造业中的应用。例如，进一步提高光伏发电效率，降低成本，扩大太阳能在工业生产中的应用比例；加强氢能技术研发，推动氢燃料电池在交通运输和工业领域的应用，减少对传统化石能源的依赖。同时，发展先进的节能技术，如高效电机、智能控制系统、余热回收利用等。通过对工业设备进行智能化改造，实现能源的精准管理和高效利用。据统计，采用高效电机可节能 20% 至 30%，智能控制系统能够根据生产需求实时调整能源供应，余热回收利用技术可将工业余热转化为电能或热能，提高能源综合利用率。研发新型碳捕集与封存技术，降低碳捕集成本，提高碳封存的安全性和稳定性。盐城可以依托现有的科研平台，如盐城环保科技城大气污染物与温室气体协同控制国家工程研究中心，加强与国内外高校和科研机构的合作，共同攻克碳捕集与封存技术难题。例如，盐城高新区推动重点用能设备能效升级。实施产品设备能效普查，对照《重点用能产品设备能效先进水平、节能水平和准入水平》（2024 年版），推动锅炉、电机、变压器、制冷供热空压机、换热器、泵等重点用能设备更新换代，推广应用能效二级及以上节能设备。对重点用能前 30 强企业开展节能诊断，"一企一策"制定节能降碳改造实施方案。对标工业重点领域能效标杆水平，开展 5 000 吨标煤以上重点耗能企业节能降碳行动，每年实施 30 项以上节能降碳重点项目。

二是实施重点用能企业节能改造工程。在建材、机械等重点行业，盐城大力推动节能举措。例如，亭湖区对高能耗项目的备案（核准）、节能审查、环评审查、产能置换等情况进行现场核查，对照项目清单逐一过堂，并根据各个项目的不同情况落实好分类处置措施。坚持能源消费强度和总量"双控"制度，加快建材、机械等重点行业节能、减排技术改造。聚焦能源消耗总量大、改造条件相对成熟、引领带动作用明显的企业，围绕能量系统优化、余热余压利用、公辅设施改造等重点方向，实施一批节能提效改造项目。龙净科杰、鑫诚玻璃等重点用能企业通过实施节能改造项目，着力提升绿色制造水平。其中，江苏龙净科杰环保技术有限公司在节能降碳方面成效显著，其废 SCR 催化剂资源化制备抗毒低温脱硝催化剂的技术研发及产业化项目，主要为燃煤电厂宽负荷和砷含量高的工况以及钢铁焦化玻璃等非电行业脱硝系统提供抗毒、中低温催化剂，减轻硫酸氢氨和砷等重金属的中毒现象，延长催化剂使用寿命，有助于催化剂再生循环使用，助力节能降耗。该项目结出硕果，离不开博士生导师、国家杰出青年人才李峰教授的鼎力相助。此项目为企业降低了生产成本，据统计，可使企业每年节约大量的能源消耗成本，同时也为整个行业的节能降碳提供了可借鉴的经验。

（二）强化资源循环利用技术创新

随着全球对环境保护和可持续发展的关注度不断提高，盐城在节能降碳与资源循环利用推进绿色制造业建设方面仍有广阔的发展空间和研究方向。首先，加强废弃物资源化技术创新，提高废弃物的回收利用率和附加值。例如，开发新型的废旧塑料回收技术，将废旧塑料转化为高性能工程塑料或其他高附加值产品；探索电子废弃物的深度回收技术，实现贵金属和稀有金属的高效回收。其次，研究生物降解材料的研发与应用，减少传统塑料制品对环境的污染。生物降解材料在自然环境中能够被微生物分解，不会对土壤和水体造成长期污染，盐城不断鼓励企业加大对生物降解材料的研发投入，推动生物降解材料在包装、农业、医疗等领域的应用。最后，推进水资源循环利用技术创新，提高中水回用率和海水淡化技术水平。通过研发新型的膜分离技术、高级氧化技术等，提高中水的水质，扩大中水的应用范围，同时加强海水淡化技术研究，降低海水淡化成本，为制造业提供稳定的水资源供应。

与此同时，延长不断加强绿色金融政策支持，引导金融机构加大对绿色制造业的信贷投放。盐城市一直鼓励金融机构创新金融产品和服务，推出绿色信贷、绿色债券、绿色保险等金融工具，为节能降碳和资源循环利用项目提供资金支持。例如，赛得利（盐城）纤维有限公司在源头绿色发展方面发挥了重要示范作用。赛得利致力于推动绿色可持续发展，践行绿色循环发展，不断减少原辅材料消耗，提高了资源的利用效率。公司通过优化生产工艺，实现了废物资源化利用，将生产过程中的废弃物转化为可再利用的资源，减少了对环境的负面影响。此外，盐城大丰区草庙镇川东居委会积极发展循环经济。川东居委会引进上海沁侬牧业公司，投资 1.5亿元创办了上海沁侬牧业大丰公司，从事苗猪繁殖和市场供应。同时，居委会党委书记杨应忠牵头投资 1 亿元创办了欣运家庭农场，养殖商品猪。为解决养殖业产生的大量粪污问题，居委会党员干部合股并带领农民参股创办了占地 600 亩的川鹿现代农业园，引进高端设施农业项目美早樱桃和阳光玫瑰葡萄，将养殖粪污大量用于樱桃葡萄园区。他们又引进沼气发电项目和生物有机肥项目，建起了大型发酵池，将农场和公司的所有粪污吸收进发酵池，生成沼气并进行发电，所有经过处理的沼渣全部加工成生物有机肥，沼液通过管道输送到园区，通过智能系统，送到每一棵樱桃和葡萄根部。这一循环发展模式，不仅解决了养殖业污染问题，还为川东居委会和农民开辟了增收通道，欣运家庭农场每年收益突破 3 000 万元，农民或居民通过参与猪场、有机肥厂、川鹿园、沁侬公司等务工以及参股等，每年增收达 800 多万元，川东居委会集体通过参股与服务，每年也可增加集体经营性收入 100 万元以上。

（三）工业领域资源循环案例

资源循环利用在绿色制造业中具有重大价值。它可以减少对自然资源的依赖，降低生产成本，同时减少废弃物对环境的污染，实现可持续发展。

一是盐城积极推动可回收物回收利用体系建设，具有重要意义。盐城市加快建设物资回收利用体系，部署推动废旧物资回收循环利用体系建设，完善回收网络体系，将再生资源存放点项目纳入一刻钟便民生活圈项目计划。在已建成的 1 931 个垃圾分类收集亭（房）的基础上，加快推进生活垃圾分类网点和废旧家电家具等再生资源回收网点"两网融合"。组织 8 个板块"一县一品"开展物资循环利用体系建设试点，积极探索退役光伏组件、风电机组叶片、废弃动力电池等新型废弃物的综合利用模式。完成中再生公司报废机动车回收拆解资质认定，上半年累计报废汽车 9 965 辆，同比增长 48.2%。

二是盐城在将废弃物转化为资源方面进行了积极的实践。在盐城阜宁县，盐城福旺家居用品有限公司利用 RPP 可回收材料制造箱包，年销售额超两千万元。该布料采用纤维直接黏合的方法制成，生产流程短、速度快，能够根据客户需求进行定制。工业绿色转型的同时，绿色农业也必不可少。江苏乐肥乐土生物科技有限公司采用先进的专利生产技术，通过预处理将农业有机废弃物与微生物腐熟菌剂混合，利用智能系统精准调控通风供氧，促进微生物高效发酵，最终将废弃物转化为稳定的腐殖质有机肥原料。公司每天能消耗周边养殖户约 120 吨到 150 吨鸡粪，同时消耗 50 吨左右的菌渣、蘑菇渣等农业灭源的污染物，经过公司专利技术，通过 24 小时即可生产出高品质有机肥，日产能约达 90 吨。

三是盐城市还积极探索利用畜禽粪便生产有机肥的方法。据统计，全市生猪饲养量 1 328.44 万头，家禽饲养量 2.77 亿只，大家畜饲养量 6.51 万头。畜禽粪便本身是一种很好的有机肥料来源。江苏乾宝有机肥有限公司以江苏乾宝牧业有限公司湖羊养殖基地为依托，充分利用优质羊粪资源，年消纳和转化农作物秸秆及农业废弃物 3 万吨。公司坚持产学研深度融合，注重高质量发展，与南京农业大学、中国科学院等知名高校和科研院所建立了广泛合作关系，引进多项生产应用技术，提高了产品质量，提升了品牌效应。2020 年被评为"江苏省十大标杆企业"。将废弃物转化为资源，不仅减少了废弃物的排放，还为农业生产提供了优质的有机肥，促进了农业的可持续发展。同时，也为绿色制造业提供了新的发展思路，推动了绿色制造业的创新发展。

四是可回收材料的创新应用。在盐城，福旺家居用品有限公司利用 RPP 可回收材料制造箱包，展现了可回收材料在工业领域的创新应用。RPP 涤纶无纺布材料并非通过传统方式编织而成，而是采用纤维直接黏合的方法制成，生产流程短、速度快，能根据客户需求定制图案、规格和材料等。这种创新应用不仅满足了不同市场的个性化需求，增强了产品在市场的竞争力，还为资源循环利用提供了成功范例。据了解，该企业的订单主要销往欧洲、韩国、日本等地，年销售额超两千万元。这一案例表明，可回收材料在工业制造中的应用具有广阔的市场前景和巨大的发展潜力，为盐城绿色制造业的发展注入了新的活力。

三、优化产业布局与规模

盐城积极推动绿色制造业发展，形成了多元化的产业布局和可观的发展规模。盐城围绕"5+2"新兴产业积极推进新型工业化进程，加快培育壮大新能源、新材料、新一代信息技术等战略性新兴产业，为经济发展注入强大动力。

（一）新能源及装备制造产业

在新能源产业方面，盐城拥有丰富的风能和太阳能资源，已聚集国家能源、华电、国电投等新能源领军企业，成为长三角首个千万千瓦新能源发电城市。截至 2024 年 7 月底，全市新能源发电装机容量达到 1 532.61 万千瓦，占全省新能源发电装机容量的 19.61%。盐城积极推进新能源产业规模不断扩大，入选省首批战略性新兴产业融合示范集群，工业经济总量迈上万亿元新台阶。以大丰区为例，新能源及装备制造产业风生水起。同年 1 至 8 月份，全区新能源及装备制造产业实现开票销售 106 亿元，同比增长 67%。其中，金风科技开票销售 26.4 亿元，同比增长 47%；中车电机开票销售 33.3 亿元，同比增长 58%；阿特斯 3 GW 光伏组件开票销售 12 亿元。大丰拥有 112 千米海岸线，海域面积 5 000 平方千米，辐射沙洲东沙岛 1 000 多平方千米，沿海及近海 70 米高度风速超 7 米/秒，风电场规划总容量 1 000 万千瓦以上，占江苏省的三分之一。全年日照 2 239 小时，年太阳辐射总量为 5 400 MJ/m^2。在金风科技带动下，众多"重量级"企业纷纷在大丰抢滩登陆，大丰已经集聚了风电整机及相配套的发电机、塔筒、机舱罩、组件、叶片、叶片成套芯材等制造企业，成为国内最大、国际领先的海上风电装备研发、制造和出口基地。2018 年，大丰港成为全国风电装备出口总量第一的港口。金风科技已从这里向全世界 24 个国家出口 1 239 MW 风机；2018 年有 1 902 片风电叶片从这里走出国门，远销欧美及澳大利亚等国家和地区。多项风电设备海上运输纪录在大丰港创造。此外，大丰风电装备制造企业依靠自主创新抢占行业制高点。江苏中车电机风力发电机设计与控制关键技术及工程应用项目获中国产学研合作创新成果一等奖。金风科技在建的机组技术实训平台、试验风电场等总投资规模达 20 亿元；国际领先的 16 MW 整机传动实验室将于近期全面启动，是集复杂工况模拟、实时仿真和实验研究能力于一身的国际领先的整机实验平台；双瑞风电 83.6 米首款碳纤维海上风机叶片在大丰试制成功。

盐城的节能环保装备不仅产品种类丰富，而且产品性能优越。一方面，废气处理设备方面，有工业洗涤塔、酸雾不锈钢除尘除雾器、水淋净化塔、pp 喷淋塔等，复购率达 18%。例如，盐城市建筑垃圾焚烧炉大型固废垃圾处理工程城市环境卫生专用设备热销，为城市环境治理提供了有力支持。防爆电加热导热油炉反应釜无纺布电加热器环保节能压板油锅炉设备，深度验厂深度验商，功率可定制，工作温度达 600 ℃，适用于多种工业场景。环保节能型不锈钢无负压供水设备、变频无负压机组，以及盐城市节能环保型 HTDXBF 地埋式自动恒压给水设消防供水设备价格，复购率达 12%，具有节能高效、稳定可靠的特点。此外，还有汽车烤漆房、漆面光滑无尘节能环保烤漆设备烤漆房等，复购率为 0%，但在汽车维修行业具有广阔的市场前景。另一方面，以管道加热器为例，江苏云康电热设备有限公司的产品可非标定制，材质可选用 304、316 等，功率可定制 10 KW ~ 1 500 KW，产品认证有 ISO、CE，主要销售地区包括欧洲、北美、南美、东南亚、东北亚、中东、非洲等。盐城市科锐环保设备有限公司的 KRSH 组合拆卸式三筒烘干机、KRSH 套筒式双筒烘干机、KRWH 卧式烘干机等产品，在技术上保持领先地位，与其配套的复合式煤粉炉及循环式沸腾炉新型技术为企业节能降耗、提升竞争力提供强有力的支持。盐城节能环保装备产品的优势在于技术先进、质量可靠、节能环保。这些产品不仅能有效降低能源消耗，减少污染物排放，还能提高生产效率，为企业带来经济效益和社会效益。

（二）电子信息产业

盐城电子信息产业也在绿色发展道路上稳步前行。盐城高新区入选国家级绿色工业园区，这里厂房林立，已落户东山精密、康佳电子、国电投储能电池、京泉华等电子信息上下游产业链项目 130 多个，产业规模超 300 亿元。2022 年电子信息产业规模达 280 亿元、增长 60%，印制电路板、集成电路、光电显示产业链规模全市第一，获评国家新型电子元器件及设备制造创新型产业集群。

盐都区把发展电子信息产业作为建设工业强区的重要抓手，盐城高新区突出电子信息产业首位度，打造电子信息产业新高地。智能终端产业园现已建成 40 万平方米的企业创业园、15 万平方米的创新中心、30 万平方米的人才公寓和智创学校、200 万平方米的生产制造区。东山精密产业园 2017 年落户后，开票销售从 2018 年的 29 亿元快速发展到 2023 年的 117 亿元。深圳京泉华正积极将盐城工厂打造成为京泉华国内重要生产基地。全球连接器龙头制造商得润电子在盐都新上的线路板项目正加快推进。大因多媒体为国家、省市等重要会议提供音视频硬件设备和大会的音频传输技术保障服务。

亭湖区锚定"首位首席首选"，把电子信息产业作为变中寻机、转型制胜的"新势力"，突出龙头带动、集群布局、科技助力、链式发展。目前亭湖区共集聚电子信息规上工业企业 32 家，2022 年实现开票销售 246.5 亿元，占全市电子信息产业开票销售总量的 60%，完成入库税收 3.7 亿元。2024 年前 10 个月开票销售达 232.1 亿元，同比增长 10.9%，全年开票销售有望突破 260 亿元，增长 15% 以上。亭湖区聚焦电子信息等主导产业，滚动开展招商引资项目推进百日攻坚活动，引育"链主型"项目，以链式思维构建具有强大市场"话语权"的主导产业集群。同时精心打造规划面积达 580 亩的电子信息产业园，目前已建成 3 片区 29 栋 28 万平方米标准厂房，入驻企业 50 多家，其中国家高新技术企业 20 家，2022 年实现产值 15 亿元。

（三）产业链协同竞争

在盐城绿色制造业产业链中，上下游企业通过合作共赢的模式，共同提升产业竞争力。例如，在新能源汽车产业中，整车制造企业与零部件生产企业紧密合作。悦达起亚、一汽奔腾等整车企业与江苏方兴摩擦材料有限公司、摩比斯、瑞延理化等零部件骨干企业建立了长期稳定的合作关系。整车企业为零部件企业提供市场需求和技术要求，零部件企业为整车企业提供高质量的产品和服务。上下游企业通过共同研发、协同生产、信息共享等方式，实现资源优化配置，降低成本，提高产品质量和生产效率。此外，在节能环保装备产业中，设备制造企业与环保服务企业也开展了广泛的合作。设备制造企业为环保服务企业提供先进的环保设备，环保服务企业为设备制造企业提供市场推广和售后服务，共同推动节能环保产业的发展。

盐城绿色制造业产业集群的形成，对竞争格局产生了积极的影响。一方面，产业集群吸引了大量的企业和投资，形成了规模效应和集聚效应。例如，盐城新能源产业集聚了150多家规上企业，构建起"2+4+8"产业布局，打造了"两大集群、四大基地、八大园区"立体化新能源产业发展格局。产业集群的形成使得盐城在新能源领域具有较强的竞争力，吸引了更多的企业和项目落户。另一方面，产业集群促进了企业之间的竞争与合作，推动了技术创新和产业升级。在产业集群中，企业之间相互学习、相互竞争，不断提高自身的技术水平和管理能力。同时，产业集群也为企业提供了更多的合作机会，促进了产业链的协同发展。例如，盐城环保科技城作为绿色产业集群的代表，集聚了一大批环保产业研发机构和优秀产业项目，形成了从研发到装备、产品、服务的全产业链条。产业集群的发展为盐城绿色制造业的可持续发展奠定了坚实的基础。

在盐城绿色制造业中，江苏悦达起亚作为汽车制造领域的龙头企业，积极践行绿色发展战略。悦达起亚致力于推动产品电动化、工厂低碳化、供应链绿色化发展，组建了"绿色工厂"建设领导小组，制定绿色制造实施方案和管理制度。通过优化用能结构、推动光伏和绿电建设、采用物联网和云计算开展智能制造等举措，提升生产设备和工艺的绿色智能制造水平，减少能源资源消耗、碳排放和污染物排放。其竞争优势在于拥有先进的技术研发能力、完善的质量管理体系和广泛的市场渠道。悦达起亚的新能源车型在市场上具有较高的知名度和美誉度，为盐城绿色制造业的发展起到了引领示范作用。江苏中天伯乐达变压器有限公司作为盐城环保科技城的行业龙头企业，2023年获评国家级绿色工厂。该公司通过技术改造、绿色化改造、智能化改造，不断优化生产工艺，在实现节能、降耗、减排的同时，做到提质、增效、创收。公司对各类污染物的管控远高于省定标准，达标率都是100%。中天伯乐达的竞争优势在于其在变压器制造领域的技术领先地位、严格的质量控制和对绿色制造的高度重视。

在盐城绿色制造业中，中小企业也发挥着重要作用。它们通过特色发展路径，在市场中占据一席之地。例如，盐城市科锐环保设备有限公司专注于节能环保装备的研发和生产，其 KRSH 组合拆卸式三筒烘干机、KRSH 套筒式双筒烘干机、KRWH 卧式烘干机等产品，在技术上保持领先地位。公司通过为企业节能降耗提供强有力的支持，赢得了市场份额。中小企业的定位通常是在细分市场中提供专业化、个性化的产品和服务。它们通过灵活的经营策略、快速的市场反应和创新的产品设计，满足不同客户的需求。中小企业的特色发展路径还包括与高校、科研院所合作，加强技术创新；拓展销售渠道，开拓国内外市场；加强品牌建设，提高企业知名度等。

第三节 盐城绿色制造业赋能新质生产力的成效与挑战

盐城作为一座具有发展潜力的城市，近年来积极响应国家绿色发展理念，大力推进制造业的绿色转型。在全球对环境保护和可持续发展的高度关注下，盐城深刻认识到绿色制造业是未来经济发展的重要方向。随着科技的不断进步和创新，新质生产力的概念逐渐兴起，盐城也在积极探索如何通过绿色制造业赋能新质生产力，实现经济的高质量发展。

一、盐城绿色制造业赋能新质生产力的成效分析

从先进技术的创新应用到产业结构的优化升级，从资源利用效率的大幅提升到生态环境效益的协同增进，盐城绿色制造业以多元举措和卓越实践，正逐步构建起具有竞争力与可持续性的新质生产力体系，为区域经济高质量发展开辟崭新路径，也为其他地区在绿色与创新协同发展方面提供极具价值的参考与启示。

（一）产业结构优化成效

盐城通过绿色制造业的发展，实现了主导产业的绿色转型和未来产业的布局与发展，有效优化了产业结构，为新质生产力的赋能提供了坚实的产业基础。

一是主导产业的绿色转型。电子信息产业作为盐城的主导产业之一，在绿色转型方面成效显著。以维信电子为例，公司将"智能化改造、数字化转型"作为发展的重要方向，投入专项资金用于技改扩能和创新研发。凭借强大的创新能力支撑，先后成为华为、特斯拉、谷歌、微软等国际知

名企业的供应商。同时，电子信息产业在盐城构建起从核心部件到品牌整机，从硬件生产到软件开发的全产业链条。精密结构件产业集聚立铠精密、领胜科技、科森科技等一批龙头企业；印制电路板产业落户维信电子、博敏电子、贺鸿电子等一批龙头企业；光电显示产业拥有东山精密、科森光电、生辉光电等一批优质企业；集成电路产业的康佳芯云、富乐德、盐芯微等企业快速发展。这些企业在生产过程中，积极采用环保材料，提高资源利用效率，降低能耗和废弃物排放，实现了产业的绿色转型。

二是高端装备产业也在绿色转型方面迈出了坚实步伐。盐城现有高端装备企业 2 731 家，涵盖全市智能装备制造及核心部件、石油机械、节能环保装备 3 条重点产业链，形成 9 个细分领域。神鹤科技作为盐都区高端装备产业的龙头企业，20 多年来深耕超高分子量聚乙烯纤维及其复合材料成套装备、生产工艺的研发与产业化推广，打破了国外技术垄断，成为超高分子量聚乙烯纤维及成套装备全国唯一供应商，占国内市场份额 90% 以上，获评国家"第五批制造业单项冠军"。同时，盐城积极推动高端装备产业的"智改数转"，盐电阀门实现国家 5G 工厂零的突破，恒力机床入围苏北唯一省智能制造领军服务机构，盛安传动、金洲机械、兰丰环境先后获评省示范智能车间和省五星上云企业，宝鼎电动工具、中联电气、盐电阀门获评省绿色工厂。这些举措有效提升了高端装备产业的绿色化水平。

三是未来产业的布局与发展。盐城在新材料、人工智能等未来产业的布局成果显著。在新材料方面，盐城高新区积极布局第三代半导体产业，目前已集聚汉印、康佳等半导体产业链重点企业近 30 家，产业规模突破 10 亿元。汉印机电科技股份有限公司凭借自身十多年印制电子高端装备研发及产业化经验，将第三代半导体作为企业未来产业发展的主攻方向，与中国科学院半导体研究所强强联手，将碳化硅外延技术进行成果转化落地，致力将高新区打造成化合物 CVD 技术的产业化集中中心。

四是在人工智能方面，盐城高新区不断深化生产制造全过程的数字化应用，促进制造业质量变革、效率变革、动力变革，进一步激发绿色制造新动能。例如，维信电子、悦达棉纺创成国家智能制造示范工厂、智能制造优秀场景，恒力机床获评苏北唯一的省智能制造领军服务机构。同时，盐城高新区还积极推动人工智能在各个领域的应用，如在汽车产业中，随着新能源汽车的蓬勃发展，汽车产业加速向电动化、网联化、智能化方向发展，华人运通新能源汽车高合 HiPhiX 就是盐城在智能汽车领域的杰出代表。

（二）科技创新的成效

盐城绿色制造业在科技创新方面成效显著，智能制造与数字化应用不断深化，研发投入持续加大，技术突破不断涌现，为新质生产力的赋能提供了强有力的科技支撑。

一是智能制造与数字化应用。悦达棉纺在生产中全程应用大数据、人工智能、5G 等信息技术，为传统产业装上"数字大脑"。公司 70%以上的产品为有机棉、再生棉等绿色棉类产品，同时配备能效电机、吸音板等绿色节能设施。公司通过应用智能运输机器人、高性能读码器等设备，实现了数据实时采集、生产计划自动排产、生产过程实时跟踪，极大地提高了生产效率和产品质量。维信电子作为电子信息产业的龙头企业，将"智能化改造、数字化转型"作为发展的重要方向。公司投入专项资金用于技改扩能和创新研发，在生产过程中实现了生产自动化、物流自动化、信息自动化。凭借强大的创新能力支撑，维信电子先后成为华为、特斯拉、谷歌、微软等国际知名企业的供应商。同时，维信电子积极推进智能制造示范工厂建设，在数字化应用方面取得了显著成果。

二是研发投入与技术突破。盐城企业在绿色技术研发上的投入不断加大。以江苏金风科技为例，作为获评省级绿色工厂的企业，其核心就是坚持向"绿"而行。金风科技以"成为全球清洁能源和节能环保整体解决方案行业领跑者"为发展目标，在产品生产上，使用环境友好材料，提高生产物料可回收利用率，生产过程中做到原料无害化、生产清洁化、能源低碳化。公司通过智能微电网的绿电替代、能源管理系统以及绿色电力证书购置，实现绿电使用率 100%。同时，金风科技不断加大研发投入，建成多个国内乃至世界领先的实验平台，如金风科技 16 MW 传动实验室项目，是集 16 MW 风电机组仿真、机械、电机、电气、环境、并网于一体的机电传动综合多应力传动实验台，为海上风电的技术进步提供全面的服务。天合光能盐城基地是全球技术领先的双玻组件生产基地，正积极推进零碳工厂建设。各车间、部门都设定能耗指标，每月进行统计，对超出标准的予以处罚，对低于标准的予以奖励，各部门在各个环节都致力于节能降耗。天合光能在研发投入方面也不遗余力，不断推出新技术、新产品，提高能源利用效率，降低碳排放。

　　此外，盐城的众多企业在绿色技术研发上也取得了一系列突破。例如，在新材料领域，汉印机电科技股份有限公司与中国科学院半导体研究所强强联手，将碳化硅外延技术进行成果转化落地，致力于打造化合物CVD技术的产业化集中中心。在新能源领域，盐城重点打造晶硅光伏、风电装备两条地标产业链，众多企业在光伏龙头装备制造和风电装备制造方面取得了技术突破，构建了全产业链生态体系。

　　（三）经济效益与社会效益的成效

　　绿色制造业在盐城的蓬勃发展，不仅带来了显著的经济效益，也产生了积极的社会效益。

　　一是经济增长与就业创造。盐城绿色制造业对经济增长的促进作用十分明显。以新能源产业为例，2024年1至9月份盐城新能源规上企业开票销售首次突破千亿元大关。电子信息产业构建起全产业链条，2024年1至9月份，全市23条重点产业链实现规上开票销售3 775.2亿元，占全市规上开票总量的65.2%，增长32.3%。同时，绿色制造业的发展吸引了大量的投资，如维信电子有限公司计划总投资100亿元，其中一期项目已投入运营，二期车载线路板项目正在实施。这些投资不仅推动了产业的发展，也带动了相关产业的协同发展，为盐城经济增长注入了强大动力。此外，在就业岗位创造方面，盐城绿色制造业的发展提供了大量的就业机会。汽车产业作为盐城的支柱产业，现有起亚、华人运通等整车生产企业，以及234家规模以上汽车零配件企业，累计产销突破600万辆，为社会提供了众多的就业岗位。电子信息产业的快速发展也吸引了大量的人才，精密结构件、印制电路板、光电显示、集成电路等领域的企业集聚了众多的专业技术人才和产业工人。此外，新能源产业的发展也带动了风电装备、光伏龙头装备制造等领域的就业增长。据统计，盐城绿色制造业的发展直接或间接创造了数十万个就业岗位，为盐城的经济发展和社会稳定做出了重要贡献。

　　二是生态保护与社会认可。盐城绿色制造业对生态保护的贡献不可忽视。在"双碳"目标引领下，绿色制造成为工业企业转型发展的必由之路。盐城加快推进行业发展低碳化、制造过程清洁化、资源利用高效化，通过创建绿色制造示范企业，实现了降低碳排放量、保护生态环境的目标。例如，江苏金风科技以"成为全球清洁能源和节能环保整体解决方案行业领跑者"为发展目标，通过智能微电网的绿电替代、能源管理系统以及绿色电力证书购置，实现绿电使用率100%。在产品生产上，使用环境友好材料，提高生产物料可回收利用率，生产过程中做到原料无害化、生产清洁化、能源低碳化。天合光能盐城基地积极推进零碳工厂建设，各车间、部门设定能耗指标，致力于节能降耗。同时，盐城绿色制造业的发展也得到了社会的广泛认可。一方面，政府出台了一系列政策措施，鼓励企业加大绿色技术研发投入，推动产业升级。盐城市工信局围绕绿色制造之城建设，深入推进企业循环式生产、园区循环化改造、产业循环型组合，全力打造绿色制造体系。2023年，31家企业创成省级绿色工厂，全省第五；3家园区创成省级绿色园区，全省第二。盐城高新区创成国家绿色园区，5家企业创成国家级绿色工厂。另一方面，社会公众对绿色制造的认知度和认可度不断提高，消费者更加倾向于购买绿色环保产品，企业也更加注重自身的社会责任和形象建设。盐城的绿色制造企业在市场竞争中具有更强的竞争力和品牌影响力，为盐城的经济发展和社会进步做出了积极贡献。

三是创新驱动与科技自立。科技创新在盐城绿色发展中发挥着关键作用。盐城深入贯彻关于新时代科技创新的重要论述精神，坚持绿色高端、创新引领，大力推进创新主体培育、平台载体建设、人才引进培养、科技成果转化等重点工作。先后获批国家可持续发展实验区、国家创新型试点城市和国家知识产权试点城市等"国家级名片"。在新能源领域，万帮储能科技有限公司专注于储能设备的研发制造，在研发上大力投入，通过技术创新不断提升储能产品的安全性和循环性。中国科学院电工所大功率海上风电直流变换整机控制关键技术研究等国家级项目获批实施，金风前沿技术研究院获批国家能源局的"赛马争先"创新平台，氢能技术研发中心聚焦于电解水制氢领域的材料、部件及系统全产业链条的技术研发与示范应用。在农业领域，盐城智慧麦作技术总体处于国际领先水平，具有广阔的应用前景。该技术面向耕、种、管、收等主要环节，通过麦田信息感知、麦作处方设计、作业路径规划、智能导航和无人作业的有效集成和无缝衔接，构建了集信息采集、差异分析、处方生成、路径规划、无人作业等功能为一体智慧农业体系。

二、盐城绿色制造业赋能新质生产力的挑战

一是技术创新的挑战。当前，盐城绿色制造业在技术创新方面面临着一些难点。一方面，绿色制造涉及多个领域的前沿技术，如新能源、节能环保、智能制造等，技术研发难度大、投入高、周期长。以新能源汽车产业为例，虽然盐城在动力电池等领域取得了一定的成绩，但在电池续航里程、充电速度、安全性等关键技术方面仍有待突破。据统计，目前盐城新能源汽车的平均续航里程与国内先进水平相比还有一定差距，这限制了新能源汽车在市场上的竞争力。另一方面，技术创新的协同性不足。绿色制造业的发展需要产业链上下游企业、高校、科研机构等各方的协同创新，但目前盐城在这方面的合作机制还不够完善。例如，在光伏产业中，虽然盐城拥有众多光伏制造企业，但在光伏材料研发、高效电池技术等方面与高校和科研机构的合作还不够紧密，导致技术创新的速度和质量受到一定影响。此外，技术创新的资金投入相对不足。绿色制造技术的研发需要大量的资金支持，但盐城的部分企业由于规模较小、融资渠道有限等原因，难以承担高额的研发费用。据调查，盐城部分中小绿色制造企业的研发投入占销售收入的比例低于全国平均水平，这制约了企业的技术创新能力和可持续发展。以盐城的新能源产业为例，虽然盐城在光伏和风电领域取得了一定的成绩，但在核心技术方面仍存在瓶颈。例如，在光伏产业中，高效太阳能电池的转换效率仍有提升空间，关键材料的研发和生产技术仍掌握在少数国外企业手中。盐城的企业在提高电池转换效率、降低生产成本等方面面临着巨大的挑战。在风电产业中，大功率风机的设计和制造技术、海上风电的安装和运维技术等仍有待进一步突破。此外，盐城的绿色制造业在智能制造、数字化应用等方面也存在核心技术不足的问题。例如，虽然一些企业在生产中应用了大数据、人工智能、5G等信息技术，但在核心算法、关键设备等方面仍依赖进口，自主研发能力有待提高。

二是人才短缺的挑战。新质生产力的发展离不开高素质的人才队伍，人才是绿色制造业发展的关键因素，然而目前盐城在绿色制造业领域面临着人才短缺的问题。首先，绿色制造涵盖了多个专业领域，如环境科学、能源工程、智能制造等，需要具备跨学科知识和技能的复合型人才。但目前盐城的人才培养体系还不能完全满足绿色制造业的需求，高校和职业院校在相关专业的设置和课程体系建设方面还存在一定的滞后性。例如，盐城的部分高校虽然开设了环境工程、新能源科学与工程等专业，但在课程设置上与绿色制造的实际需求结合不够紧密，导致毕业生在进入绿色制造企业后需要较长时间的适应期。其次，盐城对绿色制造人才的吸引力不足。与一线城市和发达地区相比，盐城在薪酬待遇、生活环境、职业发展机会等方面存在一定的差距。据统计，盐城绿色制造企业的平均薪酬水平比上海、深圳等城市低约30%，这使得盐城在吸引高端人才和优秀毕业生方面面临较大的困难。此外，盐城的城市基础设施和公共服务设施相对不完善，也影响了人才的流入。最后，人才流失问题较为严重。由于盐城的绿色制造企业在技术水平、管理模式、创新氛围等方面与发达地区存在一定差距，一些优秀人才在积累了一定的工作经验后，往往选择流向一线城市和发达地区，这给盐城绿色制造业的发展带来了不利影响。例如，盐城某新能源企业的一名技术骨干在工作几年后，被上海的一家企业高薪挖走，这不仅导致企业的技术研发进度受到影响，也增加了企业的人才培养成本。

三是资金与政策的挑战。盐城绿色制造业在发展过程中，资金与政策方面面临着诸多挑战，这在一定程度上制约了其为新质生产力赋能的进程。目前，盐城企业在绿色融资方面存在一定的困难。一方面，绿色债券融资市场尚未完善，民间资本利用率较低。例如，盐城的一些中小微绿色制造企业在寻求资金支持时，发现绿色债券的发行门槛较高且市场规模有限，难以满足企业的融资需求。同时，民间资本对绿色制造业的投资信心不足，主要是因为对绿色制造项目的风险评估较为困难，回报周期相对较长。另一方面，银行等金融机构在提供绿色贷款时，存在审批流程复杂、担保要求高的问题。一些企业反映，申请绿色贷款需要提供大量的材料，审批时间较长，而且担保方式较为单一，这给企业带来了较大的融资压力。此外，虽然盐城政府出台了一系列政策支持绿色制造业的发展，但在政策支持方面仍不够完善。一方面，政策的针对性和实效性有待提高。目前的政策主要集中在宏观层面，对不同类型的绿色制造企业和项目的支持力度不够细化。例如，对于初创期的绿色制造企业，缺乏专门的扶持政策，在资金、技术、人才等方面的支持力度不足。另一方面，政策的协同性有待加强。绿色制造业的发展涉及多个部门，如工信、环保、科技等，但目前各部门之间的政策协同性不够，存在政策重复、政策冲突等问题。

四是市场竞争的挑战。绿色制造业在全球范围内的竞争日益激烈，盐城作为积极发展绿色制造业的城市，也面临着诸多市场竞争挑战。在国内市场，随着各地对绿色制造业的重视程度不断提高，盐城面临着来自其他地区的激烈竞争。例如，一些经济发达地区在技术研发、资金投入、人才吸引等方面具有较大优势,其绿色制造企业在市场份额争夺中占据先机。同时,一些中西部地区也在积极发展绿色制造业,凭借较低的生产成本和丰富的资源优势,对盐城的企业形成一定的竞争压力。在国际市场上,盐城绿色制造业同样面临着严峻挑战。发达国家在绿色制造技术方面处于领先地位,其产品在质量、性能和环保标准等方面具有较强的竞争力。以盐城的新能源产业为例,德国、日本等国家的光伏和风电企业在核心技术、品牌影响力和市场渠道等方面具有明显优势。此外,一些新兴经济体也在加快绿色制造业的发展步伐,如印度、巴西等国家在太阳能光伏领域的竞争力不断增强,对盐城的企业构成了潜在威胁。与此同时,品牌建设是盐城绿色制造企业面临的重要挑战之一。目前,盐城的绿色制造企业在品牌建设方面还存在一些不足。一方面,企业对品牌建设的重视程度不够,缺乏明确的品牌战略和品牌定位。许多企业仍然以产品为导向,忽视了品牌的价值和作用。另一方面,品牌建设投入不足,缺乏有效的品牌推广手段。与国际知名品牌相比,盐城的绿色制造企业在品牌知名度、美誉度和忠诚度等方面存在较大差距。

三、盐城绿色制造业赋能新质生产力的应对策略

盐城绿色制造业在赋能新质生产力方面取得了显著成效。在产业结构优化方面,主导产业实现绿色转型,电子信息产业构建全产业链条,高端装备产业迈向智能化、绿色化,未来产业如新材料、人工智能等布局成果显著。科技创新成效突出,智能制造与数字化应用不断深化,企业研发投入持续加大,技术突破不断涌现;同时,带来了良好的经济效益与社会效益,促进经济增长,创造大量就业机会,对生态保护贡献巨大,也获得了社会广泛认可。然而,盐城绿色制造业在赋能新质生产力的过程中也面临着诸多挑战。未来,盐城绿色制造业的发展可从以下几个方向进行深入研究和探索。

（一）发展绿色能源

传统能源的转型与新能源的发展是推动绿色制造业的关键因素。在传统能源方面,推动传统能源绿色转型是实现制造业绿色化的必然要求。例如,煤炭作为传统能源,通过清洁利用技术,可以降低其对环境的污染。同时,石油和天然气等传统能源也可以通过技术创新,提高能源利用效率,减少碳排放。据统计,近年来我国在传统能源清洁利用方面取得了显

著成效，煤炭清洁利用技术不断提高，石油和天然气的高效利用技术也得到不断推广。新能源的发展为绿色制造业提供了强大的动力。太阳能、风能、水能等新能源具有清洁、可再生的特点，是绿色制造业的理想能源选择。以太阳能为例，我国太阳能产业发展迅猛，太阳能电池板的生产技术不断进步，成本不断降低。当前，我国太阳能光伏发电装机容量已居世界前列。风能也是我国新能源发展的重点领域，我国的风力发电技术不断成熟，风力发电机组的装机容量持续增长。水能资源丰富的地区，可以通过开发水电，实现能源结构的优化和经济效益的提升。此外，生物质能、地热能等新能源也在绿色制造业中发挥着重要作用。

提高能源使用效率对绿色制造业也至关重要。提高能源使用效率可以降低制造业的能源成本。在当前能源价格波动较大的情况下，降低能源成本对企业的生存和发展至关重要。例如，通过采用先进的节能技术和设备，可以降低企业的能源消耗，提高能源利用效率，从而降低能源成本。据统计，采用节能技术和设备的企业，能源成本可以降低 20% 以上。其次，提高能源使用效率可以减少对环境的污染。制造业是能源消耗大户，也是污染物排放大户。提高能源使用效率可以减少能源消耗，从而减少污染物的排放。例如，通过采用高效的燃烧技术和废气处理技术，可以降低制造业的废气排放，减少对大气环境的污染。同时，提高能源使用效率还可以减少废水和废渣的排放，降低对水环境和土壤环境的污染。最后，提高能源使用效率可以增强制造业的竞争力。在全球制造业竞争日益激烈的今天，提高能源使用效率可以降低企业的生产成本，提高产品的质量和附加值，从而增强企业的竞争力。例如，采用先进的节能技术和设备的企业，可以生产出更加节能环保的产品，满足消费者对绿色产品的需求，从而提升企业的市场份额和竞争力。

（二）创新绿色科技

关键技术攻关在绿色制造业中起着至关重要的作用。一方面，聚焦绿色低碳转型，推进关键基础材料、基础零部件、颠覆性技术攻关。例如，在新材料领域，研发高性能的环保材料，如可降解塑料、新型节能玻璃等，这些材料不仅能降低对环境的影响，还能提高产品的性能和质量。在基础零部件方面，通过技术创新提高其能效和耐用性，减少资源消耗和废弃物产生。另一方面，颠覆性技术的突破，如新型储能技术、碳捕获与封存技术等，为制造业绿色化带来了新的机遇。数字技术在绿色制造业中的应用也日益广泛。以数字技术赋能制造业绿色转型，通过工业互联网技术，实现生产过程的数字化、网络化和智能化。例如，在中色大冶弘盛铜业40万吨高纯阴极铜清洁生产项目中，应用工业互联网技术，使废气脱硫效率达99.9%，工业用水重复利用率超过98%。数字技术可以实现对生产过程的实时监测和优化控制，提高能源利用效率，减少污染物排放。同时，数字孪生技术可以对复杂的生产系统进行模拟和优化，提前预测和解决潜在的问题，提高生产效率和质量。

科技投入是制造业绿色转型的重要保障。近年来，我国持续加大在绿色低碳领域的科技投入，为实现制造业绿色化发展提供了有力保障。2023年，高技术制造业增加值占规模以上工业增加值比重达到15.7%，比2012年的9.4%增加了6.3个百分点。科技投入可以促进绿色技术的研发和应用。政府、企业和科研机构应加大对绿色技术研发的投入，鼓励创新，推动绿色技术的不断进步。例如，设立专项科研基金，鼓励企业、高校和科研机构联合开展技术攻关，重点突破新能源汽车电池续航里程、充电速度、安全性等关键技术，以及光伏材料研发、高效电池技术等领域的难题；通过税收优惠、财政补贴等政策手段，鼓励企业加大对绿色制造技术的研发投入，对研发投入占销售收入比例达到一定标准的企业，给予企业所得税减免或研发经费补贴。同时，建立产学研合作创新平台，加强企业与高校、科研机构之间的合作，共同开展绿色制造技术研发和成果转化，成立绿色制造产业技术创新联盟，定期举办技术交流活动和项目对接会，促进产学研各方的信息共享和资源整合。鼓励高校和科研机构在企业设立实习基地和研发中心，为企业培养专业技术人才，提升企业的技术创新能力。

（三）做强绿色产业

绿色产业对制造业绿色化起着有力的支撑作用，是实现制造业可持续发展的关键环节。绿色产业协同发展具有显著优势。一方面，不同绿色产业之间可以实现资源共享和优势互补。例如，新能源汽车产业的发展需要绿色电池产业提供动力支持，而绿色电池产业的发展又依赖于清洁能源产业提供稳定的电力供应。这种协同联动可以提高资源利用效率，降低生产成本，增强产业竞争力。另一方面，绿色产业协同发展可以形成完整的产业链条，推动制造业绿色化升级。以光伏产业为例，上游的硅材料生产、中游的光伏组件制造、下游的光伏发电系统建设和运营，各个环节紧密相连，共同构成了一个完整的绿色产业链。通过协同发展，各环节企业可以共同应对市场风险，提升产业整体抗风险能力。据统计，我国可再生能源产业发展迅猛，风电、光伏发电等清洁能源设备生产规模稳居世界第一。2023年，新能源汽车、锂电池和光伏产品"新三样"产业及其相关上游产业对我国GDP的贡献率达到11%。这充分体现了绿色产业协同联动在推动经济发展中的重要作用。

培育绿色低碳未来产业对绿色制造业具有重大意义。首先，未来产业代表着制造业的发展方向，培育绿色低碳未来产业可以为制造业绿色化提供新的动力和机遇。例如，随着人工智能、大数据、物联网等新兴技术的发展，智能绿色制造将成为未来制造业的重要发展趋势。通过培育相关未来产业，可以推动制造业向智能化、绿色化方向转型升级。其次，培育绿色低碳未来产业可以提高我国制造业在全球产业链中的地位。在全球制造业竞争日益激烈的背景下，谁能在未来产业领域占据领先地位，谁就能在全球制造业竞争中掌握主动权。我国应加大对绿色低碳未来产业的培育力度，提升自主创新能力，打造具有国际竞争力的绿色制造业产业体系。

（四）优化人才培养策略

首先，从本土的人才培养体系着手。一方面，要加强职业院校与企业的合作，根据企业需求设置专业课程，开展订单式培养。建立实习实训基地，为学生提供实践机会，提升学生的实际操作能力，同时鼓励职业院校教师到企业挂职锻炼，了解行业最新动态，提高教学质量。另一方面，优化高校和职业院校的专业设置和课程体系。根据绿色制造业的发展需求，调整环境科学、能源工程、智能制造等相关专业的课程设置，加强跨学科知识和技能的培养。例如，在环境工程专业中增加绿色制造技术、资源循环利用等课程内容；加强新能源科学与工程专业与智能制造、信息技术等领域的融合。同时，加强实践教学环节，与企业合作建立实习基地，增强学生的实践能力和就业竞争力。

其次，制定更具吸引力的人才政策，吸引高端技术人才和创新型人才。一方面，要提高人才待遇和改善其生活环境。制定优惠政策，提高绿色制造人才的薪酬待遇、住房补贴、子女教育等方面的保障水平。例如，对引进的高端人才给予一次性购房补贴和生活津贴；为绿色制造企业的员工提供公租房、人才公寓等住房保障。同时，加强城市基础设施和公共服务设施建设，提升城市的生活品质和吸引力。另一方面，要建立人才激励机制。设立绿色制造人才奖项，对在技术创新、管理创新、企业发展等方面做出突出贡献的人才给予表彰和奖励。例如，设立"盐城绿色制造杰出人才奖""盐城绿色制造创新团队奖"等，激发人才的创新活力和工作积极性。同时，鼓励企业建立股权激励机制，吸引和留住优秀人才。

最后，要推动政策支持与制度保障。一是完善绿色制造政策体系，制定出台更加优惠的政策措施，鼓励企业开展绿色制造实践。例如，加大对国家级绿色工厂、绿色园区的奖励力度；对采用绿色制造技术和产品的企业给予政府采购优先支持；对实施节能降碳改造项目的企业给予财政补贴和税收优惠。同时，加强政策的宣传和解读，提高企业对政策的知晓度和利用率。二是建立绿色制造标准体系。制定和完善绿色制造标准，规范企业的绿色制造行为。例如，制定绿色工厂评价标准、绿色产品认证标准、绿色供应链管理标准等，引导企业按照标准开展绿色制造实践。同时，对绿色制造标准的执行情况加强监督检查，确保标准的有效实施。三是加强绿色制造金融支持。鼓励金融机构创新金融产品和服务，为绿色制造企业提供多元化的融资渠道。例如，推出绿色信贷、绿色债券、绿色保险等金融产品，对符合条件的绿色制造项目给予优先支持。同时，建立绿色制造产业投资基金，吸引社会资本参与绿色制造产业发展，为企业的技术创新和项目建设提供资金保障。

第八章　绿色生活赋能新质生产力的盐城实践

党的二十大报告提出："倡导绿色消费，推动形成绿色低碳的生产方式和生活方式。"绿色生活方式是一种简约适度、节俭低碳的生活方式，包括使用和推广绿色产品、绿色消费、绿色出行、绿色居住等。习近平总书记指出："生态环境问题归根结底是发展方式和生活方式问题，要从根本上解决生态环境问题，必须贯彻创新、协调、绿色、开放、共享的新发展理念，加快形成节约资源和保护环境的空间格局、产业结构、生产方式、生活方式，把经济活动、人的行为限制在自然资源和生态环境能够承受的限度内，给自然生态留下休养生息的时间和空间。"

第一节　马克思主义视域下绿色生活的时代价值与实践路径

随着全球生态环境问题的不断加剧，人类对可持续发展的需求愈发迫切。在马克思主义的视角下，人与自然是相互依存、相互作用的关系。人类的生存和发展离不开自然，而自然也在人类的活动中不断被改造和影响。如今，全球面临着气候变化、资源短缺、环境污染等严峻挑战。这些问题不仅威胁着人类的生存和发展，也对社会经济的可持续发展带来了巨大压力。在这种背景下，绿色生活作为一种可持续的生活方式，逐渐受到人们的关注和重视。

一、绿色生活的内涵特征

马克思主义强调人类的实践活动对自然的改造作用，同时也强调人类必须尊重自然规律，实现人与自然的和谐共生。绿色生活正是在这种理念的指导下，倡导人们通过节约资源、保护环境、减少污染等方式，实现人与自然的和谐发展。它不仅是一种生活方式的选择，更体现了对未来的责任和担当。

（一）马克思主义绿色生活观的理论基础

马克思在《1844年经济学哲学手稿》中指出："人靠自然界生活。这就是说，自然界是人为了不致死亡而必须与之处于持续不断的交互作用过程的、人的身体。所谓人的肉体生活和精神生活同自然界相联系，不外是说自然界同自身相联系，因为人是自然界的一部分。"人类来源于自然界，是自然界长期发展的产物。没有自然界，就不可能有人类的产生，更谈不上人类的自由全面发展。人类的生存和发展离不开自然界所提供的资源、环境及其他生态条件。

人类对自然的尊重与敬畏是绿色生活的重要基础。在马克思主义看来，人与自然是生命共同体，人类必须敬畏自然、尊重自然、顺应自然、保护自然。如果人类无度破坏自然环境，就会导致文明衰亡。恩格斯在《自然辩证法》中深刻地指出："但是我们不要过分陶醉于我们人类对自然界的胜利。对于每一次这样的胜利，自然界都对我们进行了报复。"例如，美索不达米亚、希腊、小亚细亚以及其他各地的居民，为了得到耕地，毁灭了森林，结果这些地方如今成为不毛之地。阿尔卑斯山的意大利人，砍光山南坡的枞树林，毁掉了本地区的高山畜牧业根基，还使山泉在一年中的大部分时间内枯竭，雨季洪水倾泻到平原上。这些例子都表明，人类必须尊重自然规律，与自然和谐相处。只有这样，才能实现绿色生活，让人民群众在绿水青山中共享自然之美、生命之美、生活之美。

马克思主义强调人与人、人与社会的关系对绿色生活有着重要影响。在马克思主义生态观中，人与人之间因为共同利益的存在，进而形成一个个充满活力的群体。这种和谐的关系对于绿色生活至关重要。当人们为了共同的利益而努力时，会更加关注自然环境，共同致力于保护自然资源、减少污染和浪费。例如，在一个社区中，如果居民们都认识到环境保护的重要性，他们就会共同参与垃圾分类、节约能源等行动，营造绿色生活的氛围。共同利益促使人们相互合作，共同为实现绿色生活而努力。当人们意识到自然环境的破坏会影响到每个人的生活质量时，他们会更加积极地采取行动，推动绿色生活的发展。

个体的主观能动性是人的主体性的表现，个体通过发挥主观能动性去利用和改造自然。在马克思主义生态思想中，人与社会的和谐关系对绿色生活有着重要的影响。个体在社会中的行为不仅影响着自己，也影响着他人和整个社会。当个体能够充分发挥主观能动性，积极参与到环境保护和绿色生活的实践中时，就能够带动更多的人加入进来。例如，一个人选择骑自行车或步行代替开车出行，不仅减少了自己的碳排放，还为他人树立了榜样，增强了人们绿色出行的意识。同时，社会也应该为个体发挥主观能动性提供良好的环境和条件。政府可以通过制定相关政策和法规，鼓励个体参与环保行动；企业可以通过创新和推广绿色产品和服务，为个体提供更多的绿色选择。只有当个体与社会相互促进、共同发展时，才能实现人与社会的和谐，推动绿色生活的实现。

（二）绿色生活与传统生活方式的对比

绿色生活是一种简约适度、节俭低碳的生活方式，强调在生活的各个方面减少对环境的负面影响，实现人与自然的和谐共生。在当今资源短缺、环境污染日益严重的背景下，绿色生活成了人们追求可持续发展的必然选择。它不仅仅是一种生活态度，更是一种责任和行动，要求我们在日常生活中积极采取环保措施，节约资源，减少浪费，降低碳排放，为保护地球家园贡献自己的力量。与传统生活方式相比，绿色生活更加注重环境保护和可持续发展，具有更高的生态价值和社会意义。传统生活方式往往注重物质享受和消费，对资源的消耗较大，对环境的负面影响也较为明显。而绿色生活强调在满足自身需求的同时，尽可能减少对环境的破坏，通过绿色消费、绿色出行、绿色居住等方式，实现人与自然的和谐共生。

绿色生活包含多个要素，其中绿色消费、绿色出行、绿色居住是重要的组成部分。绿色消费是指消费者在购买商品和服务时，优先选择环保、可持续的产品。这包括选择绿色食品，即有机、无农药残留的农产品；选择环保家电，如节能冰箱、空调等；选择可回收、可降解的包装材料等。据统计，全球绿色消费市场规模逐年增长，越来越多的消费者开始关注产品的环保属性。例如，一些消费者会选择购买新能源汽车，以减少对传统燃油汽车的依赖，降低尾气排放。绿色出行是指选择对环境影响较小的交通方式出行，如步行、骑自行车、乘坐公共交通工具等。这些交通方式不仅可以缓解交通拥堵，还可以降低碳排放，改善空气质量。例如，在一些城市，共享单车的普及使得越来越多的人选择骑自行车出行，既方便又环保。此外，发展公共交通也是促进绿色出行的重要举措，如地铁、轻轨、公交车等，可以减少私家车的使用，降低能源消耗。绿色居住是指在居住环境中采用环保、节能的设计和材料，以减少能源消耗和环境污染。这包括选择节能型房屋，如采用隔热材料、太阳能热水器等；进行垃圾分类，减少垃圾对环境的污染；种植绿色植物，改善居住环境等。例如，一些住宅小区采用了绿色建筑设计理念，通过合理的布局和节能技术，实现了能源的高效利用和环境的友好。

二、绿色生活与新质生产力

绿色生活代表着一种可持续的生活方式，强调减少资源消耗、降低环境污染、保护生态平衡。新质生产力则是以信息技术、互联网、智能制造等新兴技术和生产方式为代表，是推动经济快速增长的重要动力。两者之间存在着密切的关系，对于实现经济、社会和环境的协调发展具有重要意义。

（一）绿色生活对新质生产力的促进作用

绿色消费作为绿色生活的重要组成部分，对新质生产力的形成与发展起着关键作用。首先，绿色消费引导产业向绿色化转型，推动新质生产力发展。随着人们环保意识的增强和对绿色产品的需求不断增加，企业为了满足市场需求，不得不加快产业升级的步伐。一方面，绿色消费促使传统产业向绿色化转型。例如，在纺织行业，消费者对环保面料的需求促使企业加大对绿色纤维、可降解材料等的研发和应用，推动了纺织产业的绿色升级。另一方面，绿色消费催生了新的绿色产业，如新能源汽车产业，在绿色消费的推动下，新能源汽车的销量逐年攀升。以我国为例，新能源汽车产业的发展不仅带动了电池、电机、电控等核心零部件产业的发展，还促进了智能网联、自动驾驶等新兴技术的应用，为新质生产力的发展注入了新的活力。其次，绿色消费促进科技创新，为新质生产力提供动力。为了满足绿色消费市场的需求，企业必须加大科技创新力度，开发出更加环保、高效、节能的产品和技术。例如，在包装行业，为了减少塑料包装对环境的污染，企业加大了对可降解包装材料的研发投入。目前，已经有一些企业成功开发出了可降解的塑料包装材料，如聚乳酸（PLA）包装材料、淀粉基包装材料等。这些新型包装材料不仅具有良好的降解性能，还具有较高的强度和耐用性，能够满足不同产品的包装需求。此外，绿色消费还推动了能源领域的科技创新。随着消费者对清洁能源的需求不断增加，太阳能、风能、水能等清洁能源技术得到了快速发展。例如，太阳能光伏发电技术的成本不断降低，效率不断提高，已经逐渐成为一种具有竞争力的能源供应方式。据测算，未来几年，全球太阳能光伏发电市场规模将继续保持快速增长，为新质生产力的发展提供强大的动力支持。

绿色出行作为绿色生活的关键环节，对新质生产力的提升发挥着积极且重要的作用。随着人们环保意识的不断增强，绿色出行方式如步行、骑自行车、乘坐公共交通工具等越来越受到青睐，这一趋势促使交通产业加快绿色转型的步伐。例如，公共交通领域不断加大对新能源公交车、地铁等的投入，不仅减少了尾气排放，还降低了运营成本，同时共享单车的普及也为交通产业绿色转型提供了新的动力，共享单车企业通过不断优化车辆设计、提高车辆质量和管理效率，为用户提供更加便捷、舒适的出行体验。此外，智能交通系统的发展也为绿色出行提供了技术支持。通过实时交通信息的采集和分析，智能交通系统可以优化交通流量，减少交通拥堵，提高出行效率。例如，一些城市推出的智能交通信号灯系统，可以根据交通流量自动调整信号灯时间，减少车辆等待时间，降低能源消耗。正是绿色出行方式的推广减少了对传统燃油的依赖，从而推动能源结构向绿色低碳方向转变，步行和骑自行车完全不消耗化石能源，而公共交通工具如地铁、轻轨等主要依靠电力驱动，新能源公交车也大多使用电能或天然气等清洁能源。新能源汽车产业的发展不仅带动了电池、电机、电控等核心零部件产业的发展，还促进了智能网联、自动驾驶等新兴技术的应用，为新质生产力的发展注入了新的活力。

绿色居住作为绿色生活的重要方面，对新质生产力的进步发挥着显著作用。随着人们对绿色居住需求的不断增加，建筑行业也在积极向绿色转型。一方面，绿色建筑材料的研发和应用得到了大力推广。例如，新型保温材料、节能门窗等的使用，能够有效降低建筑物的能源消耗。另一方面，绿色建筑设计理念也在不断创新。如合理利用自然采光和通风，减少人工照明和空调的使用；采用雨水收集系统，实现水资源的循环利用等。如今很多绿色住宅小区通过采用先进的绿色建筑设计和技术，其能源消耗和水资源消耗大幅降低，同时也提高了居住的舒适度。此外，绿色居住能够改善生态环境，为新质生产力创造良好条件。首先，绿色居住减少了能源消耗和碳排放，通过采用节能设备和技术，如太阳能热水器、地源热泵等，降低了对传统能源的依赖，减少了温室气体的排放。其次，绿色居住有助于水资源的保护和利用。雨水收集系统、中水回用系统等的应用，提高了水资源的利用效率，减少了对水资源的浪费。最后，绿色居住还注重生态景观的建设，通过种植绿色植物、营造生态湿地等方式，改善了周边的生态环境。良好的生态环境不仅提高了人们居住的舒适度，也为新质生产力的发展提供了坚实的生态基础。

（二）新质生产力对绿色生活的反哺效应

新质生产力的发展对绿色生活产生了积极的反哺效应，显著提升了绿色生活的品质。新质生产力中的科技创新为绿色生活提供了诸多便利。例如，智能家电的不断发展，使得人们可以更加高效地管理家庭能源消耗。智能空调能够根据室内外温度和人员活动情况自动调节温度，避免能源浪费；智能照明系统可以根据光线强度和人员活动自动开关灯，节约电能。同时，智能家居系统还可以实现远程控制，让人们在外出时也能随时监控和管理家庭能源的使用情况，为绿色生活提供了极大的便利。此外，新质生产力推动产业升级，极大地丰富了绿色产品的种类和提升了绿色生活品质。例如，在食品领域，随着农业科技的进步，有机农业得到了快速发展。有机农产品不使用化学农药和化肥，更加安全、健康，满足了人们对绿色食品的需求，同时食品加工企业也在不断创新，推出了更多低糖、低盐、低脂肪的绿色食品，如全麦面包、低糖饮料等，为人们的健康饮食提供了更多选择；在家居用品领域，产业升级带来了更多环保、节能的产品，环保家具采用可持续发展的木材和环保涂料，减少了对环境的污染。此外，可回收材料制成的家居用品也越来越受到消费者的青睐，如可回收塑料制成的垃圾桶、可回收纸张制成的笔记本等，减少了资源浪费；在交通领域，新质生产力推动了新能源汽车产业的快速发展。新能源汽车不仅减少了尾气排放，还具有智能化的特点，如自动驾驶、智能导航等功能，为人们的出行带来了更多便利，同时新能源汽车的充电设施也在不断完善，充电桩的布局更加合理，充电速度不断加快，为绿色出行提供了有力保障。

新质生产力的发展不仅提升了绿色生活品质，还在推动绿色生活方式普及方面发挥着重要作用。一方面，新质生产力促进绿色文化传播，推动绿色生活方式普及。随着新质生产力的不断发展，科技创新为绿色文化的传播提供了新的渠道和平台。例如，互联网、社交媒体等新媒体的兴起，使得绿色理念和环保知识能够更快速、更广泛地传播。人们可以通过各种在线平台了解绿色生活的重要性、学习绿色生活的方法和技巧，从而提高对绿色生活的认知和认同。同时，新质生产力的发展也为绿色文化的传播提供了更多的内容和形式。例如，虚拟现实（VR）、增强现实（AR）等技术可以让人们更加直观地感受生态环境的变化和绿色生活的美好，使人们对绿色生活更加向往。此外，新质生产力还推动了绿色文化产业的发展，如绿色影视、绿色音乐、绿色文学等，这些文化产品不仅丰富了人们的精神生活，还传播了绿色文化，促进了绿色生活方式的普及。另一方面，新质生产力为绿色生活教育提供支持，促进绿色生活方式普及。新质生产力的发展推动了教育技术的创新，为绿色生活教育提供了更加丰富的教学资源和更加便捷的教学方式。例如，在线教育平台可以为人们提供绿色生活课程，让人们随时随地学习绿色生活知识和技能。虚拟实验室可以让学生更加直观地了解环境保护和可持续发展的重要性，增强他们的环保意识和实践能力。此外，新质生产力还促进了学校教育与社会实践的结合。学校可以利用新质生产力的成果，组织学生参观绿色企业、参与环保活动，让学生在实践中学习绿色生活知识和技能，培养他们的环保意识和责任感。企业也可以与学校合作，开展绿色生活教育活动，为学生提供实习和实践机会，培养他们的创新精神和实践能力。

新质生产力的推广和应用，推动了社会向着更环保、更可持续的方向发展。新质生产力以智能化、绿色化为主要趋势，引发生产力要素发生质的变化。例如，在新型生产力系统中，通过运用先进技术，实现更精准的资源管理，减少浪费，提高能源利用效率。新质生产力主要表现为绿色产业、未来产业、战略性新兴产业等，这些产业的发展为人们提供了更多便利的绿色生活选择。例如，新能源、新材料、先进制造、电子信息等战略性新兴产业，积极利用先进技术进行产业升级，提高生产效率，提供新产品和新服务。同时，新质生产力也推动传统产业转型升级，如通过数字化、网络化、智能化改造，推动产业链向上下游延伸，形成较为完善的产业链和产业集群。以江苏为例，智慧农业发展走在前列，通过优化农业数据质量管理系统、创建智慧农业示范产业园区、推动科技新农人量质并举等措施，推进以智慧农业为特征的农业新型基础设施建设，促进新质生产力在农业上的应用。在教育界与产业界对接活动中，推介基础设施安全领域科技创新成果，发布基础设施安全行业技术需求，聚焦数智赋能基础设施安全，通过充分发挥江苏高校协同创新计划的平台优势，聚力促进重大基础设施领域在创新、产业、人才方面的多链互通互融，推动现代化交通、能源、公共建筑等领域的重大基础设施建设，依托云网融合、智能敏捷、绿色低碳的智能化综合性数字信息技术，赋能重大基础设施科技创新。融合云计算、大数据等新一代信息技术的智慧化基础设施安全保障技术，是发展趋势。数字孪生是推动重大基础设施工程数字化、智能化的重要手段，对实现精细管理、精准决策、提升能力至关重要。

新质生产力引导社会生活方式和消费方式的绿色化转型，提升人民群众的生活品质和价值追求，建构出更为完善的人与自然互动机制。新质生产力不仅代表技术的进步，还包含生产关系和生产要素的优化配置。新质生产力具有推动新供给与新需求高水平动态平衡的消费引领价值。生产和消费的最终指向是满足人的美好生活需要。新质生产力以促进人的自由全面发展为终极目标，强调发展的质量。随着人类社会文明的不断发展，人民的生活需要也不断展现出更为丰富的内涵，逐步从单一的物质文明需要，发展为精神文明需要、生态文明需要等更高层级的内容，生产力发展的任务也从解决"有没有"的问题变成了解决"好不好"的问题，新质生产力引导社会生活方式和消费方式的绿色化转型，客观上发展出了"需求牵引供给"和"供给创造需求"的新平衡。在发展绿色新质生产力的过程中，提升人民群众的生活品质和价值追求，以实现由单纯从自然中攫取物质财富，到在人与自然和谐共生中实现物质和精神的全方位满足的价值取向转变，建构出了更为完善的人与自然互动机制，集中体现了新质生产力的先进本质与人本价值。

三、盐城建设绿色生活之城的时代背景

盐城拥有得天独厚的自然资源，如广袤的黄海湿地、丰富的海洋资源等。这些资源为盐城建设绿色生活之城奠定了坚实的基础。同时，盐城在经济发展过程中，也深刻认识到绿色发展的重要性。绿色发展不仅可以保护生态环境，还可以促进经济的可持续增长，提高居民的生活水平。

（一）国家和地方的政策支持

近年来，国家高度重视生态文明建设和绿色发展，一系列政策的出台为盐城建设绿色生活之城提供了有力的支撑和引导。国家生态文明建设政策强调生态优先、绿色发展，坚持节约资源和保护环境的基本国策。在盐

城，这一政策得到了具体体现。盐城市积极响应国家号召，深入贯彻习近平生态文明思想，以建设国家生态文明建设示范区为目标，全面推进生态文明建设。盐城制定了《盐城市黄海湿地保护条例》，加强对黄海湿地这一世界自然遗产的保护。通过立法，明确了保护范围、管理体制、保护措施等，为湿地生态系统的稳定和生物多样性的保护提供了法律保障。同时，盐城还积极推进生态修复工程，加大对湿地、森林、河流等生态系统的修复力度，提升生态系统的服务功能。此外，盐城在城市建设中注重生态空间的规划和保护。通过划定生态红线，加强对自然保护区、风景名胜区、森林公园等重要生态功能区的保护，确保生态空间不被侵占。同时，积极推进城市公园、绿地、生态廊道等建设，增加城市的生态容量，优化城市的生态品质。

国家绿色发展政策鼓励发展新能源、节能环保等绿色产业，推动经济转型升级。盐城充分利用国家政策机遇，大力发展绿色产业，为绿色生活之城建设奠定了坚实的经济基础。在新能源产业方面，盐城拥有丰富的风能、太阳能资源。国家对新能源产业的支持政策，为盐城新能源产业的发展提供了良好的政策环境。盐城积极引进新能源企业，加大对新能源技术研发的投入，推动新能源产业的快速发展。盐城的海上风电装机容量占全国近二分之一、全球十分之一，成为名副其实的"海上风电第一城"和绿色能源城市。在节能环保产业方面，盐城积极推广节能环保技术和产品，加强对工业企业的节能减排监管，推动工业企业向绿色化、低碳化转型。同时，盐城还积极发展循环经济，加强对废弃物的回收利用，提高资源利用效率，减少环境污染。此外，国家对生态旅游、生态农业等绿色产业的支持政策，也为盐城发展绿色产业提供了机遇。盐城依托独特的湿地资源和丰富的农业资源，大力发展生态旅游和生态农业。打造世界级滨海生态旅游廊道，吸引众多游客前来观光体验；发展生态农业，推广有机种植、绿色养殖等技术，提高农产品的品质和附加值。这些绿色产业的发展，不仅为盐城带来了经济收入，还促进了生态环境保护和资源节约利用。

中共盐城市委八届四次全会高举习近平新时代中国特色社会主义思想伟大旗帜，强调要坚持"不断满足人民对美好生活的向往"，建设绿色宜居之城，凸显了市委对绿色生活之城建设的高度重视和坚定决心。全会提出以绿色低碳发展示范区建设为总抓手，展现新担当新作为，奋力谱写中国式现代化盐城新篇章。全会明确指出要准确把握高质量发展首要任务，奋力谱写工业强市新篇章；把握科教人才基础性战略性支撑，奋力谱写创新发展新篇章等多个方面，为盐城的全面发展指明了方向。以老旧小区改造为例，盐城市以"绣花功夫"系统化推进老旧小区改造，长效化开展小区治理，精细化提供优质服务。2019 年以来，全市共改造城镇老旧小区412 个、1 723.8 万平方米，直接惠及居民 15.889 万户，29 个项目被评为省级宜居示范区。在政策配套方面，市委、市政府高度重视老旧小区改造工作，将其作为每年为民办实事项目，并纳入市对县（市、区）考核体系。市领导进行多次专题会办研究、现场督办指导，做细做实惠民"文章"。及时制定出台"实施方案+N"配套文件，明确老旧小区改造任务清单和改造标准、验收办法等实施内容和技术规范。2019 年以来，全市通过住宅专项维修资金、小区公共收益等方式累计筹集资金 1 173 万元，市场化融资包括通过通信、广电、供电等渠道争取资金 1.86 亿元，吸纳专业公司承包养老托育、停车、便民市场、充电桩等盈利性项目以筹措资金 6 720万元。市级财政落实老旧小区改造奖补政策，累计投入专项资金 3.1 亿元。

（二）盐城生态优势的支撑

盐城拥有广袤的黄海湿地，这一独特的生态资源对盐城生态旅游等产业产生了巨大的推动作用。黄海湿地作为世界自然遗产，具有极高的生态价值和旅游吸引力。每年有数百万只候鸟来到这块湿地上停歇、换羽、越冬，条子泥湿地已记录鸟类种数达 414 种，其中列入 IUCN 红色名录极危物种 4 种、濒危物种 8 种。例如，观测到濒危物种大滨鹬 86 700 只，其次是蒙古沙鸻 30 130 只、黑腹滨鹬 22 850 只，还有极危物种勺嘴鹬 5 只、黑脸琵鹭 62 只、大杓鹬 240 只、小青脚鹬 1 630 只。丰富的鸟类资源吸引了众多国内外游客前来观赏，推动了盐城生态旅游产业的发展。条子泥景区成功获得零碳旅游景区认证，以保护生态为前提，充分挖掘鸟类、湿地和海洋元素，打造了一系列特色鲜明的生态旅游产品，游客接待量不断递增。此外，盐城积极拓宽生态价值转化路径，构建全域旅游、全景世遗的旅游空间格局，精心做好生态旅游大文章。黄海森林公园、荷兰花海、九龙口等景区组成了世界级滨海生态旅游廊道，持续擦亮"长三角高端康养组团"招牌，生态康养吸引力不断增强。

盐城兼具湿地、海洋、森林三大生态系统，这为盐城建设绿色生活之城带来了诸多发展机遇。森林生态系统方面，黄海森林公园是华东地区规模最大的人造生态林园，也是国家沿海防护林重点建设基地和国家生态公益林保护基地。黄海森林公园坚持低能耗、零排放、循环利用、绿色发展的可持续发展理念，建成全国首家零碳景区，6.8万亩森林内含植物652种、野生鸟类342种、兽类30余种，与沿海滩涂、黄海湿地融为一体；每年吐氧3 300吨，仿佛一个巨大的天然氧吧。除生态价值外，森林的碳汇潜力也带来了经济社会价值，游客在旅游过程中产生的"碳足迹"，都会在无声无息中得以抵消，"低碳游"名副其实。

海洋生态系统方面，盐城拥有1.89万平方千米的管辖海域，582千米海岸线，4 553平方千米沿海滩涂。海洋资源禀赋十分优越，海洋经济正逐步成为盐城经济发展的重要组成部分和新兴增长引擎。近年来，该市唱响现代"海洋牧歌"，着力打造"海上粮仓"，为盐城渔业高质量发展拓出新空间。2022年，陶湾海洋牧场建成投产，被农业农村部认定为第八批国家级海洋牧场示范区，主要进行循环驯化养殖大黄鱼、海鲈、黑鲪等高品质海产品，每年可实现产值上亿元。同时，盐城积极探索沿海绿色低碳发展新路径，打造零碳产业体系。如滨海港零碳产业园规划面积约43.1平方千米，"三位一体"打造滨海港零碳产业园核心区、冷能综合利用示范区、零碳企业，依托20万吨级航道、2 000万吨中海油LNG"绿能港"等，培育冷能综合利用、现代物流等产业，推进"东数海算""东数绿算"海洋算力中心建设。

（三）发展机遇的叠加

长三角一体化和淮河生态经济带建设等政策机遇的叠加，为盐城建设绿色生活之城提供了广阔的发展空间和强大的动力支持。盐城将继续抓住这些机遇，积极探索生态优先、绿色发展的新路径，努力打造更加美好的绿色生活之城。

第一，长三角一体化发展为盐城带来了诸多绿色产业发展契机。盐城作为长三角一体化的重要节点城市，积极融入区域发展大局。在生态环保产业方面，长三角生态环保产业链联盟的成立为盐城环保产业转型升级落地落实奠定基础。该联盟是全国第一个区域性生态环保产业链联盟，以亭湖区为重要阵地，聚焦蓝天、碧水、净土"三大战役"和环境监测监控领域，聘请9位院士组成"智囊团"，首批43家环保"旗舰"加盟，为盐城更好地发展环保产业，建设产业新城和生态新城，实现更高质量发展注入新动力。在绿色能源产业方面，盐城积极抢抓长三角一体化机遇，充分发挥自身资源优势。盐城拥有江苏省最大面积、最长海岸线，海洋资源禀赋优越。依托这一优势，盐城加快打造国际海上风电名城，海上风电已建容量、在建容量均位居全国第一，成为长三角首个新能源装机破千万千瓦的城市，被誉为"海上三峡"。同时，盐城积极探索新能源与云计算、人工智能等的深度融合，推动绿色能源产业发展，为盐城绿色生活之城建设提供强大的能源支撑。在生态旅游产业方面，长三角一体化促进了盐城与周边城市的旅游合作与交流。盐城兼具湿地、海洋、森林三大生态系统，拥有丰富的生态旅游资源。黄海森林公园、荷兰花海、九龙口等景区组成了世界级滨海生态旅游廊道，持续擦亮"长三角高端康养组团"招牌，生态康养吸引力不断增强。条子泥景区成功获得零碳旅游景区认证，打造了一系列特色鲜明的生态旅游产品，游客接待量不断递增。随着长三角一体化的推进，盐城的生态旅游产业将迎来更广阔的发展空间。

　　第二，淮河生态经济带建设对盐城产生了深远影响。盐城作为淮河生态经济带出海门户城市，在生态保护、基础设施、产业转型等多方面取得显著成效。在生态保护方面，盐城做大生态家底，厚植绿色底蕴。拥有"世界自然遗产""国际湿地城市"两张金字招牌的盐城，始终将生态保护作为首要任务。通过积极开展海岸线生态恢复工程，加强沿海滩涂湿地和内陆湖荡湿地生态修复，全市自然岸线保有量达到 165.4 千米，全年修复湿地 3.6 万亩，新建湿地保护小区 33 个，新增受保护湿地 7.4 万亩。创新提出"基于自然的解决方案"进行湿地修复，为全球湿地保护与修复提供了中国样本。在基础设施建设方面，盐城升级黄金水道，打造出海门户。着眼交通基础设施互联互通和功能提升，统筹推进港口、航道、公路、铁路等重大项目建设，构建沿淮综合交通运输廊。港口建设方面，按照"一体化布局、差异化发展"目标，统筹推进四大港区优势互补、错位发展。航道与航线建设方面，"一纵五横"干线航道网基本形成，发挥沿海港口腹地中转优势，拓展水上航线覆盖，推进与淮河生态经济带上游港口合作，为淮河沿线城市提供便捷出海通道。立体交通网络方面，完善货运枢纽集疏运功能，形成淮河沿岸高效顺畅的公铁水联运体系。在产业转型方面，盐城推进绿色转型，勇当"碳路先锋"。作为全国首批、江苏唯一的碳达峰试点城市，盐城依托富集的"风光"资源，积极推进资源的系统化、规模化、集中化开发，成为长三角地区首个"千万千瓦新能源发电城市"，并致力于推动"风光氢储"一体融合发展。以新能源、新能源汽车及核心零部件等"5+2"战略性新兴产业和晶硅光伏、风电装备、动力及储能电池等 23 条重点产业链建设为抓手，全力推进产业绿色高质量发展。试点建设零碳产业园，积极布局海上"能源岛"，探索具有盐城特色的零碳产业园建设路径。

第二节　盐城推进绿色生活的具体实践

从城市的生态规划布局到居民日常的点滴行动，从绿色产业的蓬勃兴起到环保教育的深入渗透，盐城在绿色生活的征程上稳步前行，不仅为自身的长远发展描绘出一幅清新亮丽的画卷，更为其他地区提供了可资借鉴的成功范例，其探索与努力正深刻诠释着人与自然和谐共生的美好愿景如何在现代城市语境中进行精彩演绎。

一、融入现代城市建设的生态理念

在生态保护方面，盐城坚持以碳达峰、碳中和目标为统领，实施"三大协同"战略，空气质量优良天数比例全省第一，水环境质量实现"四个百分百"目标，拥有广袤的湿地资源，为众多鸟类提供了重要的补给站和栖息地。

（一）推进海绵城市的建设

城市内涝不仅给市民带来财产损失，还使交通瘫痪，生活节奏被打乱，同时也带来环境污染和健康风险。盐城部分地区在暴雨天气下易发生内涝，部分发生在居民区的内涝，导致市民出行受阻，部分房屋被淹，影响正常生活。这些问题凸显了盐城加强海绵城市建设，提升城市排水防涝能力的紧迫性。国家高度重视海绵城市建设，《国务院办公厅关于推进海绵城市建设的指导意见》明确提出采取"渗、滞、蓄、净、用、排"等措施，减少城市开发对生态环境的影响。到 2020 年和 2030 年，城市建成区分别有 20% 和 80% 以上的面积达到目标要求。这为盐城海绵城市建设提供了宏观政策导向，推动盐城积极践行海绵城市发展理念，实现自然积存、自然渗透、自然净化的城市发展方式。江苏省出台了一系列政策推进海绵城市建设，如《省政府办公厅关于推进海绵城市建设的实施意见》。盐城市积极响应，先后出台了《盐城市人民政府关于全面推进海绵城市建设的实施意见》等文件。这些政策明确了盐城海绵城市建设的目标和任务，将海绵城市建设的刚性控制指标落实到规划、设计、施工等各个环节。

盐城市积极探索具有特色的城市更新实施路径，以海绵城市项目建设为抓手，完成多个城市易淹易涝片区治理改造，对盐城的城市水环境和居民生活带来了显著的改善。一方面，通过海绵城市建设，城市水环境得到有效改善。在黑臭水体整治过程中，全流域系统化推进河道整治，将污水处理提质增效作为治水之本，将海绵理念融入水环境提升全过程，成功入选国家黑臭水体治理示范城市。另一方面，海绵城市建设大大提高了居民的幸福感和获得感，满意度超90%，家门口、校门口、站台旁的口袋公园遍布盐城街头，这些口袋公园虽然袖珍却"五脏俱全"，成为周边居民休闲好去处，也为城市景观增添了亮色，人民的获得感、幸福感、安全感不断增强。

一是重点项目展示。一是中韩文化广场项目，环凤依湖而建，占地面积325亩，湖体面积500亩，项目总投资3.5亿元。2022年10月开工建设，2023年12月竣工，共建设雨水花园3 684.8平方米，透水铺装5 754平方米。项目结合各分区绿地空间条件、景观要求和管线位置等情况，因地制宜对各分区海绵设施进行布局。该项目以"中韩文化圆融"为主题，将四座主题不同、风格迥异、各具特色的景观半岛结合起来。充分融入海绵城市建设理念，通过开展沿河排口改造、生态驳岸、湿地公园、植被缓冲带、绿色屋顶等建设内容，实现城市良性水文循环，提升对径流雨水的渗透、调蓄、净化、利用和排放能力，维持或恢复城市的海绵功能。整体年径流总量控制率达到80.6%，年地表悬浮颗粒物的清除量达50.1%。中韩文化广场项目为盐城海绵城市建设积累了丰富经验，实现了盐城市在江苏省海绵城市河道水系类示范项目上的零的突破，为后续建设提供了示范引领作用。二是先锋岛绿地海绵化改造规划设计以实现海绵城市为目标，将城市绿地改造为能够吸收和利用雨水的生态系统。规划设计包括扩大绿地面积至1.3平方千米，设置多个雨水收集池和净化池，增强绿地渗透性等内容。施工实践中，建设了文章岛人工湿地、状态岛花园和岛心公园。文章岛人工湿地总面积200亩，包含6座沉淀池、4座过滤池、12座湿地等，处理出来的水质量达到国家Ⅲ类标准。状态岛花园面积为40亩，设有多个雨水花坛。岛心公园面积为100亩，设有多个功能区域，集中设置了多个渗透井。在运营管理方面，通过推广宣传增强市民环保意识，加强监管确保运营效果，调整利益，形成政府、企业、居民共同参与的运营体系。先锋岛绿地海绵化改造提升了城市绿地的生态效益,解决了城市内涝问题,为城市生态建设提供了宝贵经验。

二是区域建设成果展示。大丰区大力推进海绵城市建设,以海绵理念引领城市发展。实施"水生态良好、水安全保障、水环境改善、水景观优美、水文化丰富"的发展战略,建设河畅岸绿、人水和谐的海绵城市。综合运用"渗、滞、蓄、净、用、排"等措施,控制径流总量,提高城市排涝标准,减少面源污染,改善城市水环境。编制完成《大丰区海绵城市专项建设规划及实施方案》等文件,将海绵城市理念融入项目建设。积极实施东风片区和工农路海绵城市改造工程,推进污水处理提质增效,净化城市水环境。组织实施多个道路工程,实现雨污分流,铺设雨污分流管道 26千米。加大老旧小区改造力度,完成 22 个老旧小区雨污分流改造,铺设雨污水管网 23 千米,有效解决内涝问题。大丰区还结合城北污水厂尾水湿地净化项目,利用东方湿地公园开展尾水湿地净化,出水达到准 Ⅲ 类标准,改善片区水质,促进生态景观功能恢复,成为海绵城市建设的典型案例。

(二)打造城市"口袋公园"项目

口袋公园作为一种新型的城市绿地形式,应运而生。口袋公园,也称袖珍公园,是规模很小的城市开放空间,常呈斑块状散落或隐藏在城市结构中,具有小而精、功能多样等特点。口袋公园在城市建设中的地位日益重要,盐城积极推进其建设。随着城市化进程的加快,城市中的土地资源日益紧张,人们对绿色空间和休闲场所的需求却不断增加。盐城市积极响应国家关于加强城市生态建设的号召,大力推进口袋公园建设。近年来,盐城市不断加大对城市绿化的投入,将口袋公园建设作为提升城市品质、改善居民生活环境的重要举措。通过对城市边角地、闲置地等进行梳理和改造,因地制宜地规划建设口袋公园,让城市的"剩余空间"变为"金角银边",为居民打造出一个个绿色、舒适的休闲空间。盐城市推进口袋公园建设,旨在探索出一套适合本地实际情况的建设方法,为城市的可持续发展提供有益的参考。口袋公园的建设不仅能够满足居民对绿色空间和休闲场所的需求,还能提升城市的整体形象和品质。

口袋公园建设充分体现了生态与民生融合的理念,在城市发展中发挥着重要作用。口袋公园建设积极融入海绵城市理念,改善生态环境。一方面,口袋公园的建设可以有效利用城市中的边角地、闲置地等"剩余空间",提高土地资源的利用率。以盐城市亭湖区为例,通过对城市边角地、闲置地进行梳理，因地制宜规划建设造型各异、功能不一的口袋公园，让原本被忽视的空间焕发出新的活力。如将原先的新民健身广场改造为以"东方音乐广场"为主题的口袋公园，占地1 000平方米，不仅为居民提供了休闲锻炼的好去处，还提升了周边环境的品质。在铺装材料选择上，以透水材料为主，多选择颗粒透水砖、陶瓷颗粒透水砖、透水混凝土等，减少石材用量，符合海绵城市建设要求。这种设计能够有效收集雨水，减少地表径流，降低城市内涝风险。同时，口袋公园中的绿植可以吸收空气中的污染物，释放氧气，调节城市气候。如在盐南高新区口袋公园系统建设中，因地制宜利用城市零散空间规划建设各种特色口袋公园，通过合理的植被配置，提高了城市的生态质量。

另一方面，口袋公园为居民提供了休闲好去处，极大地增加了居民的幸福感。一个个分布在城区各处的口袋公园，成为居民们茶余饭后休闲娱乐的理想场所。比如盐都区的口袋公园，整合利用临近小区、路边的闲置、边角地块，打造成功能完善、绿荫环绕的"天然健身房"，提升了城市文明程度，也增加了群众的幸福感。周边居民可以在公园里锻炼身体、享受自然惬意的舒适生活。又如射阳县利用城市"边角料"打造口袋公园，不仅满足了市民对休闲娱乐、观景的需求，还赋予了口袋公园文化内涵。居民们纷纷表示，口袋公园让他们的生活更加丰富多彩，幸福感油然而生。口袋公园的建设真正做到了将生态与民生融合，既提升了城市的生态环境，又为居民带来了实实在在的福祉。

此外，口袋公园的建设对改善城市生态环境具有重要意义。口袋公园中的绿植可以吸收空气中的污染物，释放氧气，调节城市气候。同时，口袋公园还可以为城市生物提供栖息地，促进生物多样性的发展。据统计，自2021年以来，射阳县累计投入400万元，新建4个口袋公园、改造提升11个口袋公园，实现建成区绿地率38.9%，人均公园绿地面积达18.63平方米。这充分说明口袋公园建设对提升城市生态环境质量的积极作用。此外，口袋公园的建设还能够增强居民的幸福感和归属感。居民可以在口袋公园中散步、健身、休闲，增进邻里之间的交流和互动。一个个口袋公园就像城市中的"绿色明珠"，为居民的生活增添了一抹亮丽的色彩。总之，盐城口袋公园建设的方法和经验对于其他城市的发展具有重要的借鉴意义。

（三）建设生态百里示范带

盐城生态百里示范带立足资源禀赋，定位"全球顶级生态湿地体验基地"。该示范带依托沿海地区"林、海、鹿、盐、鹤、垦"等资源优势，挖掘生态文化、红色文化、盐垦文化、海洋文化等特色内涵，构建"1+3+6+8+N"特色风貌空间框架体系。其特色在于打造一批沿线风貌资源点，展示盐城沿海特色风貌"生态风光带"。例如，在生态资源方面，拥有广袤的沿海湿地、茂密的森林以及丰富的动植物资源。据统计，盐城沿海湿地面积达数百万亩，栖息着丹顶鹤、麋鹿等多种珍稀野生动物，为生态保护和旅游发展提供了得天独厚的自然条件。

在生态保护方面，生态百里示范带发挥着重要作用。通过加强对沿海湿地的保护和修复，提升了生态系统的稳定性和多样性。一系列生态治理措施如加强对互花米草的治理，采用生态修复方法，确保不影响其他动植物的生长和海洋生态环境。同时，积极推进自然保护区的建设和管理，加大对野生动物的保护力度。例如，大丰麋鹿国家级自然保护区麋鹿种群数量不断增加，截至 2023 年年底，总量占据世界麋鹿种群数量的近 70%，形成世界上最完整的麋鹿基因库。在大丰境内还监测到众多鸟类、兽类、两栖爬行类、昆虫和植物，为生物多样性保护做出了重要贡献。

在旅游发展方面，生态百里示范带成为盐城沿海特色旅游的重要名片。示范带以其独特的自然风光和丰富的文化内涵，吸引了大量游客前来观光旅游。打造了一系列旅游景点和项目，如"林滩飞鸟、鹿鸣星野、鹤里渔乡、渔风海韵、月堤海景、盐海揽胜"等独特风貌，丰富了亲海、近海、观海体验。同时，加强旅游基础设施建设，提升旅游服务水平。例如，建设了生态停车场、游客服务中心、观景平台等设施，为游客提供更加便捷舒适的旅游体验。此外，积极推动乡村旅游发展，带动周边乡村经济的繁荣。盐都区潘黄街道仰徐村、郭猛镇杨侍村、大丰区大中街道、东台市梁垛镇临塔村等"美丽乡村"各具特色，通过发展乡村旅游特色产业，实现了生态保护与经济发展的良性互动。

二、凸显乡村建设中的生态底色

从田园阡陌间的绿色植被守护，到乡村水系的清澈净化；从传统民居与自然环境的和谐相融，到生态农业模式的广泛推广，盐城乡村正全方位、多层次地彰显着生态魅力。这不仅重塑了乡村的外在风貌，更让乡村的内在品质得以升华，使每一个乡村角落都成为生态宜居的典范，让人们在这里感受到自然与人文交相辉映的独特魅力，见证乡村振兴与生态保护携手共进的美好景象。

（一）农村河道生态治理

盐城市紧扣"全年任务半年完成"的要求，明确了农村河道生态治理的具体目标。2024年6月底前完成1 080千米的市为民办实事任务，高标准完成170千米省政府民生实事生态河道建设任务。按照"一河一策"要求，参照《盐城市农村生态河道治理技术指南（试行）》，细化落实每条河建设内容，科学编制方案，严格标准要求，精准设计，精准投入，为建设宜居宜业和美乡村助力。这一目标的制定，体现了盐城市政府对农村生态河道建设的高度重视和坚定决心，为乡村建设凸显生态底色奠定了坚实基础。此外，按照"集中连片、生态优先、要素聚集、管护提升"的目标，强化"区域"观念和"水网"理念，坚持县乡村三级河道"同步治理"，并以小流域为单元集中连片打造农村生态河道示范片区，加强与农村人居环境综合整治、特色田园乡村建设及生态清洁小流域的有机结合；按照"一县两流域"的要求，准确掌握各镇、小流域农村生态河道覆盖情况，建设农村河道生态治理示范小流域18个，推动资源要素集聚，集中连片治理，加快形成示范效应。这种创新治理模式，不仅能够提高农村河道生态治理的效率和质量，还能够促进农村生态环境的整体改善，为乡村建设凸显生态底色提供了有力支撑。

盐城市进一步完善农村河道长效管护机制，建立健全奖惩机制，压紧压实河长责任，足额落实管护经费。通过全面推行"多位一体"综合管护模式，鼓励通过政府购买服务、管养分离等方式，落实运行维护主体，全面提升管护水平。此外，建立典型示范互鉴机制，每县选取1个乡镇作为管护试点乡镇，创新管护模式，加大管护投入，鼓励群众、志愿者、专业市场化队伍参与农村河道管护，打造管护典型。通过推进长效管护，能够确保农村河道生态治理的成果得到长期保持，为乡村建设凸显生态底色提供持续保障。同时，盐城市按照全省乡村振兴战略实绩考核有关部署要求，有序开展农村生态河道建设考核评估工作。及时开展县级自评，每月20日前上报自评结果，市级每月开展现场评估，并根据评估结果印发通报。对已建成农村生态河道长效管护情况进行抽查，加强已建农村生态河道管护工作。进一步复核县乡河道名录，经本级人民政府批准后，依法向社会公布，加快推进县乡级河道管理范围划定，2025年年底前全面完成。强化监督考核，能够确保农村河道生态治理工作的规范进行和高质量完成，为乡村建设凸显生态底色提供有效监督。

（二）推进生态宜居美丽乡村建设

盐城市在推进生态宜居美丽乡村建设中，坚持问题导向，抓好环境整治。一方面，因村制宜推广富民模式，坚持"一村一策、一村一品"，将农村人居环境整治工作与促进经济发展、提升百姓富裕度相结合。例如，推广庭院经济、手工经济等富民模式，利用好房前屋后"方寸地"，让"小庭院"释放乡村振兴"大能量"。另一方面，强化长效管护，以"四清一治一改"为重点，及时清理农户房前屋后的柴草杂物、积存垃圾，清理村内及周边水域各类漂浮物，探索河道管护新路径，推动河道河坡管理精细化、常态化、长效化。同时，严格对照农村人居环境整治标准，整治占用村庄公共空间的私搭乱建、乱堆乱放、无序种养等行为，维护好公厕、路灯、绿化景观、体育器材等公共设施，推动农村人居环境整治工作持续向好发展，提升村民幸福感和获得感。

聚焦工作重点，营造良好氛围也是推进生态宜居美丽乡村建设中的关键步骤。一是聚焦工作重点，严格对照农村人居环境整治工作要求，细化工作方案，落实工作措施，统筹推进农村厕所革命、农村生活垃圾治理、农村水环境治理、村庄清洁行动季节战役等专项工作。二是强化宣传引导，广泛开展农村厕所革命公益宣传活动，推动村民主动参与改厕，实现"小投入"惠及"大民生"。三是充分尊重群众生产生活习惯，统筹考虑厕屋、厕具、管道建设，坚决杜绝施工步骤不规范、技术标准不到位、产品质量不过关、验收环节不严格、管护机制不健全等问题，确保新建和改造户厕质量过硬、整改达标。四是积极弘扬优秀村风民俗，以村规民约抵制不良风气，引导村民共同遵守、自觉维护公共秩序，倡导人居环境自管、自约，引导广大群众自觉投身美丽乡村建设，共同成为乡村振兴建设的参与者和推动者。

只有强化督查考核，才能不断提升工作质效。一方面，充分发挥农村人居环境整治工作联席会议制度的统筹牵头作用，做到高位统筹、高位推进，每月对各成员单位职能内的重点任务完成情况进行专项检查，确保各项任务部署到位、落实到位。另一方面，严格开展揭榜评比，每季度开展农村人居环境"红黑榜"考评，督查到镇、抽查到村，用红榜奖补、黑榜通报的方式促进整治水平的提升，及时将问题和考核结果进行曝光通报，做到动真碰硬、不打和牌。此外，拓宽农村人居环境问题反映渠道，设立举报电话，对先进典型、经验做法进行宣传推广，对考评发现的问题及时交办，限期整改，形成闭环，促进农村人居环境整治提升工作往深里走、往实里做，一体推进乡村建设与乡村治理，全面提升美丽乡村建设水平。

（三）绿色低碳乡村建设

盐城在绿色低碳乡村建设方面积极先行探路，具有多方面的探索和优势。2023 年年初，盐城出台《盐城市加快建设绿色宜居之城行动方案》，提出实施绿色低碳建造行动及实施和美乡村建设行动，率先探索绿色低碳在乡村地区的实质性落地。盐城市域内乡村面积广阔，生态本底好、资源禀赋优，乡村建设基础良好，清洁能源丰富，新能源产业全域覆盖。近年来，以农房改善为抓手，同步创建省级特色田园乡村，形成了一大批新型农村社区类型的特色田园乡村，如大丰区西团镇龙窑村、东台市新街镇方东村、亭湖区盐东镇洋桥新型农村社区、射阳县洋马镇贺东村等多个绿色低碳乡村，并率先探索出"零碳"设计模式安装和施工、建立乡村治理数字化信息平台、拓展乡村绿色低碳产业等经验。方东村建立乡村治理数字化信息平台，实时监测乡村空气质量数据，是全国首家获"绿色低碳乡村"认证的村庄；龙窑村龙窑社区公共建筑全部采用"零碳"设计模式安装和施工；贺东村在村党群服务中心、村幼儿园、车棚顶部安装光伏电板，基本能够满足社区日常能源供应和消费。

盐城市住房和城乡建设局编制的《盐城市绿色低碳乡村建设导则》（以下简称《导则》）正式对外发布，这是全省首个市级层面绿色低碳乡村建设导则。《导则》明确绿色低碳乡村建设的具体路径和措施，引导乡村在规划、建设、管理等方面实现绿色转型，为盐城开展绿色低碳乡村建设提供方向和指引。《导则》聚焦乡村建设领域，探索构建生态宜居的绿色低碳乡村建设框架体系，提出营造自然紧凑的乡村格局、推进基础设施和公共服务设施建设、提升乡村景观环境与生态碳汇能力、推广可再生能源与优化资源利用、推进绿色产业发展、推进乡村绿色建造与运维、构建乡村绿色低碳保障体系等适宜性建设内容和相关技术指引。

绿色低碳乡村建设需要通过降低碳排放和增加碳汇等碳平衡实施路径，激活乡村发展新动能。在降低碳排放方面，以规划引领为指导，通过选址安全可靠、保护生态格局、集约高效利用土地、优化空间布局等方式减少碳排放，提升乡村空间绿色化水平。推进绿色低碳农房建设，结合盐城气候条件和农村实际，充分利用经济适用的绿色建材，传承传统工艺，提高农房设计水平和建造质量，引导农村住宅向布局合理、功能完善、特色鲜明、节能环保方向发展。在增加碳汇方面，提升乡村景观环境与生态碳汇能力。保护森林林地资源，打造"点线面"结合的林地网络空间；健全完善农村生活垃圾收集、转运和处置体系；发展乡村"生态+"经济。盐城地处风能、太阳能资源丰富地区，建设多个风力发电场，并通过安装太阳能光伏板、光伏瓦等为村庄提供绿色、环保的电力供应。从乡村可再生能源体系、加强水循环管理和固体废弃物管理三个维度推动构建清洁低碳、多能融合的现代农村能源体系。

构建乡村绿色低碳保障体系，为乡村绿色低碳发展提供完善支撑。从盐城乡村产业出发，对农业发展、农业加工业、乡村第三产业绿色发展分别提出管控要求，着力打造盐城乡村绿色农业品牌。通过构建绿色农业品牌体系，培育一批农产品品牌，在农产品生产过程中加大科技研发和投入，促进资源循环利用。绿色低碳示范区建设对绿色低碳相关技术、人才和宣传水平具有很高的需求，但盐城乡村地区存在技术和知识水平薄弱，绿色低碳和数字化水平不高，村民参与不足等问题。为此，从长效机制、加强管理和低碳教育三个维度提出建议，构建适合盐城的绿色认证、组织和管理考核、人员培训和低碳教育设施体系。

三、培育绿色生活理念

社会存在决定社会意识，随着生态环境问题在社会存在中的凸显，绿色生活观念作为一种社会意识应运而生。这种观念的兴起是社会对环境问题的积极反思。提倡绿色生活方式能够促使人们的社会意识进一步向环保方向转变，进而推动社会行为的改变。同时，社会意识对社会存在具有反作用。绿色生活方式作为先进的社会意识，一旦被广泛接受和实践，就会对社会存在产生积极的改造作用。

（一）广泛宣传垃圾分类知识，增强居民环保意识

盐城市通过多种方式广泛宣传垃圾分类知识，增强居民的环保意识。例如，出台的《盐城市进一步提升垃圾分类工作质效的指导意见》，明确提出要注重宣传引导实效，推进垃圾分类宣传走进大众，分人群、分场景精准宣传，开展"五进"活动，并让垃圾分类进党校、进菜场。市、县（市、区）两级联动，建立垃圾分类宣传知识库、人才库，通过公交车载屏、公共电视屏、社区电梯屏等载体，注重运用抖音、二微一端等新媒

体，提升宣传引导的吸引力、感染力。同时，充分发挥基层党组织作用，联合居民（村民）委员会、业主委员会、物业服务企业等力量，用好志愿者队伍，开展垃圾分类入户宣传，让居民"听得懂、能认同、记得住"，切实增强分类意识，促进习惯养成。

建设分类收集房亭，推行"两定一撤"运维要求。居民小区应通过新建或升级改造的方式，按照"经济、适用、便利"的原则，合理布局垃圾分类投放设施。投放点位应有洗手池、破袋器、灭蝇灯、雨棚等，配置可供溯源的监控设施，规范设置宣传内容。每个小区原则上设置1~2处误时投放点、有害垃圾投放点、大件垃圾和建筑装修垃圾收集点。同时，完善分类收运体系，合理布局转运站点，按需建设大中型城市垃圾转运站，升级改造一批小型垃圾转运站，加强渗滤液管理，确保规范处置。配齐垃圾收集运输专用车辆和人员，规范设置分类标识，加快新能源车辆推广应用，优化收运方式、时间和线路，加强收集运输全过程信息化监管。支持出台废塑料、废玻璃、废织物等低附加值可回收物的回收利用补贴政策。此外，推进处置能力建设，按照"优化布局、适度超前"的原则，统筹推进垃圾处理设施的建设。全市域规划布局厨余垃圾处理项目，加强与餐厨垃圾的协同处置，提升集中式处理、资源化利用水平。增强科技支撑能力，加强农村有机易腐垃圾处理工艺技术研究，推动农村有机易腐垃圾就地生态处理。

（二）倡导低碳出行

盐城市积极引导居民乘坐公共交通，大力推行"绿色出行"理念。一方面，通过多种渠道宣传公共交通的便利性和环保性。例如，在公交站台、地铁站等场所张贴宣传海报，展示公共交通对减少碳排放、缓解交通拥堵的积极作用。同时，利用社交媒体、电视广播等媒体平台，播放公共交通出行的公益广告，提升居民对公共交通的认知度和认同感。另一方面，不断优化公共交通服务。加大对公共交通的投入，新建和改造智能公交站台，提高公交站台的智能化水平，为居民提供实时公交信息查询、电子站牌显示等服务，方便居民出行。持续优化公交线网，增加公交线路的覆盖范围，提高公交线路的密度，缩短居民的候车时间。此外，提高公共交通的舒适性和安全性。新能源公交车占比超80%，不仅噪音小、无尾气污染，还提高了市民出行的便利性和舒适度。

盐城市积极推广共享单车等绿色出行方式，为居民提供更加便捷、环保的出行选择。加大对共享单车的投放力度，合理布局共享单车停放点，方便居民随时随地取用共享单车。同时，加强对共享单车的管理，规范共享单车的停放秩序，确保共享单车的正常使用。鼓励居民选择共享单车出行，减少私家车的使用，降低能源消耗和尾气排放。此外，盐城市还积极探索其他绿色出行方式，如步行、滑板车等，为居民提供更多的出行选择，共同营造绿色、低碳的出行环境。

（三）节约能源资源

盐城市在节约能源资源方面采取了一系列有效措施，切实推动绿色生活理念的培育和实践。一方面，督促干部职工节约粮食、水电、纸张等。在盐城市射阳县审计局，通过抓学习提认识，号召审计人员践行绿色生活。组织审计人员认真学习中央八项规定和厉行勤俭节约、反对铺张浪费的精神，利用多种载体倡导"光盘行动"、引导"绿色出行"、乘坐公共交通。同时，射阳县审计局抓落实凝合力，制定《开展倡导绿色生活反对铺张浪费实施方案》，印制倡议书，签订文明餐桌、文明出行承诺书，开展"节俭养德、向我看齐"教育实践活动。党员干部率先示范，引导全体审计人员认识到倡导绿色生活、反对铺张浪费的重要性，树立审计机关清廉节约、审计干部勤劳节俭的良好形象。此外，射阳县审计局抓示范树新风，开展"节约能源"行动，督促干部职工在日常生活和工作中节约粮食、节约用水、节约用电、节约用纸，避免舌尖上的浪费和手指上的浪费，身体力行做节约能源志愿者，倡导环保做绿色生活的践行者，勤俭节约做良好家风的发扬者。开展"传承好家训、培育好家风"活动，牢固树立"以德治家、以俭持家、以廉保家"的时代家庭理念，培育勤俭节约的良好家风。

在盐城市亭湖区，机关事务服务中心多措并举扎实做好厉行勤俭节约工作。在压减日常运行开支方面，严控机关运行成本，营造绿色办公环境。开展绿色建筑行动，推动机关等实施节能、综合改造，推进重点用能设备节能改造。提倡绿色办公，严格执行室内空调温度设置标准。控制物业管理支出，对保洁用品实行定量供应，对工具类物品实行以旧换新，对公共设施尽量利旧使用。在盐城市机关事务管理局的推动下，盐城检察机关市县一体推动节能争创。全市两级检察院坚持市县一体，通过技术节能、管理节能、行为节能实现节能工作科学化、规范化、制度化。如滨海县检察院将各楼层卫生间冲洗设备更换成具有自动关闭、流量控制等功能的电子智能化冲洗设备，安装声控光控定时开关、节能灶具、太阳能照明路灯等设备，采用高效能 LED 灯具照明系统。市检察院拟在办公楼原有用电用能设备基础上，通过智能化系统大力推进节能改造，安装绿化滴水浇灌系统、能耗监控系统、太阳能光伏路灯、车库智能照明控制系统等节能新技术系统。东台市检察院出台系列规定，从制度上推进能源资源节约工作规范落实，积极推行无纸化办公。亭湖区检察院探索打印耗材外包服务，减少费用支出。市检察院机关实行下班后和节假日定时关闭设备，督促干警科学使用空调等节能措施。滨海县检察院运用数字化方式加强对公务用车日常使用的全方位数据监测，减少并杜绝违规用车和低效率派车的情况。建湖县机关事务服务中心以降低单位能耗水平、提高能源利用率为重点，多形式开展节能工作。推进能源审计，完成江苏省公共机构节能管理平台能耗填报，全县主要监测评价指标均实现不同程度下降。推动节电节水，夏冬两季用电高峰期发布节电倡议，围绕"世界水周""中国水周"等宣传主题举办节能普法宣传活动，提示各公共机构强化用水设备日常维护管理。强化公车绿色管理，严格控制公务用车经费支出，提升更新车辆新能源车占比，定期开展爱车节油教育培训。

另一方面，开展"节约能源"行动，身体力行做节约能源志愿者。盐城市统计局发出 2021 年节能宣传周、"全国低碳日"活动倡议书，倡议全局工作人员低碳出行、低碳办公、节约环保。低碳出行方面，建议近距离步行、使用电动自行车或自行车，出行多使用公共交通工具，停开或少开私家车，少乘电梯，多走楼梯。低碳办公方面，尽量减少办公设备待机时长，随手关电关灯，合理设置室内空调温度，提倡纸张正反面打印，大力推广无纸化办公。节约环保方面，按照"五个一"要求，自觉参加能源紧缺体验活动，爱水、惜水、节水，积极参与生活垃圾分类，促进资源循环利用。盐城市农业农村局在节能宣传周发出倡议书，争做节能降碳、绿色发展的倡导者、示范者、督导员。大力倡导绿色低碳的生活方式，坚持绿色出行、绿色办公、绿色消费、绿色用餐、开启绿色生活。提倡乘坐公共交通工具或拼车出行，减少私家车的使用率；养成良好的绿色习惯，避免"白昼灯"、杜绝"长明灯"，合理设置室内空调温度、自觉做到网络办公无纸化、电子存储少印发、打印复印双面用、物品少用一次性、少乘电梯走楼梯；提倡简约适度、绿色低碳的生活方式，培养节约型消费观；树立节俭文明的生活消费理念，落实"光盘行动"；减少一次性塑料制品的使用，积极参与生活垃圾分类，推行生活垃圾分类处理，促进资源循环利用。在"全国低碳日"到来之际，盐城经济技术开发区积极参与市"低碳日"能源紧缺体验活动。大市区设置 14 个绿色出行服务站点，其中开发区设有 BRT 开发区管委会站、BRT 卡迪欢乐世界站 2 个服务站点，在高峰出行时段向市民提供免费乘坐服务。通过张贴标语、悬挂横幅、发放宣传材料、志愿者现场讲解等多种形式，向广大乘客重点宣传节能降碳和绿色发展理念，普及低碳环保知识，倡导"135"绿色出行，即 1 千米内步行、3 千米内骑自行车、5 千米内坐公交车，用实际行动引领"低碳生活、绿色出行"风尚。积极提倡市民按照"五个一"要求，以低碳的办公模式和出行方式体验能源紧缺。

第三节　盐城绿色生活赋能新质生产力的成效与挑战

盐城作为一座具有发展潜力的城市，近年来积极落实国家绿色发展理念，大力推进制造业的绿色转型。在全球对环境保护和可持续发展高度关注的背景下，盐城深刻认识到绿色制造业是未来经济发展的重要方向。随着科技的不断进步和创新，新质生产力的概念逐渐兴起，盐城也在积极探索如何通过绿色制造业赋能新质生产力，实现经济的高质量发展。

一、盐城绿色生活赋能新质生产力的经验总结

在时代发展的浪潮中，绿色生活与新质生产力的融合正成为区域可持续发展的关键路径。盐城，这座富有创新精神与生态意识的城市，于二者融合的探索实践中积累了丰富且宝贵的经验。

一是坚持系统思维，以更科学、精准的治理实现更系统、全面的保护。盐城在推进绿色生活的过程中，始终坚持系统思维，深刻认识到生态保护不能"头痛医头、脚痛医脚"。盐城兼具湿地、海洋、森林三大生态系统，拥有丰富的生态资源，同时也面临着发展与保护的双重挑战。为了实现更科学、精准的治理，盐城全地域保护、全过程防控、全形态治理，统筹划定"三区三线"，明确生态红线面积，加强湿地、海洋、森林三大生态系统的保护。同时，严惩涉生态环境资源犯罪，依托执行联动机制，腾退被违规占用的林地，高标准运行黄海湿地环境资源法庭，健全环境资

源审判协同机制，创新恢复性环资审判实践，着力扩大盐城环资审判影响力。通过这些措施，盐城实现了更系统、全面的保护，重塑了发展的新动能、新优势。

二是以顶层设计保障"共栖"，统筹规划生态空间、生产空间、生活空间。盐城以顶层设计保障"共栖"，在《盐城市国土空间总体规划（2021—2035 年)》中，明确生态红线面积占当地国土面积的 18.15%。在《江苏省国土空间规划（2021—2035 年)》中，盐城市生态红线面积约占全省生态红线总面积的三分之一。通过科学规划，合理确定生态保护区域，确保生态系统的完整性和稳定性。同时，盐城坚持把保护城市生态环境摆在更加突出的位置，科学合理规划城市的生产空间、生活空间、生态空间，处理好城市生产生活和生态环境保护的关系，既提高经济发展质量，又提高人民生活品质。例如，盐城在发展新能源产业的同时，注重海洋生态保护；在推进产业绿色转型的过程中，打造美丽宜居的城市环境，提高人民群众的生活品质。

三是以协同增效实现"共治"，各部门协同合作，共同推进绿色生活。盐城以协同增效实现"共治"，各部门协同合作，共同推进绿色生活。在生态环境保护方面，盐城各级法院充分发挥司法职能，依法严惩涉生态环境资源犯罪，为生态保护提供有力的法律保障。同时，盐城组织开展涉企案件集中执行行动，兑现企业胜诉权益，为企业发展营造良好的法治环境。对高耗能、高污染企业破产清算，推动产业绿色升级。在倡导绿色生活方式方面，盐城市文明办印发通知，要求深化文明培育养成，发动群众开展环境卫生整治。各地积极响应，完善公共卫生设施，为市民创造整洁的生活环境。此外，盐城市组织开展理论宣讲活动，让群众在参与和体验中增进了解理解；积极开展文化惠民活动，组织开展形式多样的志愿服务；将开展精神文明教育融入群众性精神文明创建工作，把爱国卫生运动的工作重心从环境卫生治理向全面社会健康管理转变；加快推进环境卫生基础设施建设、绿色低碳交通体系建设、健身场所建设、无烟环境建设，打造健康宜居城市环境；加强环境卫生保洁，树立整洁优美的城市形象；加强文明交通引导，引导人们安全出行、文明出行；在景区、公园等加强文明旅游宣传引导和不文明旅游行为的劝阻，营造文明旅游的浓厚氛围。

四是凝聚"共识"、推进自觉，增强公众环保意识，引导公众参与绿色生活。增强公众环保意识对盐城推进绿色生活至关重要。为加强宣传教育，提高公众的环保意识和参与度，盐城采取多种措施。一方面，利用多种媒体渠道，广泛宣传生态保护的重要性和紧迫性，普及环保知识。例如，将市区老火车站改造成中国黄海湿地博物馆，并建设湿地博物园。同时，编写系列中小学湿地教材，开展世遗进百所高校、黄海湿地少年营等活动，让保护生态的种子在青少年心中扎下了根。另一方面，鼓励公众积极参与环保行动。例如，国网建湖县供电公司护线爱鸟志愿者小队连续8年爱心接力，在建湖成功建立了一个东方白鹳的繁殖种群；热心群众、政府部门携手，救助猫头鹰、虎斑地鸫、池鹭、东方白鹳等野生动物的暖心故事不断涌现。此外，盐城还通过举办环保活动、设立环保奖励等方式，鼓励公众积极参与生态保护。例如，开展环保志愿者活动、环保知识竞赛等，对在环保方面表现突出的个人和组织进行表彰和奖励，营造全社会共同参与生态保护的良好氛围。

五是搭建国际平台促进"共鉴"，为世界自然遗产保护和可持续发展提供示范。2023年9月25日至27日，以"绿色低碳发展共享生态滨海"为主题的2023全球滨海论坛会议在盐城召开。盐城作为全国唯一拥有"世界自然遗产""国际湿地城市"两张国际名片的城市，向全球展现人与动物共栖共生、滨海湿地与发达的城市经济共存共荣的现实模式，有望为人口稠密、经济发达的城市开展自然保护提供经验，为世界自然遗产保护和可持续发展提供示范。例如，盐城通过打造国内第一块固定高潮位候鸟栖息地"720高潮位栖息地"，采取"基于自然的解决方案（NbS）"，为打造滨海湿地科学保护、合理利用与可持续发展提供最佳实践范例。同时，盐城通过高水平举办全球滨海论坛会议，《盐城共识》被纳入第三届"一带一路"国际合作高峰论坛多边合作成果。聚焦价值实现擦亮生态名片，全力打造生态型、国际化、世界级旅游目的地，加快探索生态优先、绿色发展的新路径，努力打造"两山理论"的实践典范。

二、盐城绿色生活赋能新质生产力的挑战

在全球加速迈向绿色转型的关键时期，盐城积极探索绿色生活赋能新质生产力的创新发展路径，然而，前行之路并非一帆风顺，诸多严峻挑战如影随形。从观念认知的深度变革到基础设施的完善升级，从产业转型的艰难困阻到科技创新的瓶颈制约，从政策协同的复杂磨合到人才支撑的薄弱短板，每一个层面均潜藏着亟待攻克的难题。

（一）居民绿色生活观念淡薄

在当今社会追求可持续发展的进程中，居民绿色生活观念淡薄已成为绿色生活方式难以有效形成的关键因素。首先，传统的消费主义观念在盐城市居民心中占据着主导地位。部分居民过度关注物质享受与即时便利，在购买商品时，优先考量的是价格、品牌与外观，很少顾及产品的环保属性与生产过程中的资源消耗。例如，大量一次性用品如一次性餐具、塑料袋、吸管等被广泛使用，尽管这些物品在使用后会迅速成为垃圾，对环境造成长期且难以逆转的污染，但居民因贪图方便而缺乏主动拒绝的意识。这种对物质的盲目追求与对环境影响的忽视，反映出居民尚未深刻认识到绿色生活与自身及后代生存质量息息相关。

盐城市居民对环境问题的认知程度较为肤浅。虽然环保话题在当今社会已被广泛提及，但真正深入了解诸如气候变化、生态失衡、资源枯竭等环境危机的严重性与紧迫性的居民比例并不高。多数人仅仅知晓一些表面现象，如空气质量不佳、垃圾增多等，却不清楚这些问题背后深层次的成因与自身日常生活行为的紧密联系。比如，许多居民不明白随意丢弃废旧电池会导致土壤和水源重金属污染，长时间使用高能耗电器设备会加剧能源紧张并推动碳排放增长。由于缺乏这种清晰的认知链条，居民难以产生内在的动力去改变现有的生活方式以应对环境挑战。

社会文化与社交环境在一定程度上也弱化了居民绿色生活观念的形成。盐城市的社交文化中，物质炫耀与跟风消费现象仍较为常见。在一些社交场合或社区邻里间，人们往往以拥有高档住宅、豪华汽车、名牌服饰等作为衡量成功与幸福的重要标准，这种价值导向促使居民更倾向于追求物质财富的积累与高消费生活模式，而绿色生活所倡导的简约、环保理念与之相悖，难以在这种社会文化氛围中获得广泛认同与传播。同时，家庭与学校在绿色生活教育方面的缺失，使得居民在成长过程中未能系统地接受绿色生活观念的熏陶，难以在成年后迅速建立起牢固的绿色生活意识。此外，盐城市部分居民存在侥幸心理与短视行为。他们认为环境问题是全球性、宏观性的，自己个体的行为对整体环境的影响微不足道，即使改变生活方式也无法改变大环境的现状。于是，在日常生活中继续我行我素，如随意倾倒污水、过度使用私家车出行、浪费水电资源等。这种缺乏责任感与长远眼光的心态，进一步阻碍了绿色生活观念在居民群体中的生根发芽，使得盐城市绿色生活方式的推广与普及面临重重困难。

（二）绿色出行条件有限

在盐城市积极探索绿色生活方式构建的进程中，绿色出行条件有限成为不容忽视的阻碍因素。公共交通体系方面，公交线路布局尚存缺陷。部分城区的偏远地段以及新兴开发区域，公交线路未能充分延伸，导致居民出行时面临无公交可达的困境。即便有线路覆盖，其班次频率在非高峰时段也较低，乘客常常需要长时间等待，这极大地消磨了居民选择公交出行的耐心。而且，公交站点的设置缺乏精准性与便利性，一些站点与居民集中的住宅区、大型商业中心或工作聚集区距离较远，换乘不便，使得居民在出行时不得不考虑其他交通方式。

自行车道建设与管理亦面临挑战。盐城市不少道路的自行车道规划不够完善，存在自行车道过窄甚至缺失的情况。在一些主干道，自行车道被机动车停车位侵占，或是被路边的临时摊贩、杂物占据，导致骑行空间被严重压缩，自行车骑行者被迫与机动车争道，不仅骑行体验差，还存在严重的安全隐患。同时，自行车道的连贯性不佳，在道路交叉口或路段衔接处，常常出现中断或标识不明的状况，使得长距离的自行车出行难以顺利进行。对于共享单车而言，在盐城市的运营管理也存在诸多问题。车辆投放不均衡现象较为突出，在市中心、商业繁华区域车辆过度集中，而在一些居民小区、城市边缘地带则数量稀少，无法满足居民多样化的出行需求。此外，共享单车的维护保养工作滞后，车辆出现刹车失灵、链条损坏、车胎漏气等故障后未能及时得到维修，被随意丢弃在路边，既影响市容市貌，也降低了居民使用共享单车出行的意愿。步行环境同样不容乐观。盐城市部分街道的人行道设施陈旧，地砖破损、坑洼不平，给行人带来不便。而且，一些路段的人行道被违规停放的机动车、电动车占用，盲道被阻断的情况也屡见不鲜，使得行人尤其是特殊群体的出行安全与便利无法得到保障。此外，城市建设过程中的施工区域管理不善，常常导致人行道封闭或改道，行人需要绕行，这也在一定程度上抑制了居民步行出行的积极性。

（三）绿色发展宣传力度不足

当前，盐城市针对绿色发展的宣传渠道较为有限。传统媒体如电视、广播对绿色生活理念的传播未能形成常态化与系统性，往往只是在特定环保节日或活动期间进行简单报道，难以深入且持续地向广大居民渗透绿色生活的内涵与重要性。而新兴的社交媒体平台、网络视频等资源虽具有广泛的受众基础与强大的传播能力，但盐城市在利用这些渠道开展绿色发展宣传方面缺乏创新举措与足够投入，相关官方账号或宣传页面的影响力微弱，未能有效引发网络舆论与居民的高度支持和关注。

绿色发展宣传内容的吸引力与针对性亦存在明显欠缺。宣传资料大多以枯燥的政策条文、数据报表或简单的环保口号为主，缺乏将绿色生活理念与盐城市居民日常生活紧密结合的生动案例与实用指南。例如，在倡导绿色出行时，未能充分展示盐城市本地公共交通网络的优化成果、自行车道建设规划以及共享单车使用攻略等，无法让居民切实感受到绿色出行方式对自身生活便利性与城市环境改善的双重益处。对于绿色消费、绿色家居等方面的宣传也仅仅停留在概念层面，未深入讲解如何鉴别绿色产品、如何进行家庭节能减排等实际操作内容，难以激发居民的兴趣与参与热情。

宣传的覆盖面不够广泛也是不容忽视的问题。在盐城市的城市区域与农村地区之间，宣传资源分配不均衡。城市中心区域相对能够接收到较多的绿色发展宣传信息，但一些老旧小区、城郊接合部以及广大农村地区则成为宣传的薄弱环节。这些地区的居民由于缺乏足够的宣传引导，对绿色生活方式的认知更为模糊，仍然沿袭着传统的高能耗、高污染生活习惯，如农村地区的秸秆焚烧现象屡禁不止，部分居民在农业生产过程中过度使用化肥农药而不了解绿色农业技术与生态种植模式。此外，绿色发展宣传缺乏与社区、学校、企业等组织的深度合作机制。社区作为居民生活的基本单元，本应成为绿色生活宣传的前沿阵地，但目前盐城市社区在组织绿色生活主题活动、开展环保知识讲座等方面的主动性不足，且缺乏专业的宣传指导与资源支持。学校在绿色教育方面未能充分融入日常教学体系，仅靠偶尔的环保主题班会或课外活动难以在学生心中牢固树立绿色生活观念，无法通过教育带动家庭与社会形成绿色生活风尚。企业则更多关注自身经济效益，忽视了在员工中开展绿色发展宣传与企业文化塑造，员工在工作场所与日常生活中的绿色行为未得到有效引导与激励。

（四）环境问题突出

盐城市突出的环境问题从多个方面触动了居民的生活感知，使他们深刻认识到绿色生活方式对改善环境质量、保护自身健康和维护生态平衡的重要性，进而成为推动居民形成绿色生活方式的重要原因。首先，盐城的空气质量问题不容乐观。工业排放、机动车尾气以及建筑工地扬尘等多种污染源交织，导致空气中的颗粒物、二氧化硫、氮氧化物等污染物浓度超标。雾霾天气频繁出现，使得居民的日常出行和户外活动受到严重干扰，呼吸道疾病发病率也有所上升。这种恶劣的空气环境状况让居民切身感受到污染带来的危害，从而促使他们意识到改变生活方式以减少污染物排放的紧迫性。例如，为了降低机动车尾气对空气的污染，居民可能会更倾向于选择绿色出行方式，如乘坐公共交通、骑自行车或步行，以减少私家车的使用频率。

其次，水资源污染问题也给盐城市带来了巨大挑战。工业废水的违规排放、生活污水的处理不当以及农业面源污染等，使得城市的河流、湖泊以及近海海域水质恶化。部分水域出现水体富营养化现象，水藻大量繁殖，不仅影响了水域的生态平衡，还导致饮用水源的安全受到威胁。居民在面对这样的水资源危机时，开始重视水资源的节约和保护，如在日常生活中养成随手关水龙头、合理使用家庭清洁剂、减少污水排放等绿色生活习惯，以减轻对水环境的压力。

最后，固体废弃物管理不善也是环境问题的重要体现。随着城市的发展和居民生活水平的提高，垃圾产生量急剧增加。然而，垃圾处理设施的不完善以及垃圾分类工作的滞后，使得大量垃圾被随意丢弃或简单填埋。垃圾填埋场占用了大量土地资源，并且垃圾渗滤液还会对土壤和地下水造成污染。在这样的背景下，居民逐渐认识到垃圾分类和资源回收利用的重要性，积极参与到垃圾分类行动中，减少不必要的一次性用品使用，以降低固体废弃物的产生量，这无疑是绿色生活方式的重要组成部分。此外，生态破坏问题在盐城同样严峻。湿地面积的减少、生物多样性的下降等生态变化，让居民意识到生态系统的脆弱性。例如，湿地是许多珍稀动植物的栖息地，湿地的破坏会导致这些物种的生存面临威胁。为了保护生态环境，居民会更加积极地支持和参与生态修复项目，在生活中也会注重对野生动植物的保护，不随意破坏自然植被，减少对生态系统的干扰，努力营造绿色和谐的生态家园。

三、盐城绿色生活赋能新质生产力的应对策略

盐城在绿色生活赋能新质生产力的道路上虽已起步，但面临的挑战严峻且复杂。观念转变的迟缓、基础设施的短板、产业协同的困境、科技支撑的乏力以及政策制度的不完善，均在不同程度上制约着这一进程的推进。

（一）加强观念引导

观念引导在推动盐城居民形成绿色生活方式中起着至关重要的作用。只有提高领导对绿色跨越的认识，转变发展观念，重视第一产业和第三产业及生活方式的绿色转型，同时加强对居民的宣传教育，提高居民对绿色生活方式的认知和理解，增强环保意识，才能为绿色生活方式的形成营造良好的氛围。

加强观念引导的具体措施：一方面是针对领导层面，组织领导干部参加绿色发展培训课程，邀请专家学者讲解 5G、新材料、新技术、新能源等领域的知识，拓宽领导干部的视野，使其深入了解新产业的发展趋势和重要性。实地考察先进地区的绿色发展项目，学习他们在产业转型、生态建设、绿色生活方式推广等方面的成功经验，激发领导干部的创新思维和动力。定期举办绿色发展研讨会，让领导干部们分享交流各自在推动绿色跨越方面的做法和心得，共同探讨解决面临的问题和挑战。另一方面是针对居民层面，利用电视、报纸、网络等媒体平台，广泛宣传绿色生活方式的重要性和具体做法，如节约用水用电、减少一次性用品使用、绿色出行等。开展绿色生活进社区、进学校、进企业等活动，通过举办讲座、发放宣传资料、组织环保活动等形式，提高居民对绿色生活方式的认知和理解。建立绿色生活示范家庭、社区和单位，发挥榜样的引领作用，激发居民参与绿色生活的积极性和主动性。通过这些培训、宣传等方式，可以有效提高领导和居民的绿色发展意识，推动形成绿色生活的良好氛围。领导干部的观念转变将带动政策的制定和资源的分配更加倾向于绿色发展，为居民创造更好的绿色生活环境和条件。居民的环保意识增强将促使他们在日常生活中积极践行绿色生活方式，共同为盐城的可持续发展贡献力量。

（二）夯实基础建设

促进绿色跨越板块均衡发展，缩小与发达地区的差距，协调本市各板块的发展步伐。盐城在推动居民形成绿色生活方式的过程中，面临着板块发展不均衡的挑战。与发达地区相比，盐城在 5G、大数据等领域起步较晚，且本市内部板块之间绿色跨越步伐不一致。为了促进绿色跨越板块均衡发展，盐城需要加大对落后板块的投入，提高其在绿色产业、基础设施建设等方面的水平。同时，加强各板块之间的合作与交流，实现资源共享、优势互补，共同推动绿色生活方式的形成。

完善产业体系，加大对第一产业和第三产业的绿色投入，增强绿色生活、绿色出行等理念意识。目前，盐城的产业体系存在不均衡的问题，第二产业绿色跨越有一定基础，但第一产业和第三产业在绿色生活、出行、环保等方面的理念意识相对薄弱。为了完善产业体系，盐城需要加大对第一产业和第三产业的绿色投入。在第一产业方面，发展有机农业、生态农业、观光农业、文旅农业，完善"互联网+销售"体系，根治农业面源污染。在第三产业方面，加大对计算机软件和信息技术服务业、信息咨询、文化产业、养老等新兴绿色服务业的扶持力度，提高其规模和质量。通过加大对第一产业和第三产业的绿色投入，增强绿色生活、出行等理念意识，为居民提供更多的绿色选择。

优化产业结构，提高第三产业增加值，推动产业升级。盐城的产业结构还不够完善，第三产业增加值低于全省、全国平均水平。为了优化产业结构，提高第三产业增加值，盐城需要推动产业升级。一方面，加大对传统产业的改造力度，淘汰落后产能，推进节能减排，提高产业的含绿量。另一方面，积极发展新兴产业，如新能源、新材料、新技术等，培育新的经济增长点。同时，加强对服务业的支持，提高其在经济中的比重，推动产业结构向更加绿色、低碳的方向发展。

（三）提升主体量能

提升主体量能是盐城推动居民形成绿色生活方式的重要环节。通过提高现有产业含绿量、加强绿色产业引进以及加大产业结构转型力度，能够为居民提供更多绿色产品和服务，增强绿色生活方式的吸引力和可行性。

提高现有产业含绿量。盐城应积极推动传统产业转型升级，加大对新科技、新能源项目的引进和培育。一方面，针对第二产业传统产业多的现状，加强对领导干部的培训和教育，提高他们对新产业的认识和理解，引导他们转变发展观念，减少对传统高污染、高能耗产业的依赖。例如，可以组织领导干部参观学习先进地区的新能源产业项目，了解新能源技术的发展趋势和应用前景，激发他们推动盐城产业转型的动力。另一方面，加大对新科技、新能源项目的政策支持和资金投入，吸引更多的企业和人才投身于这些领域。例如，出台税收优惠、财政补贴等政策，鼓励企业加大研发投入，提高新能源技术的创新能力和产业化水平。同时，加强与高校、科研机构的合作，建立产学研一体化的创新体系，为新能源产业的发展提供技术支撑。

加强绿色产业引进。盐城应提高竞争力，差别化引进项目，优化发展环境。面对全国转型升级的热潮，盐城要充分发挥自身的优势，找准定位，制定差异化的招商引资策略。例如，利用盐城丰富的自然资源和生态优势，重点引进与生态旅游、节能环保、新能源等相关的绿色产业项目。加强与发达地区的合作与交流，学习他们的先进经验和管理模式，提高盐城的招商引资水平。优化发展环境是吸引绿色产业项目的关键。盐城应加强基础设施建设，提高公共服务水平，为企业提供良好的发展条件。例如，完善交通、通信、能源等基础设施，提高物流配送效率；加强教育、医疗、文化等公共服务设施建设，提高居民的生活水平。同时，简化行政审批流程，提高政府服务效率，为企业提供便捷高效的政务服务。加强知识产权保护，营造良好的创新创业氛围，吸引更多的企业和人才来盐城发展。

加大产业结构转型力度。盐城应解决企业转型中的困难，提供政策支持和服务保障。企业转型是产业结构转型的关键环节，盐城要充分认识到企业转型的困难和挑战，采取有效措施加以解决。首先，建立健全企业评估机制，准确判断企业的价值和转型潜力。制定科学合理的评估标准和方法，邀请专业机构和专家对企业进行评估，为企业转型提供科学依据。例如，可以建立企业转型评估指标体系，从企业的技术水平、市场前景、财务状况等方面进行综合评估，为企业转型提供决策参考。其次，解决企业搬迁难的问题。政府应加大对企业搬迁的资金支持和政策扶持，帮助企业解决土地、资金、人员安置等方面的问题。例如，可以出台企业搬迁补贴政策，对搬迁企业给予一定的资金补偿；协调金融机构为搬迁企业提供融资支持，解决企业资金短缺的问题；加强对搬迁企业员工的就业培训和社会保障，解决员工的后顾之忧。最后，帮助企业解决再上新项目难和现有厂房再利用难的问题。政府应加大对企业新上项目的政策支持和资金投入，鼓励企业淘汰落后的生产工艺、设备和产品，引进先进的技术和设备，提高产业的含绿量。例如，可以设立产业转型升级专项资金，对新上绿色产业项目给予一定的资金支持；加强与高校、科研机构的合作，为企业提供技术咨询和服务，帮助企业解决技术难题。同时，政府应鼓励企业对现有厂房进行改造和升级，提高厂房的利用率和附加值。例如，可以出台现有厂房再利用补贴政策，对改造升级现有厂房的企业给予一定的资金补偿；加强对企业厂房改造的规划和指导，提高厂房改造的质量和效益。

（四）完善规范制度

规范制度的完善为盐城推动居民形成绿色生活方式提供了制度保障，

确保绿色发展的可持续性。提供以奖代补、贷款支持等政策，能够激发企业和居民参与绿色发展的积极性。对于企业而言，在转型升级、淘汰落后产能、新上治污治气项目、植绿补绿等方面有了实实在在的动力。例如，根据《盐城：持续发力提升发展"含绿量"》的内容，盐城市财政积极支持对提前淘汰报废的国三及以下排放标准柴油车实施补贴，全市发放财政补贴 2 147 万元，补贴车辆 2 243 辆，这一举措有效推动了企业更新车辆，减少污染排放。对于居民来说，激励机制可以鼓励他们在日常生活中选择绿色行动，如购买新能源汽车、进行垃圾分类等。同时，激励机制也有助于吸引更多的社会资本投入到绿色产业中，促进绿色产业的发展壮大。

明确评估标准，推动绿色发展的量化考核，能够让盐城准确判断绿色跨越的进程和效果。有了完整的评估机制，盐城可以明确哪些方面已经实现了绿色跨越，哪些方面还需要进一步努力。例如，在产业结构调整方面，通过评估机制可以确定哪些产业已经达到了绿色发展的标准，哪些产业还需要加大转型力度。这样一来，盐城在推动绿色发展方面就有了明确的方向和目标，能够更加有针对性地制定政策和措施。此外，评估机制还可以为企业和居民提供参考，让他们了解自己在绿色发展中的贡献和不足，从而更好地参与到绿色生活方式的形成中来。

加强环境准入、监管、治理、执法与司法联动，能够有效提升盐城的环境治理水平。一方面，严格的环境准入标准可以防止高污染、高能耗的项目进入盐城，保护盐城的生态环境。例如，在招商引资过程中，盐城可以根据环境准入标准，筛选出符合绿色发展要求的项目，拒绝不符合要求的项目。另一方面，健全的监管、治理、执法与司法联动机制可以确保环境违法行为得到及时查处，保障环境治理的效果。例如，根据《"德法涵养文明 共建绿色生活"倡议书 –〈盐都日报〉》的内容，生态环境没有替代品，用之不觉，失之难存。让我们牢固树立"绿水青山就是金山银山"的理念，以道德厚植生态情怀，用法治推动绿色发展。通过健全综合治理协调机制，盐城可以形成全社会共同参与环境治理的良好局面，为居民提供更加优美的生活环境，推动居民形成绿色生活方式。

第九章　盐城绿色发展赋能新质生产力的结论与展望

2023 年 12 月 3 日，习近平总书记在盐城考察时强调，"民心向背决定着历史的选择，江山就是人民、人民就是江山"。中国式现代化的本质是人的现代化，坚持以人民为中心的发展思想，站在人与自然和谐共生的高度谋划发展是深入贯彻落实习近平总书记考察盐城重要指示精神的必然要求；用好用足生态资源优势，加快发展绿色智能产业，把绿水青山转化为金山银山也是推进习近平总书记重要指示精神在盐城落地生根的题中应有之义。

盐城是江苏沿海地理中心城市、淮河生态经济带出海门户，还是长三角北翼先进制造高地、绿色宜居的国际湿地城市。作为苏北五市中唯一入列长三角中心区的城市，盐城锚定"勇当沿海地区高质量发展排头兵"目标定位，擦亮"世界自然遗产地""国际湿地城市"两张名片，凸显港口和腹地优势，坚定不移推动安全发展、绿色低碳发展、高质量发展，做大做强"蓝色板块"，力求推动工业经济迈向万亿台阶。盐城到 2025 年推动社会主义现代化建设迈出坚实步伐，2035 年综合竞争力进入长三角中心区城市先进行列，2050 年全面建成富强民主文明和谐美丽的现代化城市。

第一节　盐城绿色发展取得的成绩

盐城以其全方位、多层次的绿色发展实践，在生态、经济、社会等多个维度均交上了令人满意的答卷，不仅为自身的可持续发展奠定了坚实基础，更为其他地区提供了极具价值的绿色发展样本与成功经验借鉴。

一、习近平生态文明思想落地生根

党的十八大以来，盐城市深入学习贯彻习近平生态文明思想，全力推进全域生态文明建设，以生态文明示范创建工程为抓手，有力推动了习近平生态文明思想在盐城落地生根、开花结果。2021 年 10 月，盐城以市域为单位成功创建"国家生态文明建设示范区"，成为苏北及江苏沿海地区首个、全省第四个获此殊荣的设区市。在盐城市 9 个县级行政区中，建湖、盐都、射阳、东台、大丰建成国家生态文明建设示范区，亭湖、滨海、阜宁、响水建成省级生态文明建设示范区，实现了省级以上生态文明建设示范区市域全覆盖，此外，盐城经济技术开发区也成功创建了国家生态工业示范园区。

盐城坚持以习近平生态文明思想为指引，始终将生态环境建设作为增进人民群众福祉、推进中国式现代化新实践的重要手段，实施了加快生态文明建设、建设美丽盐都系列重要工程；坚决打好污染防治攻坚战，着力解决环境突出问题，努力提升生态环境质量，切实满足人民对优良生态环境的需要；贯彻落实新发展理念，坚持"人与自然和谐共生"的科学自然观，深刻把握"两山"理论所蕴含的思想精髓和高质量绿色发展的内在要求，推动全区产业结构、能源结构、农业结构调整，挖掘绿水青山的经济效益，拓宽"两山"转化通道，把全区水、湖、林、田自然优势转化为发展优势，着力提升绿水青山"颜值"，全力实现金山银山"价值"，形成了推动生态保护和经济发展互促双赢的良好局面。盐都区坚持生态优先、引领区域高质量发展的创新实践和实际成效，正是习近平生态文明思想在盐阜大地落地生根、开花结果的生动写照。盐城市盐都区也因此荣获全国"绿水青山就是金山银山"实践创新基地，成为全省首批同时获得国家生态文明建设示范区、全国"两山"实践创新基地双料"国字号"品牌的地区。

二、生态环境质量走在前列

盐城在生态环境质量方面取得了显著的成绩，生态环境保护工作成效突出，为城市的可持续发展奠定了坚实的基础

一是大气环境质量保持全省前列。盐城市在大气环境质量方面表现卓越，空气质量综合指数连续多年列江苏省第一，这一成绩的取得得益于多

方面的努力。首先，盐城市积极落实三级"网格长"责任制，明确各级责任主体，确保大气污染防治工作无死角。围绕"控扬尘、治臭氧、抓减排、强执法"的工作方针，全面实施五大行动，督促推进重点工程项目。在扬尘治理方面，加强对建筑工地、道路等重点区域的管控，提高工地裸地扬尘防尘到位率，减少扬尘污染。在臭氧治理上，抓住VOCs（挥发性有机物）治理关键点，推进机动车辆排放检验机构核查"全覆盖"，对重点行业开展深度治理和绿色低碳改造。同时，加大执法力度，对违法排放行为进行严厉打击，实现问题闭环管理。在淘汰国三及以下排放标准柴油货车任务方面，盐城市全力以赴，提前完成全部任务，有效减少了机动车尾气污染。通过这些举措，盐城市推动了重点治气工程项目和VOCs污染治理工程项目建成见效，为空气质量综合指数的持续领先奠定了坚实基础。

盐城市的$PM_{2.5}$平均质量浓度、优良天数比例达到省高质量考核指标并继续保持江苏省前列。2023年多个月份空气质量综合指数进入全国重点城市前20，其中2月、8月、9月表现尤为突出。为了实现这一目标，盐城市坚持系统治污，推动氮氧化物和挥发性有机物（VOCs）等多污染物协同减排，推进产业、能源、交通绿色低碳转型。在产业结构方面，坚决遏制高耗能、高排放、低水平项目盲目上马，加快退出重点行业落后产能，推进产业布局优化，推进园区、产业集群绿色低碳化改造与综合整治。在能源结构上，大力发展新能源和清洁能源，严格控制煤炭消费总量，推进燃煤锅炉关停整合和工业炉窑清洁能源替代。在交通运输结构方面，加快提升机动车清洁化水平，强化非道路移动源综合治理，强化成品油和船用燃料油质量监管。此外，盐城市还强化市县同治、部门联动，通过开展扬尘污染专项治理，加大重点行业污染整治，为环境减负，为生态增容。2024年8月8日，盐城市人民政府印发了《盐城市空气质量持续改善行动计划实施方案》，明确了目标任务，细化了9大行动共60项重点任务，包括三大结构转型升级行动、两项治理提质增效行动、四项能力提升行动，为持续改善空气质量提供了有力的政策保障。2024年1至9月，全市$PM_{2.5}$平均质量浓度为28.5微克每立方米，全省第四；优良天数比例为83.9%，全省第一。

二是水环境质量稳居全省第一方阵。盐城市围绕国省考断面水质全优Ⅲ目标，展开了一系列扎实有效的举措。在市域层面，实施全流域、全要素、全时段溯源整治，对每一个可能影响水质的环节进行深入排查和治理。编制实施重点断面"一方案三清单"，明确治理任务、责任主体和时间节点，确保各项工作有序推进。开展水污染物平衡核算，精准掌握水污染物的来源和去向，为科学治理提供依据。推进涉氟、涉磷企业分类整治，针对不同类型的企业制定个性化的整治方案，提高治理效果。同时，对入河（湖）排污口进行全面排查整治，从源头控制污染物进入水体。此外，还加快完成水污染防治工程和水环境基础设施项目建设，提升污水处理能力和水平。2023 年，盐城市水环境质量实现了"四个百分百"全优目标，这一成绩的取得来之不易。国考、省考及以上、入海河流断面达到或好于Ⅲ类水质比例和县级及以上集中式饮用水水源地达标率均为 100%，优Ⅲ比例在江苏省排名继续领跑。

盐城市聚焦全优Ⅲ目标，坚持工业源、农业源、生活源"三源"同治。在工业源方面，加强对企业的监管，确保达标排放；在农业源方面，重点推进养殖粪污治理，减少农业面源污染；在生活源方面，加大对生活污水的治理力度，提高污水处理率。定向监测、精准溯源、靶向整治，重点推进生活污水、养殖粪污、"六小"行业、农村黑臭水体、入河排污口五个方面治理。加大重点流域水环境综合治理和重点断面水质攻坚力度，以 30 条国省考断面所在河流为重点推动全市域美丽河湖建设，按照"十无"和"五个全覆盖"要求组织对 51 个国省考断面所在河流开展排查整治，制定水质攻坚方案，分类落实治理管控措施。切实推动全市水环境质量持续稳定向好，为盐城市生态环境质量走在前列奠定了坚实基础。

三是高标准落实土壤污染防治。盐城市以"一住两公"用地安全为重点，不遗余力地加大土壤污染风险管控力度。在实际工作中，强化对土壤污染重点监管单位的环境监管，确保各项防治措施落实到位。通过一系列扎实有效的举措，盐城市重点建设用地安全利用率连续四年达 100%。这一成绩的取得，得益于盐城市委、市政府把打好污染防治攻坚战作为重大政治任务，高度重视土壤环境质量。各地、各相关部门齐抓共管，合力攻坚，建立健全区域流域污染联防联控机制。同时，积极落实土壤污染防治行动计划，强化源头防控，全面完成高风险遗留地块制度性风险管控，推动列入风险管控和修复名录的地块完成管控和修复。盐城市以"无废城市"建设为有力抓手，全面推动危险废物经营单位、产生单位和小量危废企业纳入省市信息化监控系统进行管理。在具体实施过程中，盐城市生态环境局坚决履行生态文明建设的职责使命，积极促进减污降碳协同增效。一方面，在全省率先出台《盐城市"十四五"土壤和地下水污染防治规划》，划定地下水优先保护区、治理区和风险管控区，落实分区管控措施。另一方面，全力推进农村生活污水治理，加快"无废城市"建设，新增危险废物综合利用能力，确保涉疫医疗废物和医疗废水收集、转运、处置均达100%。同时，提高畜禽粪污综合利用率、农作物秸秆综合利用率和废旧农膜回收率。通过这些举措，盐城市在"无废城市"建设方面取得了显著成效，自2020年起连续三年获江苏省政府督查激励。江苏省打好污染防治攻坚战指挥部办公室、省生态环境厅在2021年、2022年、2023年连续三年向盐城市委、市政府发来贺信，充分肯定了盐城市在污染防治攻坚和生态环境改善方面取得的成效。

四是生态质效提升。盐城市持续推进国家、省级生态文明建设示范品牌创建工作，取得了丰硕成果。2023年，大丰区、响水县分别创成国家和省级生态文明建设示范区，多个镇、村创成江苏省生态文明建设示范镇、村，实现省级生态文明建设示范区、示范镇全覆盖。这一成绩的取得，得益于盐城市委、市政府对生态文明建设的高度重视和有力领导。市委、市政府把打好污染防治攻坚战作为重大政治任务，主要领导、分管领导多次研究会办、现场督办，各地、各相关部门齐抓共管，合力攻坚，建立健全区域流域污染联防联控机制。同时，盐城市还积极完善制度体系，研究出台《盐城市黄海湿地保护条例》《盐城市绿化条例》等地方性法规，建立和完善自然保护区管理工作联席会议、野生动物保护联席会议、生态环境损害赔偿等制度，开展环境资源保护执法司法联动机制，设立黄海湿地环境资源法庭，使生物多样性保护走上法治化、规范化轨道。此外，盐城市还加强能力建设，深入开展"绿盾"自然保护地强化监督，实施"生态岛"、生态安全缓冲区、"美丽海湾"等生态保护修复工程，获批生态环境部第一批国家生态质量综合监测站称号，纳入江苏省生物多样性观测网络。深化协同保护，高质量承办全球滨海论坛，打造滨海生态领域交流合作平台，构建生态治理合作长效机制，共同推进人与自然和谐共生。定期组织生物多样性保护主题宣传活动，开展"徐秀娟"式生态卫士评选活动，在全社会营造保护生物多样性的浓厚氛围。

美丽海湾创建成绩斐然。大丰川东港成为继东台条子泥后，创成第2个国家级美丽海湾，江苏省唯一，珍禽保护区射阳河—斗龙港段创成省级美丽海湾。大丰川东港美丽海湾位于江苏省东南部沿海，拥有 19.2 千米海岸线、158 平方千米海湾面积，海湾内滩涂湿地与盐土植被交替分布。海湾内有 2 个国家级自然保护区，是"中国麋鹿之乡"、中国黄（渤）海候鸟栖息地核心区以及鸟类在东亚—澳大利西亚迁徙路径上最重要的中转站，也是我国东部唯一的暗夜星空保护地和授时观测站。川东港积极推进各项海洋生态保护措施，以建设成为水清滩净、鱼鸥翔集、人海和谐的美丽海湾。近年来，川东港美丽海湾治理成效显著，形成了独有的"生态+"模式，包含了"生态+农业"综合治理模式、"生态+旅游"保护发展模式、"生态+研学"世遗科普模式。川东港美丽海湾坚持生态保护优先，不断深挖生态人文价值。2022 年海湾水质优良面积比例年均 100%，国考川东闸断面稳定达Ⅲ类，总氮浓度较 2020 年降低 8.98%。常态化高标准清理海滩垃圾维护海湾洁净，保障了海湾生态环境；2022 年，海湾内麋鹿种群发展到 7 033 只，较 2020 年增长 23.8%，占世界麋鹿总数的 70%。海湾内已监测到近 300 种鸟类，东方白鹳、丹顶鹤、琵嘴鸭等重点生物物种的种群数量稳定增长；同时，海湾内积极开展互花米草整治，2022 年海湾内互花米草的分布面积较 2020 年减少 12.26%。海湾内有独特潮间带文明、自然研学教育基地等。珍禽保护区射阳河—斗龙港段创成省级美丽海湾后，也同样发挥着重要的生态保护作用，为盐城市的生态环境质量提升增添了新的亮点。

三、生态保护修复示范引领

盐城市高度重视生态保护修复工作，坚决绘好美丽盐城的生态画卷，筑牢东部沿海生态安全屏障。以丹顶鹤和麋鹿两个国家级自然保护区为主体的黄海湿地，成功申报中国唯一滨海湿地类世界自然遗产，经国际湿地公约组织认证，盐城荣获"国际湿地城市"称号。盐城也是全国唯一同时拥有 2 处国家级自然保护区、2 处国际重要湿地、1 处世界自然遗产地的地级市，黄海湿地生态系统成为包括勺嘴鹬、黑嘴鸥等 17 种世界自然保护联盟（IUCN）濒危物种红色名录物种在内的 300 多万只候鸟的栖息天堂。东台条子泥岸段成为全国 8 个"美丽海湾（岸段）"优秀案例之一，建湖九龙口、阜宁金沙湖、盐都蟒蛇河整治、东台条子泥等生态保护修复项目入选江苏省"最美生态修复案例"，东台条子泥、建湖九龙口、盐都大纵湖湿地列入江苏省"生态岛"试验区建设工作计划。2023 年 9 月，全球滨海论坛会议在盐城成功举办，向全国和世界展示了人与自然和谐共生的美丽盐城画卷。

在生态保护修复方面，盐城不仅打造了在全省、全国领先的实践样板，也为全球生态治理贡献了"盐城样本"。2021 年，"盐城以恢复鸟类栖息地为目标的基于自然解决方案——盐城黄海湿地遗产地生态修复案例"成功入选"生物多样性 100+ 全球特别推荐案例"。该案例成功申报的背景是：受人类活动等因素的影响和干扰，黄海湿地生态系统在申报世界自然遗产前已遭到严重破坏，导致鸟类等动物栖息地减少，生物多样性丧失；申遗成功后，为改善生态系统遭到破坏的局面，积极探索黄海湿地世界自然遗产保护管理新路径，恢复鸟类栖息地的生态功能，保护鸟类迁徙通道，盐城在遗产地内开展了一系列以"基于自然的解决方案（NbS）"为技术理念，以生态重建、辅助再生、自然恢复、保护保育等为措施的生态修复项目。

位于盐城世界自然遗产内的东亚—澳大利西亚迁徙路线上鸻鹬类重要中转站的东台条子泥，围垦、非法捕猎、人为活动干扰等导致栖息地丧失，很多鸻鹬类面临着种群数量减少和分布范围缩小的威胁。条子泥湿地作为盐城生态保护的重要区域，具有重大的生态意义。条子泥湿地是全球极度濒危鸟种勺嘴鹬的重要停歇地，每年有超过 50% 的勺嘴鹬在此觅食、换羽毛等。2019 年 7 月 5 日，中国黄（渤）海候鸟栖息地（第一期）获批入选《世界遗产名录》，条子泥区域被纳入其中。这一举措标志着中国世界自然遗产从陆地走向海洋"零"的突破，也是全球第二块潮间带世界自然遗产。为了保护条子泥湿地，盐城采取了一系列措施。从 2020 年起，盐城东台市从就近的一线海堤内围垦养殖区专门辟出了一块 720 亩区域，开始建立高潮栖息地。在建设过程中，湿地管理部门始终坚持"生态自然修复为主，人工适度干预为辅"的原则，严格落实尊重自然规律的方针，通过营造小型鸻鹬类栖息地和黑嘴鸥繁殖地、恢复裸滩湿地、建设微型岛屿等措施，最终建成了全国首个固定高潮位候鸟栖息地。"720"栖息地建成后不久，科研技术团队就在当地监测发现了 1 150 只全球濒危鸟类小青脚鹬，而此前学术界曾经认为单个小青脚鹬种群数量一般不超过 1 000 只，这个发现一举打破了小青脚鹬种群总数的世界纪录。"基于自然的解决方案（NbS）"建成的"720"高潮位栖息地，在一年内即迎来了 410 种栖息的鸟类，其中新增 22 个种类，被央视《新闻联播》报道，称赞为自然遗产生态保护修复的"中国样本"。条子泥湿地的保护不仅为珍稀鸟类提供了栖息之地，也为当地带来了巨大的生态价值。一方面，条子泥湿地成为全球生物多样性保护的"中国样本"，吸引了众多科研机构、民间组织和环保爱心人士的关注，提升了盐城的国际知名度。另一方面，条子泥湿地的生态旅游也逐渐兴起，为当地经济发展注入了新的活力。

盐城以"基于自然的解决方案（NbS）"为理念，对黄海湿地遗产地进行生态修复，有效保护勺嘴鹬等鸻鹬鸟类，保障候鸟迁徙生态通道安全，保护滨海滩涂生态系统，保障区域生态安全，有效保护和恢复了区域生物多样性。对遗产地的生态修复，使得生态环境高质量发展，人居环境得以改善，更好地满足了人民日益增长的对美好生活的需求；大大改善了城市环境及城市对外形象，增强城市的吸引力，为城市中长期发展创造了有利条件；通过湿地修复，构建生态优势，将带动经济增长，改善了遗产地及周边居民生活质量，为生态旅游发展做了很好的铺垫。盐城采取"基于自然的解决方案"（NbS），对黄海湿地遗产地进行生态修复，恢复湿地生态系统，发挥生态系统的生态功能，通过构建"自然、科普、生态"融为一体的自然遗产地，打造湿地保护利用与可持续发展的新模式，探索经济发展和生态保护相协调、促进人与自然和谐共生的新路径，为建设"美丽中国"和全球生态治理贡献了"盐城智慧"，提供了"盐城经验"。

盐城通过对条子泥湿地的保护和黄海森林公园的建设，在生态保护与修复方面取得了显著成效，为新质生产力的发展提供了坚实的生态基础。黄海森林公园坐落于世界自然遗产——盐城黄海湿地，是全国沿海地区最大的平原森林，国家沿海防护林重点建设基地和国家生态公益林保护基地。黄海森林公园总面积 6.8 万亩，森林覆盖率超过 90%，活立木蓄积量 21 万立方米，植被资源丰富。园内现有水杉林 1.5 万亩，杨树林 1 万亩，银杏 4 500 亩，其他树种（榉木、中山杉、落羽杉、女贞）约 1.4 万亩。公园内负氧离子平均含量达到 4 800 个/cm^3，每亩森林每年固碳 24.5 吨，每年固碳共计约 147 万吨，称得上是大自然的"天然氧吧"。

近年来，黄海森林公园坚持"生态优先、利用与保护并重"的理念，围绕"绿色、生态、养生"主题，发展了科普教育、湿地观光、生态度假等休闲度假产品。一方面，引进"木育森林"科普体验馆，建成森林小火车、木屋群落等配套设施，打造"生态版迪士尼"。另一方面，园区放大生态特色，结合当地环境和康复资源优势，致力发展"旅游+康养"产业体系，开设健步道、木筏、垂钓台、温泉等，满足老年群体的各类康养需求，打造长三角知名休闲康养胜地。同时，东台黄海海滨国家森林公园以平原森林、沿海湿地、候鸟天堂"三张金名片"为基点，努力打造江苏沿海生态休闲旅游经济带桥头堡、国内一流以海上森林为特色的文旅融合集聚示范区，成功创成省现代服务业高质量发展集聚示范区。拥有各类植物628 种、鸟类 342 种和兽类近 30 种，负氧离子达到每立方厘米 4 000 个以上，是名副其实的天然氧吧。世界上仅存 500 多只、有"鸟中大熊猫"之称的勺嘴鹬近一半在条子泥觅食、换羽，停留长达 3 个月，与丹顶鹤、麋鹿并称盐城"吉祥三宝"。

四、绿色低碳发展提速增效

盐城工业经济总量不断攀升，工业开票销售收入从 2021 年的 8 081 亿元增长至 2022 年的 9 700 亿元，2023 年更是首次迈上万亿台阶，达到10 074.1 亿元。这一显著增长体现了盐城在新质生产力方面的巨大潜力。

（一）科技创新助力企业绿色转型发展

科技创新是盐城未来发展的关键驱动力，在绿色发展赋能新质生产力的进程中发挥核心作用。氢能作为未来产业的重要代表，在盐城正展现出巨大的发展潜力。例如，2023 中欧海上新能源发展合作论坛平行论坛——氢能论坛在盐举办，中国氢能联盟秘书长表示盐城依托得天独厚的资源禀赋、区位要素和产业基础，加快布局氢能产业。大丰区也正全力探索绿色氢能"新赛道"，构建"1+3+N"氢能产业体系，重点建设"一廊三中心"，打造"两区一基地"。未来，盐城将加大对氢能产业的投入，加强技术研发，推动氢能在交通、工业等领域的广泛应用。合成生物产业同样具有广阔的发展前景。盐城可以利用自身的生态优势和产业基础，吸引相关企业和科研机构入驻，培育合成生物产业增长点。通过研发新型生物材料、生物能源等产品，为新质生产力的发展注入新的活力。

一方面，盐城积极推进传统产业"向高攀登"。机械、纺织、化工、建材、食品等传统产业加快向产业链上下游延伸、向价值链高端迈进、向技术工艺高峰攀登。例如，建湖永佳机械有限公司投入 2 000 多万元进行厂房重建和新设备购置，产能和效率预计提升 30%。众多传统企业通过开展老旧更新、产品提档、绿色转型等行动，加快推进"智改数转网联"，培育了一批国家级专精特新"小巨人"企业和省级专精特新中小企业。盐城市坚定不移走好生态优先、绿色转型之路，以绿色低碳发展示范区建设为契机，坚持产业绿色化、绿色产业化，加快建设产业结构优、规模效益好、绿色动能足的现代化产业体系。2022 年盐城市生产总值突破 7 000 亿元，增长 4.6%，增速为全省第一，2023 年 GDP 突破 7 400 亿元，比 2022 年增长 5.9%。

在保持经济健康平稳发展的同时，盐城市奋力竞逐绿色低碳发展新赛道，晶澳光伏、耀宁锂电池等百亿级重大绿色化项目签约开工，全市创成省级以上绿色工厂 18 家，其中国家级 3 家；扎实推进节能降耗工作，牢牢守住"产业导向、项目准入、节能减排"三个关口，切实提高高耗能高排放项目准入门槛，加大落后过剩产能淘汰和传统产业清洁化改造力度；规范化工园区产业布局，关闭响水化工园区，取消阜宁化工园区化工产业定位，整治提升大丰、滨海化工园区，全市省级以上工业园区全部完成应急预案备案工作，全面完成化工生产企业关闭退出任务，低端落后化工生产企业基本出清；加快发展高新技术产业，成为苏北首个高新技术企业数量超千家的设区市，并获批国家创新型城市、国家"双创"示范基地。工业开票销售收入的增长，得益于盐城以绿色低碳为方向，准确把握推进新型工业化的战略定位。以碳达峰试点城市建设为契机，着力补齐短板、拉长长板、锻造新板，构建多点支撑、多业并举、多元发展的现代化产业体系。这种绿色发展模式推动了盐城工业经济的转型升级，为新质生产力的发展提供了有力支撑。

另一方面，新兴产业"向新发力"。盐城坚持以"5+2"战略性新兴产业和 23 条重点产业链建设为主抓手，新能源产业规模不断扩大。通威太阳能（盐城）有限公司采用"科技+产业"融合模式，打造光伏智慧绿色园区，其光伏组件产品具有诸多优势，单 GW 的人力配置比行业平均值降低 30% 以上。盐城光伏行业综合产能位居全国城市第一位，积极构建清洁低碳安全高效能源体系，打造长三角地区新型储能产业示范应用集群。以滨海港片区为例，滨海港片区作为盐城海洋经济发展的重要阵地，正以建设新型能源供应体系先行试点为契机，加快零碳产业园建设，为海洋经济注入新动能。在产业布局方面，滨海港片区围绕重点项目"建链"，构建产业生态新基石。江苏盐海化工年产 2 万吨三氯化铝项目开工，预计 2025 年 2 月建成投产，可实现年销售额 1 亿元。片区持续围绕大进大出的重特大项目"建链"，积极壮大龙头企业、培育中小企业，打造特色产业集群，确保全年新签约项目 30 个以上，加快新兴产业"聚企成链"。

围绕龙头企业"延链"，拓宽产业发展新空间。深化对中国海油、金光等央企和跨国企业的研究，系统分析产业走势和投资动向，促进更多产业链上下游配套项目集聚。如滨海港片区仓储物流项目建设蹄疾步稳，可发挥盐城港滨海港区"公铁水"多式联运优势，带动关联产业发展，构筑向海发展的空间新格局。围绕零碳园区"强链"，铸就产业竞争新优势。滨海港片区加快零碳产业园建设，着力在运营端突出"智慧高效"、在产业链锚定"攀高向强"。零碳产业园核心区综合利用零碳电力工程等手段，实现能源供给零碳化等目标。中科融能科技公司落户零碳产业园，其固态电池生产车间实现自动化生产，产品有出口欧盟的需求，零碳产业园的绿电资源和碳足迹报告为企业应对绿色贸易壁垒提供有力支撑。此外，滨海港片区还积极培育"冷能+冷链+蓄冷"新兴业态，创塑海洋经济发展示范典型；构建"风场+风电装备+运维"产业集群，打造海洋可再生能源高地；坚持"渔港+渔村+海洋牧场"一体建设，建强海洋渔业全产业链；推动"港口+物流+海上贸易"同步发展，提升海洋交通运输业能级；做好"储能+绿电+低（零）碳产业园"文章，夯实海洋产业绿色发展基底。滨海港片区的发展充分展示了盐城海洋经济在绿色发展理念下的新动能，为盐城经济转型升级和新质生产力的发展提供了强大动力。

（二）"生态+"功能得以充分发挥

盐城市深入践行"两山"理论，"生态+"经济加快发展，推动"生态+文旅""生态+康养"等深度融合。"十三五"以来，盐城全市 9 个县级行政区中有大丰、东台、射阳、盐都、亭湖 5 个地区创成省级全域旅游示范区，其中大丰创成国家级全域旅游示范区；九龙口、大纵湖创成国家湿地公园，大洋湾创成国家城市湿地公园，西溪、九龙口景区入选全国非遗与旅游融合发展优选项目，东台入选国家智慧健康养老示范基地，黄海海滨国家森林公园创成国家森林康养基地。2023 年 6 月，"2023 中国最美县域榜单"发布，江苏全省有 4 个县、市、区入选，盐城市射阳县作为苏北唯一入选的县域城市荣登榜单。

在旅游资源整合方面，盐城市按照"核心'3+2'、配套'1+1+5'"思路，保护提升"生态百里"特色风貌，以"全景世遗"理念，将中华麋鹿园、条子泥、黄海森林公园、荷兰花海、珍禽保护区等景点串珠成链，构建全域旅游、全景世遗的旅游空间格局。世界级滨海生态旅游廊道建设成效显著。盐城市以"世界自然遗产""国际湿地城市"两张国际名片为依托，全力打造生态型、国际化、世界级旅游目的地。旅游产品不断丰富。推出观鸟、赶海、康养等特色产品，具象化打造麋鹿、丹顶鹤、勺嘴鹬"湿地吉祥三宝"，《只有爱》《天仙缘》《印象大纵湖光影秀》等 8 个黄海湿地旅游演艺产品叫好叫座，"到盐城·嗨周末"被文化和旅游部评为优秀主题营销活动案例。服务能级持续提升。围绕"吃住行游购娱"，举办"湿地三鲜"美食节，盐城"八大碗"、东台鱼汤面、建湖"九龙九鲜"、盐都"纵湖八鲜"及弶港、黄沙港海鲜等美食旗舰店、连锁店人气火爆。新建花间堂主题酒店、穆沟村精品民宿等特色项目，引进希尔顿等高端酒店品牌。建成智慧文旅、高铁站集散中心、自驾租车等一体化系统，提升 8 条旅游公路，完善 36 个驿站功能，构建"快进漫游"交通体系。2023 年，全市共接待海内外游客 4 840 万人次，比上年增长 93.0%，实现旅游总收入 536.6 亿元，比上年增长 1.1 倍，世界级滨海生态旅游廊道加快建设，美丽盐城底色更加鲜明。

其中，建湖县九龙口旅游度假区淮剧小镇是盐城打造的"生态+文旅"标志性项目。获得中央电视台连续多次报道关注的淮剧小镇项目，位于建湖县九龙口镇沙庄村，该村占地面积约 300 亩，有 500 余户村民，紧邻九龙口国家湿地公园，处于九条河流的交汇处，地理位置得天独厚，生态环境优越，沙庄古村历史文化底蕴深厚，是国家级非物质文化遗产——淮剧的发源地。淮剧小镇项目恢复"村在荡中，荡在村中"独特空间风貌，再现小镇四周河环荡绕、水网密布的原始生态风貌；文化内核上，打造"戏在村里，村在戏里"的特有精神特质，结合获文华大奖的淮剧《小镇》剧目，实景再现了《小镇》剧情里的 18 个场景节点，重点打造了剧场演出类、非遗体验类、文化体验类以及餐饮民宿类四大业态。淮剧小镇项目在充分利用自然禀赋的基础上，有机植入具有鲜明地方特色的国家级非物质文化遗产淮剧、杂技元素，通过打造文旅融合典型业态，走出了一条融合"世遗+非遗"之美的生态文旅发展之路：深入挖掘当地淮剧、杂技、剪纸、舞龙等特色文化资源进行创意开发，充分依托湖荡自然生态优势和淮剧杂技文化元素，不断放大国家级非物质文化遗产的品牌效应；打造江苏淮剧和杂技传承基地品牌，建成淮剧杂技非遗传承基地，打造了"9+1"《小镇有喜》大型沉浸式演艺；与地方民政部门联合，开展集婚姻登记、婚纱摄影、婚礼举办、节庆祈福为一体的特色服务；精心创塑"九龙九鲜"特色餐饮品牌，打造舌尖上的九龙口。九龙口旅游度假区先后获得国家湿地公园、国家 4A 级景区、全国非遗与旅游融合发展优选项目、江苏省旅游度假区、江苏省生态旅游示范区等荣誉，淮剧小镇 2022 年获评全省首批、盐城唯一的文旅融合发展示范区，2023 年入选首批"长三角人文经济典型案例"，九龙口景区建成全国首家"碳中和"景区、《中国国家地理》首个"双框之城"。

五、城乡人居环境持续改善

盐城市以建设绿色低碳发展示范区为指引，积极探索绿色宜居之城发展路径，让绿色成为城乡人居环境建设底色，推动盐城人居环境建设在全省做出示范、在长三角塑造特色、在全国提升影响，充分彰显"国际湿地、沿海绿城"的生态魅力、发展活力，加快建成人与自然和谐共生的美丽盐城。

一是城市能级提升成效显著。早在 2019 年 10 月，为打破区域发展不均衡、不充分的瓶颈，盐城市启动有史以来最大的城市改造工程——城北地区改造工程，规划改造面积达 79.5 平方千米，涉及亭湖区、盐都区、建湖县三个县级行政单位，改造工程开展以来，盐城市在城北片区推进棚改征迁，腾出空间 14 668 亩，同步实施"百姓安居、服务惠民、项目招引、生态提升"四大工程，开工建设八大类 132 个项目，完成投资 253 亿元，基本实现"三年见成效"的阶段性目标。作为水网密布的"百河之城"，盐城市坚持向水而行、以水利民，全面开展串场河、新洋港和通榆河"三河"全域整治，统筹兼顾人居环境、产业调整、文化记忆、社会发展，重塑水乡生态，围绕整治沿河水岸环境、完善城镇空间布局，累计实施沿河特色风貌塑造和生态廊道建设项目 2 150 余个，完成投资 293 亿元，市县联动、因地制宜围绕空间特色风貌塑造和历史文化保护传承，打造城水相依、绿廊环抱的景观廊道，"三河"全流域环境治理取得明显成效。立足全省最长海岸线的优势，盐城市加快推进沿海特色风貌塑造，编制完成《江苏省沿海"生态百里"特色风貌区设计方案》《盐城市沿海特色风貌塑造设计导则》《盐城市沿海特色风貌塑造三年行动计划》《盐城市沿海特色风貌塑造精华段实施方案》等，聚焦"生态百里"近期实施重点项目，以海堤公路为主线，遴选打造黄海观海廊道、世界自然遗产黄海湿地生态宜居示范区等人与自然和谐共生、集中展示盐城沿海风情的精华段和特色段，丰富亲海、近海、观海体验，向世界展示盐城沿海魅力风光的最具代表性海岸线，构建形成沿海特色风貌格局，打造更具诗情画意的世界级沿海城市，黄海湿地博物馆、陈家港"港城记忆"片区保护修缮等一批项目成功入选江苏省特色风貌塑造奖补项目。

二是城市更新建设提速增效。盐城市在城市更新建设中坚持规划引领，强化政策引导，先后制定出台《盐城市加快开展城市更新工作的实施意见（试行）》《关于实施城市更新行动的意见》《盐城市实施城市更新行动配套政策》《盐城市城市更新工作指引（试行）》《盐城市主城区城市更新专项规划（2022—2035）》等文件，明确城市更新工作的目标任务、实施步骤及保障措施，在全省首次开展城市更新体检评估，以体检和规划为基础，建立了城市更新市级项目库，首批90个城市更新储备项目入选，盐城市"加强城市更新工作考核激励""提出优化城市更新方案规划审批"两项经验做法入选首批江苏省实施城市更新行动可复制经验做法清单，盐城亭湖区朝阳片区城市更新等6个项目入选2023年度全省城市更新试点项目，累计入选项目数量位居全省第三、苏北第一。盐城市市棚户区改造工作连续获得江苏省政府表彰激励；老旧小区改造系统推进、力度空前，按照组团式片区化联动改造思路，累计更新城镇老旧小区412个，29个项目被评为江苏"省级宜居示范区"。盐城市在全省率先出台口袋公园技术导则、印发城市公园绿地专项规划和市域绿道规划，截至2023年10月，盐城市区建成区绿地面积8 509公顷，绿化覆盖面积9 098公顷，绿地率达40.23%，绿化覆盖率达43.02%，人均公园绿地面积17.44平方米，公园绿地十分钟服务圈覆盖率达95.17%。2023年盐城全市共完成新造成片林1.47万亩，林木覆盖率达25.2%、高于全省1.14个百分点，全域绿色空间体系基本形成。

三是农村人居环境明显改善。盐城市农民住房条件改善工作持续走在全省前列，2022年启动新一轮农村住房条件改善，制定五年行动方案、完善农村住房动态数据库、编印农房规划建设导则、设计农房标准施工图集，在全省农房改善专项行动部署会上作经验交流，2023年完成改善农房1.9万户。在全面推进乡村振兴战略背景下，盐城先行先试，编制实施《盐城市特色田园乡村示范区（带）规划》，引领全市特色田园乡村、传统村落、新型农村社区等串点连片聚集发展，截至2023年年底累计创成省级特色田园乡村83个，总数位居全省第二，2023年丁马港等5个村、穆沟等 14 个村分别入选全国和省级传统村落，截至 2024 年 1 月，盐城市七批次共有 44 个村落入选江苏省级传统村落，总数位居苏北五市第一。

四是建筑产业绿色转型加快。盐城市加快推进绿色低碳城市建设，绿色建筑产业结构和产品体系得到进一步优化提升，产业链持续延伸拓展。在绿色建筑方面，城镇绿色建筑占新建建筑比例达 100%，南海未来城绿色低碳城区获批江苏省级绿色低碳城区，5 个项目获得省级绿色建筑发展专项奖补资金，盐城南洋国际机场 T2 航站楼及配套工程荣获 2023 年度"江苏省绿色建筑创新项目"二等奖。在产业体系方面，盐城市已经形成以新型干法水泥、砂浆、预拌混凝土、装配式构件、新型特种玻璃为主导的产业体系布局，共有建材企业 192 家，年开票销售达 2 000 万元以上的规上企业有 156 家，全市建材产业全口径开票收入累计达 179 亿元，"横向覆盖全市域、纵向覆盖全链条、产品结构优势互补"的绿色建材产业体系初步形成。在园区建设方面，盐城市大市区一体推进建设盐东—特庸建材产业园、便仓镇建材产业园、城北物流园建材聚集点、冈中装配式构件产业基地，南翼有东台经济开发区、东台高新技术产业开发区建材产业园，北翼有滨海绿色建材产业园，目前全市已形成"一体两翼多点"的绿色建材产业布局态势。

第二节 盐城绿色发展赋能新质生产力的成效、挑战与未来举措

盐城，这座位于江苏沿海的城市，在绿色发展赋能新质生产力的征程中已取得显著成效并积累了宝贵经验。凭借其丰富的自然资源与积极的政策引领，盐城在新能源产业领域大力布局，海上风电与光伏产业蓬勃兴起，构建起完整的产业链条，不仅推动了能源结构的绿色转型，更为新质生产力注入强大动力。同时，在绿色科技创新方面持续发力，众多科研平台与企业紧密合作，攻克一系列关键技术难题，加速科技成果转化，促进传统产业的绿色升级与新兴绿色产业的崛起。其在生态保护与修复过程中探索出的多元模式，为绿色发展营造了良好环境，也为新质生产力的持续拓展提供了坚实支撑，值得深入探究与借鉴。

一、盐城绿色发展赋能新质生产力的成效

盐城凭借广袤的沿海滩涂资源，大力发展新能源产业，催生出绿色制造、智能制造等新兴业态，此外盐城的绿色农业也崭露头角，全方位彰显出绿色发展对新质生产力的卓越赋能效能。

（一）零碳产业园建设引领绿色发展

第一，先行先试树标杆。2022 年，省委省政府出台《关于支持盐城建设绿色低碳发展示范区的意见》，明确提出支持条件成熟园区或产业集聚区开展零碳园区建设试点。盐城作为全国首批、全省唯一的碳达峰试点城市，有条件、有能力、有信心做好这件大事。盐城风光资源丰富，是全球最具开发价值的海上风场之一，云集了众多新能源开发央企。2024 年 1 月至 5 月，全市新能源累计发电量占全省新能源发电量的 26.10%，占盐城全社会用电量的 69.35%。盐城新能源产业入选省首批战略性新兴产业融合示范集群，是全球海上风电装备综合产能最大的基地之一，光伏电池片和组件综合产能位居全国城市第一位。盐城拥有非常 "6+1" 比较优势，为零碳产业园建设提供了承载绿色产业转移、满足大规模绿电需求、承接绿色技术溢出转化、提供多元应用场景、先行先试提前布局等五大基础条件。盐城积极探索具有盐城特色的零碳产业园建设路径，围绕绿色能源、低碳制造、智慧园区、创新孵化和认证服务等方面，进行前瞻性思考、全局性谋划、战略性布局、整体性推进，努力在省内做示范、国内走在前、国际有影响。

第二，敢闯敢干 "碳" 新路。建设零碳产业园的核心要点是实施绿色能源替代。盐城在零碳产业园试点建设中，坚持源网荷储一体化打造，紧扣 "发得多" 扩大 "绿电源"，紧扣 "送得出" 打造 "绿电廊道"，紧扣 "用得好" 推动 "绿电存储"。3 个零碳产业园被列入省新型电力系统建设园区级试点。绿色产业在园区加速集聚，如射阳港零碳产业园，从风场资源开发大型央企龙源集团，到全球风机整机制造领军企业远景，再到专注于海底电缆研发制造的亨通海能，一个个龙头企业在园区聚链成群。盐城充分发挥绿电资源优势，推动高附加值、高科技含量的绿色项目优先落户零碳产业园，打造绿色产业、绿色技术等高端要素集聚高地。同时，坚持产业绿色化、绿色产业化，围绕生产、仓储、物流等环节，推动企业低碳化升级和节能降碳改造，推行产品全生命周期绿色低碳管理。零碳产业园

加速"数实融合",探索构建以数据库、监控网、调度端为核心的智慧能碳管理体系。滨海港零碳产业园以区块链技术为支撑,实现园区绿色电力全生命周期可信证明与多维全景展示,并基于物联设备监测信息,精准掌握碳排放情况,实现碳管理智慧化。

第三,向绿向新向未来。打造零碳产业园,既要做好转型升级的"加法",还要做好节能减排的"减法"。作为绿色低碳发展的前沿阵地,盐城零碳产业园抢抓发展机遇,不断激发创新驱动力,加快发展新质生产力,全面推动产业绿色化、高端化发展,在新赛道上创塑更多绿色优势。

(二)产业绿色转型成效显著

第一,新型工业化发展全面起势。从"盐城制造"到"盐城创造",再到"盐城智造",盐城新型工业化发展全面起势。SK新能源、弗迪电池、立铠精密、天合光能等一批百亿级项目建成落地,新能源产业规模达1 500亿元、入选首批省级战略性新兴产业融合示范集群,新一代信息技术产业规模突破千亿元,新材料产业规模超2 000亿元,动力和储能电池、晶硅光伏、不锈钢产业规模跃居全国前三,工业经济迈上万亿新台阶。以亭湖区立铠精密科技有限公司为例,该公司纳米级精密加工智能制造示范工厂项目总投入5.8亿元,旨在打造国家级智能工厂。落户亭湖仅3年时间,立铠精密就成为该区建区以来首个开票销售超200亿元的企业,是华东地区最大的3C电子结构件制造商。建湖高新区的盐城高测新能源科技有限公司采用先进生产工艺、智能化生产设备和绿色能源管理系统,打造"精益+数据+应用+平台"的智慧工厂生产模式,为客户提供创新型、升级迭代型和优化型光伏切片产品,在绿色发展新赛道上拓展增长新空间。

第二,竞争靠"链"接,产业体系整体竞争力提升。盐城持续推进聚企成链、聚链成群、集群成势,实现产业体系整体竞争力提升。如盐城高新区深耕电子信息、高端装备、新能源三大主导产业,积极布局第三代半导体、新材料、人工智能三大未来产业,推动现有产业向高端化、智能化、绿色化发展,不断推动产业向价值链高端攀升,筑牢绿色制造"硬支撑"。东创精密制造有限公司拥有高度集成的大动力压轴岛自动化的CNC生产线以及自动化的清洗装配,为产品的产能、效率以及质量提供有力保障;康佳芯云半导体科技(盐城)有限公司通过对现有设备"把脉诊断",以细化分工提高规模化效率,使得关键生产工序能耗数据自动采集率达100%,能源利用率提升5%。

（三）因地制宜为新质生产力蓄势赋能

一是提升绿电占比，推进绿色转型。大丰区提升绿电占比，2023年新能源发电量占全市新能源发电量的33.71%，覆盖全区社会用电量94.85%。大丰区坚定不移推进绿色转型、绿色跨越，守好资源"聚宝盆"，努力将生态资源价值转化为支撑高质量发展的"金山银山"。中国风电看海上，海上风电看大丰。大丰"智造"的设备走出国门，在马尔代夫的五座缺水岛屿上，风力发电机和光伏板组成的新能源发电系统为当地居民解决生活用水问题。

二是科技创新培育新兴产业。新质生产力之"新"，在于科技创新。大丰区抢抓机遇，加大创新力度，培育壮大新兴产业，超前布局建设未来产业，完善现代化产业体系。金风科技的项目斩获省科学技术一等奖和三等奖；风电叶片SR260在江苏双瑞的生产车间内诞生，风电机组大型化进一步实现降本增效；洪田科技作为国内唯一一家能够生产成套锂电铜箔高端装备的高新技术企业，生产出3.5微米的铜箔，为绿色能源再续新质生产力。在"风光无限"的绿电产能基础上，大丰已经形成了适宜氢能、合成生物、新型储能等未来产业生长的条件。江苏明月海洋生物有限公司实现3MW光伏发电并网，国电投吉电绿氢制储运加用一体化和岚泽绿色甲醇航煤及绿氨储罐基地两个百亿级重大项目取得突破，永泰年产20GWh锂电储能10GWh钠离子电池及核心材料产业基地项目落地。

三是传统产业绿色转型提升"含绿量"。聚焦绿色转型钢铁、造纸、化工三大基础产业，以联鑫钢铁、金光博汇为代表的一批典型传统企业坚持走"绿色、低碳、精品、智能"高质量发展之路，传统产业的"含绿量"不断提升。2023年，大丰7家企业建成省级绿色工厂，省级绿色工厂总数达12家。全省首个"蓝色碳汇——文蛤贷"发放至江苏海阅实业有限公司，绿色金融"活水"不断滋养高质量发展的"沃土"。传统产业焕新出发，新质生产力的"种子"破土而出，未来产业的图景逐渐清晰。

二、盐城绿色发展赋能新质生产力的挑战

在全球绿色转型浪潮汹涌澎湃的当下，盐城积极投身于绿色发展赋能新质生产力的伟大实践。然而，这条充满希望与机遇的道路绝非坦途，诸多复杂而艰巨的挑战如影随形，亟待深入剖析与全力攻克，它们犹如重重迷雾，笼罩在盐城绿色发展的新征程之上，考验着这座城市的智慧与决

心，也决定着其能否在绿色变革的时代洪流中成功突围，实现向高质量发展的华丽转身并引领新质生产力的蓬勃崛起。

（一）基础薄弱的挑战

第一，绿色跨越板块不均衡，南北发展差异大。盐城在绿色发展的进程中，面临着绿色跨越板块不均衡的问题，南北发展差异较为明显。与广东、浙江、苏南等发达地区相比，盐城在5G、大数据、新材料、新科技等领域起步就已被拉开距离。本市内部板块的绿色跨越步伐也不一致，可能出现南边快、北边起、中间区域落伍的情况。这种不均衡的发展态势，一方面是由于历史发展基础的不同。南部地区可能在经济基础、产业布局、交通条件等方面具有一定优势，从而在绿色发展的起步阶段能够更快地响应和推进。而北部地区可能受限于经济实力、基础设施等因素，绿色发展的步伐相对较慢。另一方面，政策导向和资源分配的不均衡也可能加剧了这种差异。在资源有限的情况下，可能更多的政策支持和资源投入倾向于发展基础较好的地区，导致南北发展差距进一步拉大。为了缩小南北发展差异，实现绿色跨越板块的均衡发展，盐城需要在政策制定和资源分配上更加注重公平性和均衡性。加大对北部地区的政策支持力度，引导资源向北部地区倾斜，加强基础设施建设，提升北部地区的发展潜力。同时，南部地区应发挥示范引领作用，带动北部地区共同发展，实现全市绿色发展的协同推进。

第二，产业体系不均衡，第一产业和第三产业绿色化准备不足。总体来看，盐城第二产业绿色跨越的能量逐步积聚，有了一定的基础，但第一产业和第三产业的绿色化准备相对不足。在第一产业方面，有机农业、生态农业、观光农业、文旅农业并不发达，"互联网+销售"体系不够完善，农业面源污染问题较难得到彻底根治。在第三产业方面，计算机软件和信息技术服务业、信息咨询、文化产业、养老等新兴绿色服务业规模偏小。第一产业绿色化准备不足主要表现在农业生产方式较为传统，对生态环境保护的重视程度不够。农民在种植过程中可能过度依赖化肥、农药，导致土壤污染和水体富营养化。同时，农产品的销售渠道单一，"互联网+销售"体系的不完善限制了农产品的市场拓展和附加值提升。第三产业绿色化准备不足则反映在新兴绿色服务业的发展滞后。计算机软件和信息技术服务业、信息咨询等行业的绿色发展理念尚未得到充分普及，文化产业和养老产业的绿色转型也面临着诸多挑战。例如，文化产业在发展过程中可能忽视了对生态环境的保护，养老产业在设施建设和服务提供上可能缺乏绿色环保的考量。为了提升第一产业和第三产业的绿色化水平，盐城需要加大对农业的生态化发展支持力度。推广有机农业、生态农业种植技术，减少化肥、农药的使用，加强农业面源污染治理。完善"互联网+销售"体系，拓宽农产品销售渠道，提高农产品附加值。同时，积极培育新兴绿色服务业，加大对计算机软件和信息技术服务业、信息咨询、文化产业、养老等行业的扶持力度，引导这些行业树立绿色发展理念，推动绿色转型。

第三，产业结构不完善，第三产业对经济贡献低于全省全国水平。统计数据显示，2018年盐城市三次产业增加值比例调整为10.5∶44.4∶45.1，第三产业增加值分别低于全省、全国平均水平5.9个、7.1个百分点。从消费结构看，2018年盐城市限额以上零售额631.9亿元，比上年增长0.9%；江苏省限额以上实现零售额比上年增长25%。从第三产业贡献率看，2018年盐城市第三产业实现产值2 477.2亿元，第三产业的贡献率为45.15%，尽管第三产业增幅达到8.1%分别高于全省、全国0.2、0.5个百分点，但第三产业对地区生产总值的贡献分别比全省、全国低5.83、7.01个百分点。产业结构不完善，第三产业对经济贡献低于全省全国水平，主要原因在于盐城的产业结构仍以第二产业为主导，第三产业发展相对滞后。第二产业中的传统产业占比较大，产业含绿量低，新科技、新能源等代表先进生产力的项目少。这在一定程度上限制了第三产业的发展空间，因为第三产业的发展往往依赖于第二产业的支撑和带动。

第四，盐城在发展第三产业过程中，可能面临着人才短缺、创新能力不足、市场竞争力不强等问题。例如，计算机软件和信息技术服务业、文化产业等新兴绿色服务业需要大量的专业人才和创新能力，但盐城在这方面的吸引力相对较弱，难以吸引和留住高端人才。为了完善产业结构，提高第三产业对经济的贡献，盐城需要加快推进产业转型升级。加大对第二产业中传统产业的改造升级力度，提高产业含绿量，培育和发展新科技、新能源等先进产业项目。同时，大力发展第三产业，加大对新兴绿色服务业的扶持力度，培养和引进专业人才，提高创新能力，增强市场竞争力。通过优化产业结构，实现经济的可持续发展。

（二）主体量能不足的挑战

第一，现有产业含绿量低，传统产业多，新兴绿色服务业规模小。在盐城的产业结构中，传统产业占据较大比重，产业含绿量低。就第二产业而言，高污染、高能耗产业仍有一定比例，新科技、新能源等代表先进生产力的项目相对较少。这不仅对环境造成较大压力，也限制了城市的可持续发展。第一产业方面，有机农业、生态农业、观光农业、文旅农业并不发达，"互联网+销售"体系不够完善，农业面源污染问题较难得到彻底根治。这使得农业发展面临诸多挑战，难以充分发挥其在绿色发展中的潜力。第三产业中，计算机软件和信息技术服务业、信息咨询、文化产业、养老等新兴绿色服务业规模偏小。这些行业的绿色发展理念尚未得到充分普及，发展滞后于其他地区，难以满足居民对绿色生活服务的需求。

第二，引进绿色产业竞争压力大，面临各地转型升级热潮挑战。全国上下都在掀起转型升级、高质量发展的热潮。如广东惠州提出"坚持五位一体，绿色跨越先行"的理念，宿迁市提出"坚持四化同步，实现绿色跨越"的思路。在这样的大背景下，盐城引进绿色产业面临着巨大的竞争压力。各地都在积极争抢绿色产业项目，盐城如何抢抓机遇、差别化地引进项目、以更优的环境引进项目，成为摆在面前的重大挑战。需要在政策、环境、服务等方面不断创新，提升自身的吸引力。

第三，产业结构转型难度大，企业关停并转面临诸多困难。建设资源节约型和环境友好型社会，要求坚持循环、绿色、低碳、清洁、集群发展，强力推进污染防治和节能减排，加速淘汰落后的生产工艺、设备和产品。对于盐城的一些规模较大的企业来说，转型尚且吃力，对于小企业而言，更是意味着企业重塑甚至会关停并转。即使企业同意关停并转，在实施过程中也会遇到诸多困难。首先，评估难，难以准确评估企业的价值和转型潜力。其次，财政经费补助难，政府财政压力较大，难以满足所有企业的补助需求。再者，迅速搬迁难，涉及场地、设备等多方面的问题。此外，再上新项目难，需要考虑市场需求、技术水平等因素。最后，现有厂房再利用难，如何合理规划和利用闲置厂房，成为一个难题。

（三）规范制度不全的挑战

一是激励机制不配套，企业回应率可能不高。盐城市的绿色跨越配套措施仍不够系统、完善。在推动企业转型升级、淘汰落后产能、新上治污治气项目、植绿补绿等方面，如果没有以奖代补、提供必要的贷款支持等激励政策，仅凭发动、动员、口号，企业的回应率可能不高。例如，在生态环保领域，一些企业可能因缺乏资金支持而对新上治污项目持观望态度，导致绿色跨越的进程受阻。激励机制的不配套使得企业在参与绿色发展时动力不足。一方面，企业可能担心投入大量资金进行转型升级后，无法获得相应的回报；另一方面，没有激励政策的引导，企业可能更倾向于维持现状，不愿意承担绿色跨越带来的风险和成本。为提高企业回应率，盐城市应建立健全激励机制。可以通过设立绿色发展专项资金，对积极参与转型升级、治污减排的企业给予财政补贴；提供优惠贷款政策，降低企业融资成本；建立奖励制度，对在绿色发展方面表现突出的企业进行表彰和奖励，提高企业的积极性和主动性。

二是缺乏评估界定绿色跨越的机制。绿色跨越既是一个过程，也是一个结果，但目前盐城市还没有建立一套完整的评估机制来界定绿色跨越。缺乏评估机制使得我们无法准确判断全市的绿色"跨越"是否过了某个界点，也难以对绿色发展的成效进行科学评估。没有评估界定机制，就无法明确绿色发展的目标和方向。在实际工作中，可能会出现盲目推进绿色项目而缺乏针对性和有效性的情况。同时，也难以衡量绿色发展对经济、社会和环境的综合影响，不利于及时调整和优化绿色发展策略。建立评估界定绿色跨越的机制至关重要。可以从生态环境、经济发展、社会进步等多个维度制定评估指标体系，如空气质量、水质达标率、森林覆盖率、绿色产业占比、居民绿色生活满意度等。通过定期对这些指标进行监测和评估，确定绿色跨越的进展情况，为进一步推进绿色发展提供科学依据。

三是综合治理协调机制不完善，社会治理体系需重构。环境准入、监管、治理、执法与司法联动的协调机制还不够成熟和健全，这给盐城市的绿色发展带来了挑战。例如，在环境准入方面，可能存在标准不明确、审批流程繁琐等问题；在监管和治理过程中，各部门之间可能存在职责不清、协调不畅的情况，导致环境问题难以得到及时有效的解决。征地拆迁、化工整治搬迁赔偿、下岗职工安置等综合社会治理体系需要重新构建。在推进绿色发展的过程中，这些问题涉及众多利益相关者，如果不能妥善处理，将会引发社会矛盾，影响绿色跨越的进程。完善综合治理协调机制，重构社会治理体系是当务之急。一方面，要加强各部门之间的协调配合，明确职责分工，建立健全环境准入、监管、治理、执法与司法联动的工作机制，提高环境治理的效率和效果。另一方面，要妥善处理征地拆迁、化工整治搬迁赔偿、下岗职工安置等问题，制定合理的补偿政策和就业扶持措施，保障人民群众的合法权益，维护社会稳定。

（四）创新动力不强的挑战

创新动力不足对盐城推进居民形成绿色生活方式带来了多方面的挑战，主要体现在以下几个方面：

创新驱动水平低，R&D 投入和科技进步贡献率低于全省平均水平。盐城在创新驱动方面表现欠佳，2017 年苏南全国自主创新示范区的 R&D 投入占 GDP 比重达到 5.36%，而盐城仅占 GDP 比重的 2.06%，低于全省平均水平（2.7%）。科技进步贡献率 55.1%，比全省平均水平低 6.9 个百分点。较低的 R&D 投入和科技进步贡献率使得盐城在绿色技术研发和应用方面相对滞后，难以满足居民绿色生活方式对先进科技的需求。例如，在绿色能源利用、环保材料研发、智能垃圾分类系统等方面，由于创新驱动水平低，相关技术的推广和应用受到限制，影响了居民绿色生活方式的推进。

自主创新能力弱，创新型领军企业少。盐城在市场竞争体系中处于价值链中低端环节的现实没有得到根本改变，相当一部分企业处于产业链中低端，具有影响力的创新型领军企业依然较少，规上工业企业中仅有 10% 的企业技术创新比较活跃，有发明专利的不到三分之一。创新型领军企业的缺乏使得盐城在绿色产业发展方面缺乏引领和示范作用，难以带动整个产业链向绿色化转型。同时，也影响了绿色技术的创新和推广，不利于居民形成绿色生活方式。例如，在新能源汽车、智能家居、绿色建筑等领域，缺乏创新型领军企业的带动，相关产品和服务的市场竞争力不足，居民的选择有限，影响了绿色生活方式的普及。

创新转化成果少，高层次研发平台偏少。2017 年，规上工业总产值中，高新技术产业占比为 38%，比全省平均水平低 4.7 个百分点，占全省高新技术总产值的 4.8%，在全省排名第十位。万人发明专利数不高。全市高层次的研究院、研发中心、研发平台偏少，影响了高新技术的推广引进。创新转化成果少和高层次研发平台的缺乏使得盐城在绿色技术创新和应用方面面临困难。一方面，科研成果难以转化为实际的产品和服务，无法满足居民绿色生活方式的需求；另一方面，缺乏高层次研发平台，难以吸引和聚集高端人才和创新资源，影响了绿色技术的研发和创新。例如，在生态环保、资源循环利用、绿色农业等领域，由于创新转化成果少和高层次研发平台偏少，相关技术的研发和应用受到限制，影响了居民绿色生活方式的推进。

三、盐城绿色发展赋能新质生产力的未来举措

面对日益紧迫的全球环境挑战与科技革命浪潮，盐城绿色发展赋能新质生产力已然站在了关键的十字路口。过往的努力虽已奠定一定基础，但要想在未来实现更大突破与可持续的卓越成就，需以高瞻远瞩的战略眼光、精准有力的政策举措以及全社会的广泛参与为支撑。此刻，精心谋划一套全面系统且具前瞻性的未来发展举措，不仅关乎盐城自身的生态福祉与经济腾飞，更有望为其他地区在绿色发展与新质生产力培育的征程中树立典范，开启一段充满无限可能与希望的崭新篇章。

（一）深化科技创新驱动

一方面，继续加大对科技创新的投入，建立更加完善的科技创新体系。一是加强与高校、科研机构的合作，共同设立科研项目，针对盐城特色产业如新能源、海洋经济等领域的关键技术难题进行攻关。例如，与国内知名高校合作建立新能源材料研发中心，专注于提高光伏电池的转换效率、储能电池的容量和寿命等核心技术指标。二是鼓励企业加大自主研发力度，对取得重大技术突破的企业给予政策支持和奖励。可以设立科技创新专项资金，对企业的研发投入给予一定比例的补贴，激发企业的创新活力。同时，加强知识产权保护，为科技创新营造良好的环境。建立健全知识产权保护体系，加大对侵权行为的打击力度，保障创新者的合法权益。

另一方面，瞄准高质量发展目标，重点打造绿色低碳世界级产业集群。一要聚焦产业补链强链，构建绿色低碳产业体系。立足江苏"1+3"重点功能区建设，着眼长三角一体化发展大局，围绕盐城23条地标性重点产业链和工业强市战略，大力实施产业链培育和赋能行动，打造具有盐城地域特色和标识度的战略性新兴产业集群，统筹区域产业布局，推动形成一县（行政区）一特色、一区（园区）一亮点的绿色发展模式，打造绿色产业集群，彰显盐城绿色低碳产业的综合优势与核心竞争力，为江苏及长三角建设具有全球影响力的产业科技创新中心贡献盐城力量。二要推动传统产业升级，加快发展方式绿色转型。坚持把绿色低碳作为鲜明底色，加快推进产业发展低碳化、制造过程清洁化、资源利用高效化。建议省级层面加大对沿海三市传统产业绿色低碳转型发展的政策倾斜和资金支持，在盐城市先行探索设立传统产业绿色低碳发展基金，由省、市、县三级财政

共同投入，开展工业企业绿色低碳发展综合评价，强化评价结果应用，通过正向激励和反向倒逼，推进企业节能降碳、集约高效，开展数字赋能行动，加快数字化绿色化协同转型，推动企业"上云、用数、赋智"，全方位推进传统产业腾笼换"绿"、焕新升级。三要加快培育新质生产力，当好绿色发展"碳路先锋"。按照定 3 年、谋 8 年、展望 13 年的发展思路，围绕构建盐城"风光火气氢"一体化能源开发利用新格局目标，拉长新能源产业链条，加大力度探索布局新型储能和氢能产业。建议立足盐城现有绿能产业基础，依托本地行业龙头企业，引进"国字号"大院大所和高层次创新人才团队，在沿海港区设立新型储能研究院、氢能研究院和相关试验基地，聚焦全要素生产率大幅提升，聚力突破关键核心技术，加快创新成果转化应用，在竞逐绿色低碳能源新赛道上"走在前、做示范"，全力打造长三角综合能源保供基地，在人与自然和谐共生现代化建设征程中开启发展新质生产力的"盐城篇章"。

（二）强化人才支撑体系

人才是推动盐城绿色发展赋能新质生产力的关键因素。未来应制定更加积极的人才政策，吸引国内外优秀人才汇聚盐城。一是加强人才引进。制定具有竞争力的人才引进政策，对高端人才给予优厚的待遇和良好的发展空间。例如，提供高额的购房补贴、科研启动资金等，吸引新能源、合成生物、海洋经济等领域的高端人才来盐创业就业。二是加强人才培养。与高校、职业院校合作，建立人才培养基地，根据盐城产业发展需求，定制化培养专业技术人才。比如，与盐城工学院合作开设海洋工程专业，培养海洋装备制造、海洋资源开发等方面的专业人才。三是优化人才发展环境。建立人才服务中心，为人才提供一站式服务，包括子女教育、医疗保健、住房保障等，解决人才的后顾之忧，让人才安心在盐城发展。

首先，在全球绿色发展与新质生产力培育成为核心议题的时代背景下，盐城市深刻认识到人才支撑体系对于实现绿色发展赋能新质生产力的关键作用，并积极探索多维度的实践路径。首先，盐城市致力于多元化的人才引进策略。一方面，积极举办各类高端招才引智活动，搭建起与国内外顶尖人才交流对接的桥梁。例如，定期开展聚焦新能源、生态环保等绿色领域的专项人才招聘会与项目洽谈会，吸引具有前沿技术和创新理念的领军人物及团队入驻。另一方面，充分利用高校资源，与知名院校建立深度合作关系，通过设立人才工作站、实习基地等形式，提前锁定优秀毕业生资源,引导他们投身盐城的绿色发展事业。同时,对于特殊急需的高端人才,采取个性化的柔性引才政策,允许其以兼职、顾问等灵活方式参与盐城的绿色项目研发与产业升级,打破地域与时间限制,为新质生产力的培育注入新鲜血液。

其次,在人才培养环节,盐城市构建了全方位的培养体系。市内的高校与职业院校依据绿色产业发展需求,动态调整学科专业设置,新增或优化了如可再生能源工程、绿色智能制造、生态农业技术等专业课程,确保培养出的人才与绿色发展的实际需求紧密契合。并且,积极与企业合作开展订单式培养模式,根据企业的具体岗位要求定制教学内容与实践环节,使学生毕业后能够迅速适应企业工作并为其创造价值。此外,针对在职人员,大力开展各类继续教育与技能提升培训项目,鼓励他们学习绿色新技术、新管理理念,通过与行业专家的交流互动、实地案例学习等方式,提升其在绿色生产、节能减排、循环利用等方面的专业素养,为传统产业的绿色转型提供坚实的人才保障。

再者,优化人才使用机制是盐城市推动绿色发展赋能新质生产力的重要举措。积极搭建各类创新创业平台,如绿色科技产业园、生态创新孵化中心等,为人才提供集研发、生产、展示于一体的综合性空间,促进人才之间的交流合作与资源共享,加速科技成果转化为实际生产力的进程。同时,以绿色产业集群为导向,引导人才向重点领域集聚,形成人才与产业相互促进的良性循环。例如,在盐城的新能源产业基地,汇聚了从科研人员、工程师到技术工人等多层次的专业人才,他们在各自岗位上协同创新,推动了新能源技术的不断突破与产业规模的持续扩大。此外,建立科学合理的人才评价与激励机制,摒弃传统单一的评价标准,更加注重人才在绿色创新成果、环境效益提升等方面的贡献,对于在绿色发展领域取得突出成绩的个人与团队给予丰厚的物质奖励、荣誉称号以及更多的职业发展机会,充分激发人才的创新活力与主观能动性。

最后,盐城市高度重视人才服务保障工作,全力营造良好的人才发展环境。加大在人才公寓建设方面的投入,打造高品质的居住社区,配备完善的生活设施与休闲娱乐场所,为人才提供舒适便捷的居住条件。同时,建立一站式的人才服务中心,为人才提供政策咨询、项目申报、户籍办理、子女教育等全方位的贴心服务,解决他们的后顾之忧。并且,通过举办各类人才文化活动、科技交流论坛等,丰富人才的业余生活,增强他们对盐城的归属感与认同感，使盐城成为人才向往的绿色发展高地。

（三）推进生态保护与修复

首先，生态环境是盐城绿色发展的基础，未来应进一步加强生态保护与修复。一是加强湿地保护。继续推进黄海湿地保护与修复工程，加强对湿地生态系统的监测和管理，提高湿地生态系统的稳定性和生物多样性。例如，建立黄海湿地生态监测网络，实时掌握湿地生态环境变化情况，及时采取保护措施。二是加强海洋生态保护。加大对海洋污染的治理力度，加强海洋生态修复，保护海洋生物多样性。可以开展海洋垃圾清理行动，加强对海洋排污口的监管，推广海洋生态养殖模式。三是加强森林生态保护。持续推进国土绿化行动，提高森林覆盖率，加强森林资源管理，保护森林生态系统。例如，加强对森林公园的建设和管理，开展森林生态旅游，实现森林资源的可持续利用。

其次，要放大生态优势，深入挖掘释放生态多元价值和巨大潜力。一要着力用好自然资源禀赋，创新"两山"转化实现路径。坚持因地制宜、精准定位，充分挖掘本地优势资源禀赋，积极探索合理利用的方法路径，切实把生态优势转化为产业优势、竞争优势和发展优势。例如，盐城应当立足土地空间优势，加快高水平建设农业强市步伐，为此，要大力推进高标准农田建设，探索发展盐碱地特色农业，完善农产品"从田头到餐桌"全产业链，大力发展农产品精深加工，在长三角乃至全国彻底打响盐城农业品牌。二要充分利用沿海资源优势，做好"生态+文旅"大文章。以省市共建世界级滨海生态旅游廊道为契机，加强沿海三市联动，策应大运河文化带建设、"一带一路"、淮河生态经济带国家战略，深入挖掘新四军红色文化、大运河两淮盐业文化、江苏海上丝绸之路文化、黄河（古淮河）故道文化，结合沿海生态风光资源禀赋，推进文旅深度融合发展，打造特色精品旅游线路和旅游产品，提升江苏滨海旅游目的地的文化传播力和综合竞争力，辐射带动滨海特色风貌塑造和城乡人居环境改善，让人民群众共享人与自然和谐共生现代化建设成果。三要立足特色文化底蕴，塑造生态人文地方品牌。立足盐城新四军红色文化、海盐文化等"丰厚家底"，综合考量历史渊源和现实基础，发挥生态资源和特色文化叠加效应。要用实用足上级支持政策，精准有序实施项目建设，在城市更新改造、美丽乡村建设、景区提档升级、公共文化建设、文创产业发展等方面融入生态人文理念，为区域高质量发展注入新动能，实现生态、人文与经济交融共生，经济效益和社会效益相得益彰。

（四）加强区域合作协同

盐城应积极加强与周边地区的合作协同，提升融入江苏沿海生态环境治理区域一体化的水平，共同推动绿色发展。一是加强与长三角地区的合作。积极融入长三角一体化发展战略，加强与上海、南京、苏州等城市的产业合作、科技创新合作和生态保护合作。例如，确保生态环境治理区域一体化不留盲区、落到实处，建议立足长三角更高质量一体化发展，先行探索"沪苏通盐"生态环境治理合作机制，在沪苏大丰产业联动集聚区、苏州盐城产业合作园区、常州盐城产业合作园区开展试点，打造长三角跨域一体、绿色共生的生态保护和绿色发展典范。

二是加强与淮河生态经济带城市的合作。发挥盐城在淮河生态经济带中的重要作用，加强与沿淮城市在生态保护、产业发展、交通基础设施建设等方面的合作。比如，坚持完整、准确、全面贯彻新发展理念，在深化"1+3"重点功能区建设背景下，进一步推进江苏沿海区域生态环境治理一体化，以"山水林田湖草沙一体化保护和系统治理"为重点，横向打破行政壁垒，纵向打通层级阻隔，消除条块分割障碍，切实以生态环境高水平保护推动高质量发展。建议盐城要与南通、连云港共同报请省生态环境厅牵头，组建江苏沿海地区生态环境共保联治工作联席会议，建立完善贯通省、市、县三级的区域生态环境治理一体化机制，统筹区域治理、岸线治理、流域治理、属地治理，将省直部门单位设在沿海地区的场站园区全面纳入一体化治理。同时，深入贯彻落实并充分利用淮河生态经济带国家战略，作为地处淮河入海门户的盐城要主动作为，与淮河中上游的淮安市及安徽省、河南省的相关地市建立跨区域合作的利益共享机制、流域生态保护补偿机制和生态环境治理信息共享机制。建议江苏省级层面进一步强化生态环境保护督察制度治理效能，并加强省际协调，坚决破除"以邻为壑"的顽瘴痼疾，高水平推进淮河生态综合治理，切实减轻里下河地区的生态环境治理压力。

三是加强国际合作。在全球经济一体化与绿色发展浪潮汹涌澎湃的当下，盐城市积极探索通过加强国际合作，为绿色发展赋能新质生产力开辟新路径、创造新机遇。盐城凭借其独特的地理区位与资源优势，主动融入全球绿色产业分工体系。一方面，积极与国际环保组织、科研机构建立深度合作关系。例如，与国际知名的湿地研究中心携手，共同开展沿海湿地生态系统保护与修复的科研项目。通过引进国际先进的监测技术、生态模型构建方法以及湿地生物多样性保护理念，不仅提升了盐城湿地保护的科学性与有效性，还催生了一系列与湿地生态旅游、生态农业相结合的绿色新兴产业，为新质生产力注入新活力。这些合作项目吸引了国内外众多科研人才汇聚盐城，形成了良好的人才集聚效应，进一步推动了相关绿色技术的研发与创新应用。在新能源领域，盐城加强与国际能源企业和科研团队的合作交流。与丹麦等风电强国的企业合作，引进其先进的海上风电建设与运维技术，提高盐城海上风电产业的效率与稳定性。同时，联合国际科研力量开展新能源储能技术的研究与开发，致力于解决风能、太阳能间歇性发电带来的能源供应不稳定问题。通过国际合作项目，盐城在新能源产业的技术水平得到快速提升，产业链不断完善，从风机制造、风电场建设到储能设备研发与应用，逐步构建起具有国际竞争力的新能源产业集群，成为推动新质生产力发展的强大引擎。盐城还积极参与国际绿色贸易与投资合作。鼓励本地绿色企业"走出去"，参加国际绿色产品展销会、环保产业博览会等活动，展示盐城绿色发展成果，拓展国际市场。例如，盐城的绿色农产品企业通过与国际有机食品认证机构合作，获得国际认可的有机认证，成功进入欧美高端市场。同时，吸引国际绿色投资进入盐城，为绿色产业发展提供资金支持。国际资本的流入促进了盐城绿色制造业、节能环保产业等领域的企业升级与技术创新，带动了相关产业的国际化发展步伐，在全球绿色产业价值链中占据更有利的位置，有力地推动了绿色发展对新质生产力的赋能作用。

（五）完善政策保障机制

为确保盐城绿色发展赋能新质生产力的顺利推进，需要进一步完善政策保障机制。一是制定绿色发展规划。明确盐城绿色发展的目标、任务和重点领域，制定具体的行动计划和政策措施。例如，制定《盐城市绿色发展"十四五"规划》，为盐城未来五年的绿色发展提供指导。二是完善产业政策。针对新能源、海洋经济、绿色金融等重点产业，制定专项产业政策，加大对这些产业的扶持力度。比如，对新能源企业给予税收优惠、土地优惠等政策支持，鼓励企业加大投资力度，扩大生产规模。三是加强政策执行监督。建立健全政策执行监督机制，对政策执行情况进行定期评估和检查，确保政策落实到位。同时，及时调整和完善政策，以适应不断变化的发展形势。

　　同时，要创新体制机制，聚力打造人与自然和谐共生的美丽中国先行区。一是盐城要与南通、连云港一道共建江苏向海发展的"蓝色板块"协同机制。建议以"推动绿色发展，促进人与自然和谐共生"作为打造江苏沿海经济带、城镇带、风光带的全新目标和重要抓手，以绿色低碳发展示范区建设为契机，探索总结盐城"走在前、做示范"的经验，统筹区域协调发展，突出先行引领、勇于探索创新、敢于试错容错，全力协同打造人与自然和谐共生的美丽中国先行区，把江苏最大的潜在增长极培育成东部沿海最具影响力的高质量发展新地标，塑造中国式现代化的区域新样板。二是建议在全省高质量发展综合考核中建立"人与自然和谐共生"的差异化考核机制。要突出"绿色发展"考核重点，给沿海地区单独设置考核指标和分值权重，实行盐城、南通、连云港三个设区市和下辖县级行政区与省内其他地区分类考核，单独排名和确定等次，在沿海地区形成追求"绿色GDP"的鲜明导向，为在全国率先实现人与自然和谐共生的现代化提供更好的体制机制保障。

参考文献

［1］王婷.中国绿色发展方案的国际认同现状与提升路径研究［D］.南京：南京信息工程大学，2023.

［2］周文.加快发展新质生产力的理论意义［J］.红旗文稿，2024（7）：22-25，1.

［3］马金华，王朋飞，吕婉莹.税制改革赋能新质生产力：理论基础、历史逻辑和实践路径［J］.中央财经大学学报，2024（8）：3-11.

［4］刘明礼.理解新质生产力的国际视角［J］.现代国际关系，2024（7）：5-23，134.

［5］赵芳.习近平总书记关于新质生产力重要论述研究［D］.贵阳：贵州师范大学，2024.

［6］任一蕾.德国"工业4.0"的战略成效与问题探讨［J］.经济管理文摘，2020（16）：29-30.

［7］杨丽萍.深爱人才 圳等您来［N］.深圳特区报，2021-10-02（A01）.

［8］茆贵鸣.从城市记忆探究盐城的文脉传承［J］.江苏地方志，2019（6）：41-48.

［9］王登佐.海洋强国战略背景下盐城海洋文化保护开发探究［J］.盐城工学院学报（社会科学版），2015，28（1）：1-5.

［10］盐城市人民政府办公室关于印发盐城市"十四五"新能源产业发展规划的通知［J］.盐城市人民政府公报，2021（5）：48-123.

［11］卞小燕.把美好蓝图变成盐阜大地生动实景［N］.新华日报，2023-11-02（001）.

［12］王伟琳，李鳌洋. 新质生产力在中国式现代化中的战略定位与实践路径探赜［J］. 湖北经济学院学报（人文社会科学版），2024，21（9）：18-22.

［13］卞小燕. 盐城奋力建设绿色低碳发展示范区［N］. 新华日报，2024-04-02（001）.

［14］曾德金. 江苏盐城：提升"黄金水道"经济效应 擘画绿色发展新图景［N］. 经济参考报，2024-11-01（008）.

后记

为这本《绿色发展赋能新质生产力的盐城实践与探索》画上最后一个句号时，我心中感慨万千。回顾这段充满挑战与收获的创作历程，无数的画面与思绪涌上心头。作为一名大学思政课教师，我如今又重返校园，正在攻读南京航空航天大学的博士研究生，这本书的诞生对我来说有着特殊的意义。

在当今全球生态环境面临严峻挑战的背景下，绿色发展已成为人类社会可持续发展的必然选择。新质生产力的培育和发展，则为经济的转型升级和创新发展提供了新的动力和机遇。盐城，这座充满活力与希望的城市，以其独特的自然资源、积极的政策举措和创新的发展实践，在绿色发展赋能新质生产力方面走出了一条具有特色的道路。作为一名在盐城工作的思政课教师，我每天都能感受到这座城市的变化和发展。盐城的绿色发展理念深入人心，生态环境不断改善，新质生产力蓬勃发展。同时，作为一名正在攻读博士研究生的学者，我对学术研究有着浓厚的兴趣和追求。我渴望深入研究盐城的绿色发展实践，总结经验、提炼模式，为其他地区的绿色发展和新质生产力培育提供有益的借鉴和参考。正是基于这样的缘起和初心，我决定撰写这本《绿色发展赋能新质生产力的盐城实践与探索》。我希望通过自己的努力，为推动盐城的绿色发展和新质生产力培育贡献一份力量，同时也为学术研究和实践探索做出自己的贡献。

为了全面、准确地了解盐城的绿色发展实践，我进行了大量的资料收集工作，查阅了相关的政策文件、统计数据、学术文献和新闻报道，收集了盐城在绿色产业发展、科技创新、生态保护、社会治理等方面的丰富资料。同时，我还通过网络搜索、实地走访等方式，收集了大量的案例和故事，为研究提供了生动的素材。在资料收集的基础上，我按照绿色发展的不同领域和新质生产力的不同要素，对资料进行了归类整理，为后续的分析和研究奠定了基础。为了深入了解盐城的绿色发展实践，我多次进行实地调研，走访了盐城的企业、园区、社区、乡村等，与政府官员、企业家、专家学者、居民等进行了深入的访谈和交流。通过实地调研和访谈，我亲身感受了盐城的绿色发展氛围，了解了盐城在绿色发展方面的具体做法和成效。在资料收集和实地调研的基础上运用经济学、管理学、生态学等多学科的理论和方法，对盐城的绿色产业发展、科技创新、生态保护、社会治理等方面进行了系统的分析和研究。撰写过程中，我力求做到内容丰富、观点鲜明、逻辑严密、语言流畅，按照学术著作的规范和要求，对书稿不断进行修改和完善。

在撰写这本著作的过程中，我也遇到了很多困难和挑战。首先是时间压力，作为一名思政课教师，我平时的教学任务比较繁重。同时又作为一名博士研究生，我还要完成自己的学业任务。在这样的情况下，要抽出时间来撰写这本著作，确实面临着很大的时间压力。我合理安排自己的时间，充分利用课余时间和假期时间，加班加点地进行撰写工作。其次是知识储备相对不足，绿色发展和新质生产力是一个跨学科的研究领域，涉及经济学、管理学、生态学、社会学等多个学科的知识。作为一名思政课教师，我的专业背景主要是马克思主义理论和思想政治教育，对上述学科的知识储备相对不足。为了克服知识储备不足的问题，我积极学习相关的学科知识，阅读了大量的学术文献和其他书籍，参加了各种学术研讨会和培训课程，不断提高自己的知识水平和研究能力。最后是数据收集困难。在研究盐城的绿色发展实践时，需要大量的数据支持，然而，数据来源渠道有限，数据收集工作面临很大的困难。为了克服数据收集困难的问题，我积极与当地的政府部门、企业、社会组织等进行沟通和合作，争取他们的支持和帮助。

通过对盐城绿色发展实践的研究，我深刻认识到绿色发展的重要性和紧迫性。绿色发展不仅是对环境的保护，更是一种全新的发展理念和模式，它强调经济、社会和环境的协调共进，通过创新驱动、资源高效利用和生态保护，实现可持续的经济增长和社会进步。同时，我也认识到新质生产力的培育和发展是实现绿色发展的关键。新质生产力以科技创新为核心，融合了数字化、智能化、绿色化等先进技术和理念，具有高效、智能、可持续等特点。只有不断培育和发展新质生产力，才能为绿色发展提供强大的动力和支撑。

在这本著作的创作过程中，我得到了很多人的支持和帮助，在此，我要向他们表示衷心的感谢。首先，要感谢盐城相关部门和相关机构的大力支持。它们为我提供了丰富的资料和便利的调研条件，使我能够深入了解盐城的绿色发展实践。其次，要感谢参与调研的企业、园区、社区、乡村等地的代表们，他们与我分享了他们在绿色发展中的经验和故事，让我更加深入地了解了盐城绿色发展的基层实践。还要感谢各位专家学者的指导和建议。在研究过程中，我与许多专家学者进行了交流和探讨，他们的专业知识和深刻见解，为我的研究提供了重要的支持和帮助。最后，要感谢我的家人和同事。在创作过程中，他们给予了我理解、支持和鼓励，让我能够克服各种困难，坚持完成了写作。

盐城的绿色发展实践为我们提供了宝贵的经验和启示，也为未来的发展指明了方向。我们相信，在绿色发展理念的引领下，盐城将继续坚持创新驱动、生态优先、协调发展，不断推进绿色发展，为实现经济、社会和环境的可持续发展做出更大的贡献。我也希望这本著作能够为其他地区的绿色发展提供有益的参考和借鉴。让我们共同努力，推动绿色发展，为构建美丽中国、实现中华民族伟大复兴的中国梦贡献力量。

蔡云晨

2024 年 11 月